"十二五"国家重点图书出版规划项目
智能电网研究与应用丛书

储能功率变换与并网技术

蔡 旭 李 睿 李 征 著

科学出版社

北 京

内 容 简 介

　　储能是解决可再生能源高比例应用的终极手段，电池储能系统由于其高能量密度和灵活、方便的特点而得到快速发展，储能功率转换系统是电池介质与电网的接口，承担着对电池介质的管理、充放电控制与并网任务，随着储能系统容量的扩大和对其功能需求的提升，储能功率转换系统也发生了一系列变革与创新。本书针对储能功率转换系统，深入探讨储能在用户侧、电源侧和电网侧应用场景下，功率转换系统的拓扑结构、效率提升、优化设计与控制、并联扩容运行等问题，研究功率转换系统对电池介质的管理与控制、对大电网的支撑、对分布式电源接入微电网的支持等技术。具体内容包括单级式和双级式储能功率转换系统、高压直挂链式储能功率转换系统、基于 MMC 的储能功率转换系统、风光储集成功率转换系统和储能系统的虚拟同步控制等，从拓扑结构创新、参数优化设计、新型控制策略到系统运行控制，对关键技术问题进行了系统地分析论证、仿真和物理实验研究，同时给出了大量应用案例。

　　本书适合电池及其管理、电力电子、电力系统及信息技术等相关专业领域科技人员参考，也可作为高等院校高年级本科生和研究生的教学参考书。

图书在版编目 (CIP) 数据

储能功率变换与并网技术 / 蔡旭, 李睿, 李征著. —北京: 科学出版社, 2019.6
（智能电网研究与应用丛书）

"十二五"国家重点图书出版规划项目

ISBN 978-7-03-061341-7

Ⅰ. ①储⋯　Ⅱ. ①蔡⋯　②李⋯　③李⋯　Ⅲ. ①电池-研究
Ⅳ. ①TM911

中国版本图书馆CIP数据核字 (2019) 第098569号

责任编辑：耿建业 / 责任校对：樊雅琼
责任印制：赵　博 / 封面设计：陈　敬

科 学 出 版 社 出版
北京东黄城根北街 16 号
邮政编码：100717
http://www.sciencep.com
三河市春园印刷有限公司印刷
科学出版社发行　各地新华书店经销
*
2019 年 6 月第 一 版　开本：720 × 1000 1/16
2025 年 5 月第七次印刷　印张：19 1/4
字数：420 000
定价：**168.00 元**
（如有印装质量问题，我社负责调换）

《智能电网研究与应用丛书》序

迄今为止，世界电网经历了"三代"的演变。第一代电网是第二次世界大战前以小机组、低电压、孤立电网为特征的电网兴起阶段；第二代电网是第二次世界大战后以大机组、超高压、互联大电网为特征的电网规模化阶段；第三代电网是第一、二代电网在新能源革命下的传承和发展，支持大规模新能源电力，大幅度降低互联大电网的安全风险，并广泛融合信息通信技术，是未来可持续发展的能源体系的重要组成部分，是电网发展的可持续化、智能化阶段。

同时，在新能源革命的条件下，电网的重要性日益突出，电网将成为全社会重要的能源配备和输送网络，与传统电网相比，未来电网应具备如下四个明显特征：一是具有接纳大规模可再生能源电力的能力；二是实现电力需求侧响应、分布式电源、储能与电网的有机融合，大幅度提高终端能源利用的效率；三是具有极高的供电可靠性，基本排除大面积停电的风险，包括自然灾害的冲击；四是与通信信息系统广泛结合，实现覆盖城乡的能源、电力、信息综合服务体系。

发展智能电网是国家能源发展战略的重要组成部分。目前，国内已有不少科研单位和相关企业做了大量的研究工作，并且取得了非常显著的研究成果。在智能电网研究与应用的一些方面，我国已经走在了世界的前列。为促进智能电网研究和应用的健康持续发展，宣传智能电网领域的政策和规范，推广智能电网相关具体领域的优秀科研成果与技术，在科学出版社"中国科技文库"重大图书出版工程中隆重推出《智能电网研究与应用丛书》这一大型图书项目，本丛书同时入选"十二五"国家重点图书出版规划项目。

《智能电网研究与应用丛书》将围绕智能电网的相关科学问题与关键技术，以国家重大科研成就为基础，以奋斗在科研一线的专家、学者为依托，以科学出版社"三高三严"的优质出版为媒介，全面、深入地反映我国智能电网领域最新的研究和应用成果，突出国内科研的自主创新性，扩大我国电力科学的国内外影响力，并为智能电网的相关学科发展和人才培养提供必要的资源支撑。

我们相信，有广大智能电网领域的专家、学者的积极参与和大力支持，以及编委的共同努力，本丛书将为发展智能电网，推广相关技术，增强我国科研创新能力做出应有的贡献。

　　最后，我们衷心地感谢所有关心丛书并为丛书出版尽力的专家，感谢科学出版社及有关学术机构的大力支持和赞助，感谢广大读者对丛书的厚爱；希望通过大家的共同努力，早日建成我国第三代电网，尽早让我国的电网更清洁、更高效、更安全、更智能！

周孝信

前　言

为了解决大规模及分布式可再生能源大量接入对电力系统安全、可靠运行带来的冲击，大容量储能技术越来越受到重视。储能系统与大规模风电或光电结合，可有效减少弃风、弃光，提高可再生能源利用率；也可用于参与电力系统调频调峰，提高电力系统效率、安全性和经济性；还可用于分布式风、光发电系统及微电网，可有效改善电能质量，增强配电网的运行可靠性和灵活性。因而，储能技术在实现国家的新能源发展战略中扮演着重要的角色。近年来中国储能产业发展迅速，电池储能系统因其高度的灵活性而快速发展，先后建成了多个微电网示范工程和大型储能电站，预计到 2050 年，我国储能装机将达 200GW，市场规模将达 2 万亿元以上，具有良好的发展前景。

目前，储能产业尚处于发展初期，多为示范应用，但新的需求不断显现。不同应用场景的需求，倒逼技术不断提升。对于电池储能系统，除电池本体之外，功率转换系统是另一项重要技术，关系到储能电池充放电功率的控制、功率转换的效率、友好并网和特定功能的实现以及电池模块间的能量均衡等，其发展过程首先聚焦在低压方案，包括单级和双级储能功率转换系统，一般需经变压器接入电网。在这类系统中，主要关注功率变换器的优化设计与控制、多变换器并联扩容和微电网环境下的运行等问题。随着储能容量的增大，上海交通大学储能课题组在国家 863 计划资助和中国南方电网有限责任公司的支持下，率先提出并研发了高压直挂链式储能功率转换系统，可无须变压器直接接于 6kV 及以上电网，其中一系列关键技术的解决，开辟了高压直挂链式储能功率转换技术的新天地，并扩展到电池梯次利用中。随着储能系统应用向更大容量等级发展，其功率转换系统的拓扑必将出现新的变化，如基于 MMC 的功率变换电路等。在 GW 级储能容量需求下，功率转换系统的构建将面临新的挑战，风光电源柔性直流送出与并网技术的发展也将推动储能型 MMC 换流器的诞生。另一方面，风储一体化、光储一体化功率变换系统、基于储能虚拟同步控制的微电网对于分布式发电的平稳可靠接入有着重要的意义，这些方面的技术成熟以及风光储联合发电系统的控制技术，都对储能系统的应用推广有着重要的作用。

本书的内容是作者所在储能技术研究团队多年的主要科研成果，写作的初衷旨在为从事电池储能系统设计的工程师、高等院校从事电池储能系统研究的教师与研究生提供参考，为推动储能技术的发展贡献力量。研究成果得到了国家 863 计划项目"大容量储能系统设计及其监控管理与保护技术(2011AA05A111)"、国家科技支撑计划项目"以大规模可再生能源利用为特征的智能电网综合示范工程(2013BAA01B04)"、上海市科技发展基金"大型风电场储能接入关键技术研究与设备研制(11dz1210300)"和"智能能源网综合调度关键理论与技术研究(12dz1200203)"的资助,研究工作及相关储能运行数据资料得到了南方电网科学研究院和中国电力科学研究院的大力帮助,在此表示衷心的感谢;对团队博士、硕士研究生的辛勤付出也在此表示由衷的感谢;特别感谢饶芳权院士多年来给予的支持与指导。

本书共分 6 章,第 1 章由蔡旭、李睿完成,第 2 章由蔡旭、高宁和李睿完成,第 3 章由蔡旭、陈强、李睿和刘畅完成,第 4 章由蔡旭、陈强完成,第 5 章由李征、张骞完成,第 6 章由李征、李睿、张琛、秦垚和杨佳涛完成。另外,韩啸对书稿编辑做了大量的工作,在此表示感谢。

储能功率变换与并网技术涉及电池及其管理、电力电子、电力系统及信息技术等诸多方面,由于作者水平有限,有些问题的探讨还不够深入,书中也难免存在疏漏之处,欢迎广大读者批评指正。

作 者

2019 年 2 月于上海

目　录

第1章 绪 论

随着社会、经济的不断发展，人们对电能的需求和可靠性要求越来越高。一方面，传统电网面临着负荷快速增长、峰谷差日益扩大及远距离输电成本增大等挑战；另一方面，能源危机和环境恶化等问题的日益加剧，风能、太阳能等可再生能源越来越受到人们的重视，然而这些间歇性、波动性可再生能源的接入给电网的安全、稳定运行带来严重影响。储能是解决上述问题最有效的方法，也是应对风光等波动性能源高比例应用的终极手段。

电池储能系统无运动部件、对场地无特殊要求、动态特性好，用于解决电网侧的调频调峰、发电侧的可再生能源友好并网、用户侧的风光电源孤岛应用与电网接入等问题，在用户、电源和电网侧均得到了广泛应用，其容量已从用户侧的 kW 级发展到电网侧的百 MW 级规模，并且即将进入 GW 级时代。伴随着储能容量的快速发展，储能系统的安全性和高效应用面临一系列技术挑战，也给储能技术的创新带来了历史性机遇。电池储能系统主要由电池及电池管理系统、功率转换系统和监控系统组成。储能功率转换系统作为电池与电网的接口，通过变换器的电路拓扑、组合方式和控制策略的创新，可以有效提高储能系统的效率、安全性和可靠性，降低储能系统成本，促进储能系统的推广应用[1-10]。

本章首先概述储能载体与储能方法，介绍电池储能系统的组成，然后全面综述储能功率转换系统与储能并网控制的技术现状与发展趋势，为进一步探讨储能功率转换系统的具体技术问题奠定基础。

1.1 储能系统概述

储能是指利用物理或化学方法、通过介质或设备将一种能量形式以同一种或转换成另一种能量形式存储起来，并能根据应用需要将存储的能量以特定能量形式释放出来的循环过程。按照储能的能量转换形式不同来划分，储能技术主要可分为物理储能、电化学储能、氢储能、相变储能和电磁储能等类型。

物理储能是将电能转换为势能或机械能，并在需要时将势能或机械能再重新转换为电能的技术方法。物理储能主要包括抽水蓄能、压缩空气储能和飞轮储能三种。

抽水蓄能是在电力系统中应用最广泛的储能技术：在电力负荷低谷期，抽水蓄能设备工作在电动机状态，将低海拔蓄水池的水抽到高海拔蓄水池，将电能转化为势能储存起来；在电力负荷高峰期，抽水蓄能设备工作于发电机状态，释放高海拔蓄水池的水到低海拔水库，利用水的势能推动发电机发电，补充电网的供电能力。抽水蓄能电站主要用于电力调峰，也可用于调频和事故备用。显然，抽水蓄能受地理条件限制，其储能容量和释放功率受两个蓄水池的海拔差异和储水体积影响。抽水蓄能技术在我国已经有较多应用，自 20 世纪 70 年代以来，我国先后建成了潘家口、广州、十三陵、天荒坪、山东泰山、江苏宜兴和河南宝泉等一批大型抽水蓄能电站，目前运行电站装机容量达到 2773 万 kW，在建机组容量3095 万 kW，规模均居世界第一。

压缩空气储能通过空气压缩机将空气压缩进储气室储存能量，在需要电能时，释放高压空气通过膨胀机做功发电，是一种能够实现大容量和长时间电能储存的系统。由于压缩空气储能装置所需要的空气量非常巨大，采用人工构建的储气室较为昂贵，通常大型压缩空气储能系统均选用天然岩洞或者废弃矿井等作为储存压缩空气用的储气室。压缩空气储能在欧美地区应用较多，受地理条件限制，在我国应用较少。

飞轮储能技术在充电时，利用电动机带动飞轮高速旋转，将电能转化为飞轮的动能储存起来；在放电时，通过发电机将高速旋转飞轮的动能转化为电能。飞轮储能具有高功率密度和长寿命的技术特点。

电化学储能是将电能转化为化学能储存起来，并根据需要将化学能再转为电能应用的储能方式。电化学储能的主要储能载体是电池，包括铅酸电池、镍镉电池、镍氢电池、钠硫电池、液流电池、锂离子电池和电化学超级电容等。

铅酸电池和镍镉电池都是应用较早的储能电池，铅酸电池主要由二氧化铅正极板、海绵状铅负极板、隔板、电池槽、盖、安全阀及硫酸水电解液等组成，并具有正极端子和负极端子。放电时，电池将储存的化学能转化为电能；充电时，电池将电能转化为化学能储存下来。镍镉电池的两个极板材料分别为镍和镉材料，这两种金属在电池中发生可逆反应实现充放电。

镍氢电池由贮氢合金负极、氧化镍正极、氢氧化钾电解液以及隔板等组成，它与镍镉电池的本质区别只是在于负极材料的不同。

钠硫电池是高温电池，构成其负极的活性物质是熔融金属钠，正极的活性物质是硫和多硫化钠熔盐。该电池的优点是功率密度和充放电效率高，缺点是存在高温腐蚀、循环寿命短。

全钒液流电池由电解质溶液、碳素材料电极、导电塑料双极板和离子交换膜等部件构成，通过流体输送设备使电解液在电堆与储槽之间循环流动，在充电和放电过程中完成不同价态的钒离子相互转化及电能的储存与释放。全钒液流电池的输出功率由电堆的大小决定，而储能容量由电解质溶液中钒离子的浓度和体积决定，这种电池的优势是输出功率和储能容量相互独立，设计灵活、循环寿命长，其主要缺点是能量密度较低。

锂离子电池是目前大规模储能中应用最为广泛的电池之一，可以用作能量型储能和功率型储能。锂离子电池的正极材料通常为含锂的活性化合物(如钴酸锂、锰酸锂、镍酸锂、镍钴锰酸锂、镍钴铝酸锂、磷酸铁锂等)，负极材料是特殊分子结构的碳。锂离子电池循环寿命较长、功率密度较高、自放电率较低，比较适合大规模储能应用。

氢储能主要以氢或其他合成天然气作为二次能源的储能载体，在电力负荷低谷期，利用多余的电能电解水来制氢，或将氢与二氧化碳反应制成甲烷；在电力负荷高峰期，利用氢或甲烷作为燃料，通过燃料电池发电，补充电网的供电能力。

相变储能是利用相变材料在不同物理状态间变化时吸热或放热进行储能的方法，以典型的熔融盐相变材料储能为例，在用电低谷利用多余的电能加热熔盐，在电力负荷高峰期，利用高温熔盐供热或发电。

电磁储能主要指超导储能，利用超导材料电阻为零的特殊性能，将其绕制成电感线圈，超导线圈内部的循环电流不会衰减，理论上可以无损地储存电能。超导储能能够反复进行储能和放能，可独立控制系统的有功和无功，并具有储能短时放电功率大、响应快等特点。

1.2 电池储能系统

电池储能系统(battery energy storage system, BESS)如图 1-1 所示，主要由储能电池系统(battery system，BS)、功率转换系统(power conversion system，PCS)、电池管理系统(battery management system，BMS)、监控系统等 4 部分组成[11,12]；实际应用中，为便于设计、管理及控制，通常将电池系统、电池管理系统和功率转换系统组合成模块化 BESS，而监控系统主要用于监测、管理与控制一个或多个模块化 BESS。

图 1-1 中，电池系统是 BESS 实现电能存储和释放主要载体，其容量的大小及运行状态直接关系着 BESS 的能量转换能力及其安全可靠性。通过大规模储能电池单体的串/并联可组合成大容量电池系统(large capacity battery system，LCBS)，因受电池单体端电压低、比能量及比功率有限、充放电倍率不高等因素的制约，LCBS 一般由成千上万个电池单体经串并联后而组成。由电池单体经串/并联成 LCBS 的方式较多，在实际开发与应用中一种常用成组方式：先由多个电池单体经串/并联后形成电池模块(battery module，BM)，再将多个电池模块串联成电池串，最后由多个电池串经并联而成 LCBS。

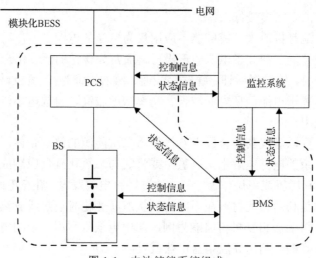

图 1-1　电池储能系统组成

图 1-2 为一种常用 LCBS 成组方式示意图,电池系统由 m 个电池串并联而成,每个电池串由 n 个电池单体或模块串联而成。此外,在电池系统成组过程中常用成组设计原则是:电池模块中电池单体的串/并联个数以便于管理和更换为前提,同时兼顾电池管理系统中对应设备接口数目进行成组;电池串中电池模块的串联个数以电池串的端电压设计要求而定;LCBS 中电池串的并联个数由 BESS 的容量设计要求、冗余度及运行模式等因素而定。

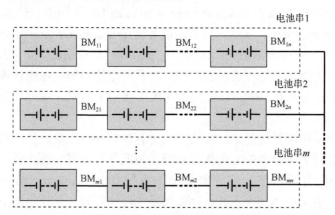

图 1-2　常用 LCBS 成组方式示意图

电池管理系统负责对电池系统进行实时监测和管理,能有效监测电池系统的各种状态(电压、电流、温度、荷电状态、健康状态等)、对电池系统充电与放电过程进行安全管理(如防止过充、过放管理)、对电池系统可能出现的故障进行报警和应急保护处理以及对电池系统的运行进行优化控制,并保证电池系统安全、可靠、稳定的运行。BMS 是 BESS 中不可缺少的重要组成部分，是 BESS 有效、可靠运行的保证。准确的电池模型能有效预测电池系统的性能参数，对电池管理系统的可靠工作至关重要。由于电池的内部化学反应通常是一个复杂的非线性过程，且在实际使用过程中不仅存在极化及老化等现象，还存在电池的不一致性。所以，充分了解电池性能参数的含义及其充放电工作特性是建立准确电池模型的基础。

描述电池性能的参数较多，根据电池使用情况，用于表征电池性能的基本参数有：电池容量、充放电倍率、电池电压、电池内阻及循环使用寿命等。电池容量指电池在某一放电条件下可释放出来的电量，通常可分为理论容量、实际容量、标称容量和剩余容量等。其中，理论容量是所有电池内部活性物质参与电池反应时，根据法拉第定律计算而得的总能量，理论容量是电池容量的理论极限值，而电池实际可释放的容量(实际容量)是其一部分；电池实际容量指电池在完全充满电后且在某一放电条件下实际可释放出来的电量，电池实际容量等于放电电流乘以放电时间，在数值上小于理论容量；电池标称容量指电池完全充满电后、当室温为 25℃且以 C/30 放电倍率进行恒流放电至放电截止电压时电池所能释放出的最大电量，常用毫安时(mAh)、安时(Ah)表示；电池剩余容量指电池经某一放电使用过程后、当室温为 25℃且以 C/30 放电倍率进行恒流放电至放电截止电压时电池所能释放出的电量。

电池充放电倍率表征充放电过程中电池工作电流的大小，其定义为电池充放电电流与标称容量的比值，在实际应用中常用 C 来表示，如 1C 表示在工作电流为 10A 情况下额定容量为 10Ah 的电池可持续放电 1h。

电池电压的定义包括电池电动势、开路电压、工作电压、充电截止电压、放电截止电压等。其中，电池电动势由电池内部电化学反应所决定，与电池的尺寸、形状等无关，其在数值上等于热力学的两极平衡电极电位之差；电池开路电压为不带负载时电极之间的电位差；电池工作电压又称端电压，指电池带负载时电池正极与负极间的电位差，电池放电时，电池工作电压总比开路电压低；电池充电截止电压指充电过程中电池电压上升至不宜再继续充电时的最高工作电压；电池放电截止电压指放电过程中电池电压下降至不宜再继续放电时的最低工作电压。

电池内阻的定义是电池正极与负极间的电阻，主要包括欧姆电阻和极化电阻。其中，电池欧姆电阻主要由电极材料、隔膜电阻、电解液及其他零件的接触电阻组成，其大小值与装配制造工艺、电极结构等因素有关；电池极化电阻指由电极反应引起的那部分电阻，包括由浓差极化和电化学极等引起的电阻，其大小值与电池材料和电极反应的电化学本质等因素有关。电池循环使用寿命指在一定工作条件下，当电池额定容量下降至某一规定值时，电池所经历的充放电循环次数之和。

电池建模的常见方法主要包括等效电路模型、电化学模型、分析模型和高级算法模型等[13-16]。等效电路模型(equivalent circuit model，ECM)将电池模型简化为由不同电气元件(电阻、电容、电压源等)构成的等效电路，通过改变元件电气参数模拟实现电池充放电的工作特性，该模型具备直观、简单、物理意义明确等优点，已得到广泛应用。等效电路模型的几种典型形式主要有：阻容模型、内阻模型、Thevenin 模型、PNGV 模型和通用型非线性(general nonlinear，GNL)模型等。其中，阻容模型与内阻模型结构简单、辨识参数少，但精度较低；Thevenin 模型是一种基本的等效电路模型，能预测电池在某一 SOC 值下的暂态响应，但不能预测电池开路电压、运行时间等性能参数；PNGV 模型和 GNL 模型是由 Thevenin 模型改进而来的等效电路模型，GNL 模型精度最高，PNGV 模型精度与 GNL 模型相近，并明显高于前三种，但二者结构复杂，尤其是 GNL 模型，且均存在电池参数与 SOC 非线性的模拟精度不高的局限。

电化学模型采用非线性方程来描述电池中发生的化学过程，因其模型复杂、耗时且须通过多次实验来获得大量不同参数，适宜于电池本体的微观研究，但不适于进行电池外部电气特性分析及应用。采用电化学法进行电池建模主要用于分析电池颗粒大小及相变等特性、电池副反应现象、电池低能量密度机理和电阻反应物等。分析模型利用经验方程或数学方法来预测电池工作特性，具有精确、简单等特点，但因忽略电气特性，如电池电压、电阻，故不适宜于电气仿真分析及大规模电池设计及应用。高级算法模型，即将电池视为"黑盒子"，利用高级算法(神经网络法、卡尔曼滤波法、支持向量机等)对电池外部电气特性进行分析、计算，进而模拟电池充放电工作特性。高级算法模型计算量大、耗时较多。目前应用于电池建模的高级算法主要有神经网络及其改进算法、支持向量机及其改进算法、随机模型法等。

电池系统及其各级组成部分的荷电状态(state of charge，SOC)指在一定放电倍率下，电池剩余电量与额定电量的比值。荷电状态是电池系统是否能安全、可靠运行以及对其进行准确管理与控制的关键指标，准确估算出电池系统及其各级组成部分的 SOC 是 BMS 最重要的功能之一。因电池在实际使用中表现出高度非线性，准确地进行 SOC 估计较为困难。传统的 SOC 估计方法主要有开路电压法(open circuit voltage，OCV)、阻抗法和安时法(Amper hour，AH)等；近年来又相继出现了几种新型算法，如模糊逻辑法、神经网络法、卡尔曼滤波法(Kalman filter，KF)、线性模型法、支持向量机等。开路电压法适用于测试稳定状态下的电池 SOC，通常用作其他算法的补充；阻抗法测量复杂，在实际应用中比较困难。安时法最为直接明显，且简单易行、精度较高，但长时间工作时易产生较大的累积误差，且 SOC 初值不易确定。目前，安时法是实际应用中最常用的方法，且常与其他估计法组合使用，如安时-开路电压法、安时-Peukert 方程法、安时-KF 法等。神经网络法可用于不同类型电池的 SOC 估计，其主要缺点是需要大量试验数据来进行训练，且训练方法和训练数据对估计误差的影响很大，适用范围也因此受限，在实际应用中较难实现。同时，神经网络法多适用于恒负载、恒流充放电状态时电池的 SOC 估计，而不宜用于电流变化剧烈、工作状态变化多样等工况，如用于电动汽车中电池的神经网络 SOC 估计法还有待进一步研究。卡尔曼滤波算法的核心思想是对系统状态进行最小方差意义上的最优估计。该算法主要是由一系列含 SOC 估计值及表示估计误差的协方差矩阵的递归方程构成，其主要优点是具有较强的鲁棒性及抗扰能力，即对 SOC 初始误差不敏感且适宜于电流波动剧烈的应用场合；缺点是对系统计算能力及电池模型精度要求高。随着计算机水平及控制技术的提高，卡尔曼滤波算法将得到人们越来越多的青睐。

1.3 电池储能功率变换系统与并网控制

储能 PCS 是电池与电网的接口，它不仅决定了储能系统的输出电能质量和动态特性，也在很大程度上影响着电池的使用寿命。电网侧电池储能系统一般接入 10kV 及以上的中高压电网，而储能电池堆的电压等级通常低于 1000V，根据电池储能 PCS 是否通过工频变压器升压并网进行划分，储能 PCS 拓扑可以分为工频升压型拓扑和无变压器直挂型拓扑[17-22]。

根据储能 PCS 的级数不同，工频升压型 PCS 可以分为单级式和双级式拓扑，如图 1-3 和图 1-4 所示。单级式结构 PCS 的主要优势是运行效率高；双级式结构主要适合电池电压变化范围较宽的场合，但其运行效率相对较低，成本也更高。目前大容量储能系统中较为常用的锂离子电池，在其荷电状态 15%~85%的范围内，端口电压变化范围不大，因此我国现有的大容量电池储能示范工程中多采用单级式储能 PCS 方案。

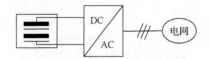
图 1-3　单级式工频升压型储能 PCS

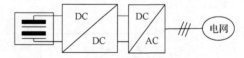
图 1-4　双级式工频升压型储能 PCS

由于工频变压器的存在，工频升压型储能 PCS 在系统保护和电磁兼容抑制方面存在优势；然而，工频变压器的接入也在系统功率密度、运行效率和成本方面带来了损失。为了避免工频变压器带来的损失，很多研究机构开展了无变压器直挂型储能 PCS 研究。德国和丹麦的研究机构研究了通过大幅提升电池堆出口电压，使其电压高于电网交流线电压峰值的方法，实现电池储能系统的中压直接并网，ABB 公司在美国阿拉斯加州的 40MW 镍镉电池储能站中，也应用过电压范围为

3440～5200V 的高压电池堆。如前文所述，由于电池单体一致性技术的不成熟，电池模组安全性随电池芯串并联个数的增加而急剧下降，严重制约了电池堆电压和电流的提升，也增加了电池管理系统的成本和技术难度，进而限制电池储能的规模化使用。因此，直接提高电池堆输出电压的方案，尽管可以避免工频变压器的使用，但在电池管理方面的成本增加和效率损失更大，难以有效提高系统效率和降低系统成本。

针对超大容量电池储能集中式应用场合，如何采用 PCS 将数以万计的电芯合理分割并耦合到高压电网，是解决储能系统大容量化引发的安全性与效率下降难题的关键。图 1-5 所示 H 桥链式储能 PCS，可以不经过工频变压器直接接入中高压电网，适合超大容量储能系统的实现。H 桥链式储能 PCS 较多的级联电平数保证了 PCS 在低开关频率下取得较好的谐波特性，由于开关频率低，且 H 桥上流过的电流也较小，链式储能 PCS 运行效率较高，同时模块化设计也使其具备冗余功能。

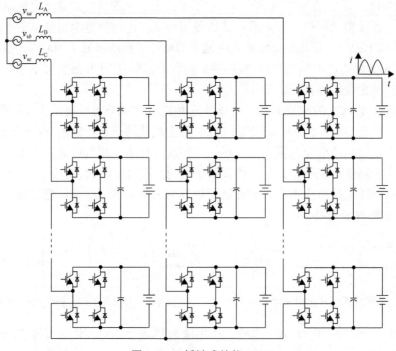

图 1-5　H 桥链式储能 PCS

针对 H 桥链式储能 PCS 的运行控制技术，东京工业大学、田纳西大学和佛罗里达州立大学的学者分别开展了功率控制和电池模块荷电状态均衡控制方法研究、故障诊断和谐波抑制技术研究以及不同类型电池混合储能以及光储混合系统的研究。在国内，笔者的课题组结合国家 863 计划储能重大专项，系统研究了

2MW/10kV 链式储能 PCS 设计、运行与控制的问题，成果在中国南方电网有限责任公司(简称南方电网)深圳宝清电池储能电站得到示范应用，这是世界上首个高压大容量无变压器隔离的 H 桥链式电池储能示范项目。

H 桥链式储能 PCS 存在的主要问题包括：①储能 PCS 中各子模块直流侧必须相互绝缘，由于储能电池的容量密度低、体积大，在工程实践中解决绝缘问题的成本较高；②各个子模块电池组之间及其对地的寄生电容形成了很多共模电流通路，必须解决其共模电流抑制问题；③各个子模块电池组的电池管理单元存在较大的绝缘压力，需要特殊设计；④当电池模块电压变化范围较大时，为保证 H 桥不过调制，必须增加 H 桥单元数量，而 H 桥数量的增加带来效率和成本损失；⑤各个电池组充放电电流中存在二倍频脉动，有文献认为二倍频脉动电流对某些电池的安全高效运行和全寿命周期成本会造成负面影响。

为了解决传统 H 桥链式储能 PCS 的缺陷，笔者的课题组提出如图 1-6 所示的复合级联式储能 PCS 方案[23]：通过插入一级双向直流变换器电路，一方面可以适应电池电压宽范围变化场合，优化 H 桥模块数量；另一方面也可以抑制电池充放电流中的二倍频脉动成分。复合级联式储能 PCS 每个子模块中的双向直流变换器，既可以采用非隔离升降压结构电路，也可以采用高频隔离型电路结构。当采用高频隔离型电路时，各个电池单元间不再需要额绝缘，绝缘的压力主要由高频变压器承担。

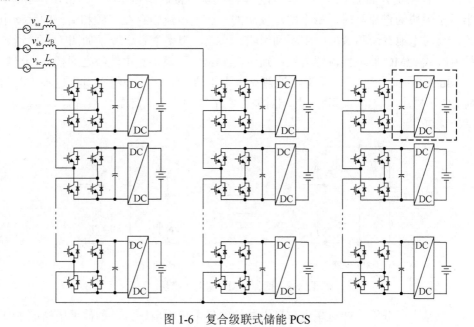

图 1-6 复合级联式储能 PCS

随着柔性直流输电技术的发展，很多机构也开展了基于模块化多电平变换器

(modular multilevel converter，MMC)的储能 PCS 研究，如图 1-7 所示。

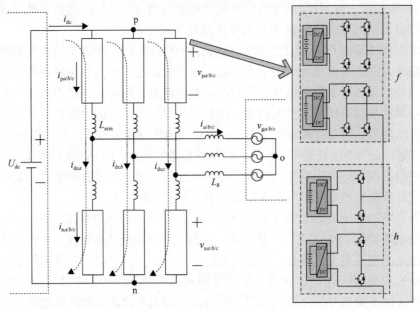

图 1-7　模块化多电平储能 PCS

与 H 桥链式储能 PCS 类似，当把电池模块直接联结到如图 1-8(a)所示 MMC 半桥子模块的直流侧时，每个电池模块的充放电电流中存在工频和倍频的脉动电流，会对电池寿命和效率产生不利影响。为此，很多学者研究了如图 1-8(b)所示的两级式 MMC 储能换流器方案：通过在 MMC 子模块和电池组之间插入一级双向 Buck/Boost 变换器，平滑电池侧充放电电流，同时电池组端电压也不需要与 MMC 子模块电容电压匹配，其相对缺点在于增加了中间环节后系统复杂度增加、效率降低。

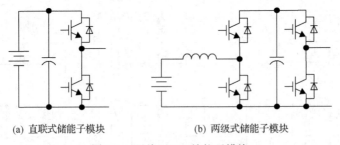

(a) 直联式储能子模块　　　　　　　(b) 两级式储能子模块

图 1-8　两种 MMC 储能子模块

总结上述分析，针对超大容量电池储能集中式应用场合，如何采用储能 PCS 将数以万计的电池芯合理分割并耦合到高压电网，是解决储能系统大容量化带来的安全性与效率下降难题的关键解决方案。采用模块化变换器技术，单个模块电压电流应力低，模块化组合后较多的级联电平数保证了储能 PCS 在低开关频率下取得较好的谐波特性，工作效率高是其最突出的优点，模块化设计也有利于冗余保护，是高压大容量储能 PCS 的发展方向。无变压器 H 桥链式储能 PCS 具有最高的转换效率而得到工程示范应用，但其对电池组的高绝缘要求制约了其推广应用的速度，高压高效隔离型 DC/DC 的嵌入可有效解决这一难题，又一次将目光聚焦到隔离型 DC/DC 的技术突破上。

在电池储能 PCS 的控制技术方面，目前主要的控制策略包括矢量控制、比例谐振控制、预测控制、直接功率控制、重复控制等。

矢量控制基于同步旋转坐标系，把交流量转换成直流量进行控制，是目前并网逆变器产品中应用最为广泛的一种控制方式，具有可靠性高，技术成熟，无静态误差的优点[24]。

比例谐振控制通常基于静止坐标系，可避免旋转变换等复杂的数学运算，但在数学意义上又与之等价[25]。理论上比例谐振控制调节器在某一频率下具有无穷大的增益，从而实现对交流正弦信号的无差跟踪。比例谐振控制与多旋转坐标系控制存在等效关系，但运算量大为减少，较适合于工程应用。

预测控制的原理是以电力电子变换器系统的离散模型为依据，根据历史输入预测未来的输出，从而抵消延迟[26]。在预测过程中，可引入多目标多约束最优化算法，省去传统变换器控制中的脉宽调制部分，因此结构简单，可靠性高，执行迅速。

直接功率控制主要基于 $\alpha\beta$ 静止坐标系，与电机变频器的直接转矩控制类似[27]。算法基于滞环比较原理，是一种典型的 bang-bang 控制。该方法直接对系统功率进行闭环控制，因此具有动态响应快、算法执行时间短的优势。

重复控制基于控制理论中的内模原理，通过周期延时，重复利用偏差信号，可提升系统的跟踪精度，改善系统品质，用于跟踪周期信号效果较好，同时可抑制周期性扰动[28]。在有源电力滤波器 (active power filter，APF)，离网逆变器等研究领域中和实际产品中均得到了广泛应用。另外，神经网络控制[29]、模糊控制[30]等现代控制方法在变换器中也有一些应用，取得了不错的效果。

仅有储能 PCS 本体控制策略，储能 PCS 尚无法适应微电网等应用场合，面向微电网应用的储能系统需要提供对电网的有效支撑，支持多机并联运行，同时适应并网和离网两种工况，并可在两种工况间平滑切换，这一技术需求的实现关键在于选取恰当的微源控制策略。具体到储能变换器上，系统运行控制策略主要包括：双模式控制、下垂控制以及虚拟同步发电机控制。

基于双模式控制的储能变换器在并网运行时采用恒功率模式 (P/Q 模式)，由调度直接给定有功和无功指令，经功率-电流双闭环控制，对外呈现为电流源特性。

在离网运行时采用恒压恒频模式（U/f模式），由调度给定电压幅值和频率指令，输出电压相位由变换器根据频率自行生成，一般采用电压-电流双闭环或三闭环控制，对外呈现为电压源特性。两种模式下控制算法相互独立，根据孤岛检测，阻抗识别技术以及并网开关的状态等进行综合判断，确定变换器运行于何种模式。

下垂控制通过采样并反馈母线电压的频率和幅值，由微源根据预设曲线，自行做出响应，即使丢失上层通信也可继续运行。无论微电网并网运行还是离网运行，变换器的控制算法结构不变，因此相对而言更易于实现并离网切换。早期的下垂控制一般被应用于不间断电源(uninterrupt power supply，UPS)的无互联通信线并联控制中，等价于微网处于离网模式运行时多变换器的并联控制。Guerrero团队研究了在线式 UPS 的无互联线并联运行策略，采用 P-f/Q-U 下垂控制与虚拟阻抗控制，将单台 UPS 控制为一个幅值频率可调的电压源以实现其无互连线并联运行。此后，众多学者基于此方法，对功率分配与谐波抑制等问题进行了大量探索性研究，取得了丰硕成果。由于微电网本身也可视为一种特殊电源，因此，接入微网的变换器与 UPS 的并联问题具有相通之处。后续又有学者将下垂控制应用于微网中，并对控制算法的参数设计和微网的稳定性进行初步分析，证实了该种控制算法的可行性。整体而言，下垂控制较双模式控制更适用于储能微源，但仍存在一些问题，例如：下垂控制对参数设计要求较高，能否为系统提供阻尼和惯量也尚无定论，加上变换器参数的摄动和不匹配，基于下垂控制组成的微电网仍存在参数失配导致失稳的可能。

传统电力系统中，大型同步发电机是一种特性优越的电源，可为电网提供强有力的支撑。因此，大量学者寻求用变换器模拟同步发电机外特性的控制方案，其中以荷兰能源研究中心与相关大学合作提出的虚拟同步发电机(virtual synchronous generator，VSG)概念[31]、德国克劳斯塔尔科技大学提出的虚拟同步电机(virtual synchronous machine，VISMA)概念和挪威科技大学提出的具有稳定控制性能的虚拟同步发电机为代表[32]。

荷兰代尔夫特科技大学的 Morren 在研究风电机组的最大功率跟踪控制时，为增加分布式发电对电网频率变化的惯量响应，在风机参考转矩的基础上加入因电网频率变化产生的附加参考转矩，即虚拟的惯量和阻尼，使得以风电机组为代表的分布式电源能够参与电网频率调节，提高电网稳定性。

德国克劳斯塔尔科技大学提出的 VISMA 结构，根据定子电压方程的实现方式不同，可分为如图 1-9(a) 所示的电流型 VISMA[33]和图 1-9(b) 所示的电压型 VISMA[34]，二者的区别在于为变流器提供的是电压参考还是电流参考，其控制效果相似。虽然从变换器的角度来看，电流型 VISMA 体现了电流源特性但综合图 1-9(a) 对应的定子电压方程来看，其等效模型仍为受控电压源。

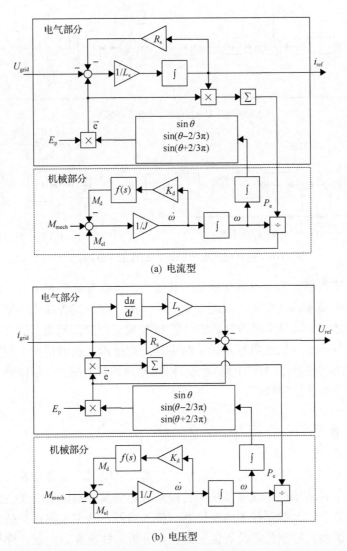

(a) 电流型

(b) 电压型

图 1-9 VISMA 控制结构

早期的 VISMA 并没有解释感应电动势的生成过程,随后出现的 Synchronverter 结构虽然在 VISMA 的基础上模拟了同步机感应电动势的励磁过程,但直接对感应电动势进行开环控制,变流器的电流电压稳定性较差[35]。挪威科技大学 Fosso 等借鉴传统变流器的电压外环-电流内环的控制结构,保留变流器在电压电流暂态控制方面的优势,提出了具有电压和电流稳定控制能力的 VSG 结构,如图 1-10 所示。

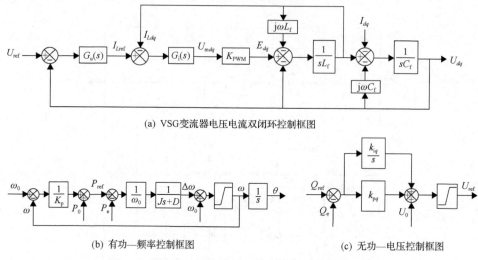

(a) VSG变流器电压电流双闭环控制框图

(b) 有功—频率控制框图　　　　　　　　　(c) 无功—电压控制框图

图 1-10　具有电流电压稳定控制性能 VSG 控制结构

虚拟同步控制有助于改善变换器的外特性，提高自身生存能力，同时有助于改善常规并网技术的副作用，规避安全风险，是实现新能源高比例接入电力系统的技术手段之一。以强电网为背景的储能 PCS 电流型控制策略具有技术成熟、多机并运灵活等一系列优点仍然是目前的主流控制技术，以虚拟同步控制为代表的储能 PCS 电压型控制技术可主动响应与阻尼电网的频率变化，是储能主动响应电网的具有竞争力的控制技术。

1.4　本书的内容

本书全面阐述电池储能功率变换系统及其并网控制，全书分 6 章。第 1 章为绪论；第 2 章针对低压电池储能功率转换系统，涉及的储能功率变换器出口电压在 690V 及以下，一般需经工频变压器后接入电网，从主电路拓扑结构、规模化利用的功率扩展、控制策略及其优化到仿真分析与样机实验验证，详细论述单级和双级储能功率转换系统的设计、效率优化和运行控制等问题，并且给出一系列实验验证；第 3 章针对高压直挂链式储能功率转换系统，涉及的储能功率变换器出口电压在 6kV 及以上，无须经过工频变压器即可直接接入电网，从主电路优化设计方法、控制策略的优化、相间和相内电池模块荷电状态的均衡控制、倍频和共模电流抑制、基于链式功率变换系统的电池梯次利用直到具有有功支撑能力的静止无功补偿器，全面系统的论述链式储能功率变换器的关键技术，并给出工程设计与应用案例；第 4 章针对高压直挂 MMC 储能功率转换系统，探讨 MMC 用作储能功率变换系统的方法、控制策略，并重点讨论具有有功支撑能力的 MMC 柔性直流换流器，对其电池模块的接入，上下桥臂、相间及相内电池模块的均衡控制方法，储能型 MMC 柔性直流换流器的运行模式、运行工况及相应的控制方法进行详细论述、仿真与实验验证；第 5 章针对电池储能功率转换系统的虚拟同步控制问题，探讨储能功率转换系统虚拟同步结构的改进、控制策略的优化、控制策略对电网强度的自适应、计及储能系统荷电状态的虚拟同步控制等关键问题；第 6 章针对风-光-储集成应用问题，系统地探讨风储一体化功率变换系统的设计与运行控制、光储一体化功率变换器的设计与运行控制和风光储联合发电系统的能量管理问题，并给出相应的应用案例。全书给出的高压直挂链式储能功率变换系统、风储一体化功率变换系统的应用案例均是世界首次示范应用。

参 考 文 献

[1] 路甬祥. 清洁、可再生能源利用的回顾与展望[J]. 科技导报, 2014(28): 15-26.

[2] 任东明. "十三五"可再生能源发展展望[J]. 科技导报, 2016, 34(1): 133-138.

[3] 中华人民共和国国家发展和改革委员会. 可再生能源发展"十二五"规划[R]. 2012.

[4] 中华人民共和国国家发展和改革委员会. 能源发展"十二五"规划[R]. 2012.

[5] 肖定垚. 含大规模可再生能源的电力系统灵活性评价指标及优化研究[D]. 上海: 上海交通大学, 2015.

[6] 李丹. 全球可再生能源 2030 路线图[J]. 新材料产业, 2015(6): 20-26.

[7] European Renewable Energy Council. Renewable energy target for Europe: 20% by2020[EB/OL]. http://www.erec-trenewables.org/fileadmin/erec_docs/Docu-ments/Publications/EREC_Targets_2020_def.pd.

[8] 中华人民共和国国务院. 国家中长期科学和技术发展规划纲要(2006-2020 年)[R]. 2006.

[9] Divya K C, Østergaard J. Battery energy storage technology for power systems: An overview[J]. Electric Power Systems Research, 2009, 79(4): 511-520.

[10] Tan X, Li Q, Wang H. Advances and trends of energy storage technology in microgrid[J]. International Journal of Electrical Power & Energy Systems, 2013, 44(1): 179-191.

[11] 彭思敏. 电池储能系统及其在风-储孤网中的运行与控制[D]. 上海: 上海交通大学, 2013.

[12] 陈强. 高压直挂大容量电池储能系统的控制、保护与运行[D]. 上海: 上海交通大学, 2017.

[13] 贾玉健, 解大, 顾羽洁, 等. 电动汽车电池等效电路模型的分类和特点[J]. 电力与能源, 2011, 32(6): 516-521.

[14] 陈全世, 林成涛. 电动汽车用电池性能模型研究综述[J]. 汽车技术, 2005(3): 1-5.

[15] 冯旭云, 魏学哲, 朱军. MH_Ni 电池等效电路模型的研究[J]. 电池, 2007, 37(4): 286-288.

[16] Johnson V H. Battery performance models in ADVISOR[J]. Journal of Power Sources, 2002(110): 321-329.

[17] 蔡旭, 李睿. 大型电池储能 PCS 的现状与发展[J]. 电器与能效管理技术, 2016, 14: 1-9.

[18] 朱明正, 高宁, 陈道, 等. 基于锂电池的储能功率转换系统[J]. 电力电子技术, 2013, 47(9): 75-76.

[19] 毛苏闽, 蔡旭. 大容量链式电池储能功率调节系统控制策略[J]. 电网技术, 2012, 36(9): 226-231.

[20] 桑顺, 高宁, 蔡旭, 等. 电池储能变换器弱电网运行控制与稳定性研究[J]. 电机工程学报, 2017, 37(01): 54-63.

[21] 桑顺, 高宁, 蔡旭, 等. 功率-电压控制型并网逆变器及其弱电网适应性研究[J]. 中国电机工程学报, 2017, 37(8): 39-50.

[22] 叶小晖, 刘涛, 吴国旸, 等. 电池储能系统的多时间尺度仿真建模研究及大规模并网特性分析[J]. 中国电机工程学报, 2015, 35(11): 2635-2644.

[23] 蔡旭, 陈强, 李睿. 一种应用于大容量电池储能的隔离双级链式变流器: 中国, ZL201310150781.8[P]. 2016-06-01.

[24] 张兴. PWM 整流器及其控制策略的研究[D]. 合肥: 合肥工业大学, 2003.

[25] Liserre M, Teodorescu R, Blaabjerg F. Stability of photovoltaic and wind turbine grid-connected inverters for a large set of grid impedance values[J]. IEEE Trans on Power Electronics, 2006, 21 (1): 263-272.

[26] 王晗, 窦真兰, 张建文, 等. 基于 LCL 的风电并网逆变器无传感器控制[J]. 电工技术学报, 2013, 28 (1): 188-194.

[27] 薛鹏骞, 王久和, 薛伟宁. 电压型 PWM 整流器直接功率控制系统设计[J]. 中国电机工程学报, 2006, 26 (18): 54-60.

[28] 贾要勤, 朱明琳, 凤勇. 基于状态反馈的单相电压型逆变器重复控制[J]. 电工技术学报, 2014, 29 (6): 57-63.

[29] 徐德鸿, 封伟. PWM 逆变器的一种神经网络控制方法[J]. 电力电子技术, 1998 (4): 82-85.

[30] 郭鹏. 模糊前馈与模糊 PID 结合的风力发电机组变桨距控制[J]. 中国电机工程学报, 2010 (8): 123-128.

[31] Visscher K, de Haan S W H. Virtual synchronous machines (VSG's) for frequency stabilisation in future grids with asignificant share of decentralized generation[C]// CIRED Seminar 2008. IET Digital Library, 2008: 1-4.

[32] D'Arco S, Suul J A, Fosso O B. Control system tuning and stability analysis of Virtual Synchronous Machines[C]. Energy Conversion Congress and Exposition, 2013: 2664-2671.

[33] Chen Y, Hesse R, Turschner D, et al. Improving the grid power quality using virtual synchronous machines[C]//Power engineering, energy and electrical drives, 2011 international conference on IEEE, 2011: 1-6.

[34] Chen Y, Hesse R, Turschner D, et al. Comparison of methods for implementing virtual synchronous machine on inverters[C]. International Conference on Renewable Energies and Power Quality, 2012.

[35] 曾正, 邵伟华, 冉立, 等. 虚拟同步发电机的模型及储能单元优化配置[J]. 电力系统自动化, 2015 (13): 22-31.

第 2 章 低压电池储能功率转换系统

储能 PCS 运行在充电与放电双向状态,功率变化范围大;在一个充放电循环中,能量两次流过储能 PCS,会产生两次损耗。低压储能 PCS 基本拓扑结构主要有单级式、双级式和复合型变换器三种,采用的底层控制策略主要有矢量控制、比例谐振(PR)控制、直接功率控制等,上层控制策略有下垂控制和虚拟同步控制。用低压储能 PCS 构成大容量应用时,由数量众多的储能 PCS 并联运行,需要解决功率分配与换流抑制问题。储能应用场景有:提升用户主动性为目的的用户侧应用、抑制风光电源波动为目的的电源侧应用和提高输配电灵活性为目的的电网侧应用。储能系统的容量可以从 kW 级、MW 级到百 MW 级,由于这些应用一般均是通过多台储能 PCS 并联,然后经工频变压器升压后接入中、高压电网,所以本质上讲这类储能 PCS 均为低压系统。

2.1 低压储能 PCS 主电路拓扑

储能 PCS 的拓扑结构不仅决定了储能系统的输出电能质量和动态特性,也在很大程度上影响着电池的使用寿命。在电池储能系统发展的早期,储能 PCS 由于开关器件的限制(采用晶闸管或 GTO 器件)以及铅酸电池较低的充放电倍率和能量密度,多采用变压器移相多重化逆变技术实现。随着电力电子器件的发展,IGBT 等高频开关器件在可控性以及效率等方面具有优越的性能,不再需要多重化即可实现较好的输出性能,同时具有较高的效率。采用新型全控器件的单台低压储能 PCS 拓扑可分为单级式、双级式和复合式拓扑三种。单级式方案运行效率较高,双级式方案适合应用在电池模组出口电压随电池 SOC 变化范围较大的场合,复合式拓扑适用于多种储能介质的场合。多台储能 PCS 的并联运行实现超大容量储能系统应用。

2.1.1 单级式工频隔离型储能 PCS 拓扑

储能 PCS 的主要作用是完成电能的交直流转换与功率控制,一般通过隔离变压器将电池与电网分隔,以实现系统间的电气与故障分离。隔离变压器一般安装于储能 PCS 的交流侧,工作频率为电网工频,因而称之为工频隔离型。图 2-1 为三相单级式工频隔离型储能 PCS 的基本电路,此种拓扑已被广泛应用于数 kW 到 MW 级的功率变换领域。

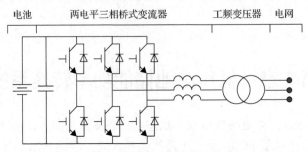

图 2-1　三相单级式工频隔离型储能 PCS

储能 PCS 通过正弦波调制(sinusoidal pulse width modulation,SPWM)或空间矢量脉宽调制(space vector pulse width modulation,SVPWM)等调制方式,将直流电转换为与电网频率相同,同时带有高频分量的正弦电压,采用电感,电容滤除高频分量,经变压器隔离/升压后接入电网,此种结构最突出的优点在于简单实用,可靠性高,安全稳定,技术成熟,并且不会给电网注入直流分量。由于只有在电池端电压高于交流侧电压峰值时,才能工作于放电工况,因此对于全钒液流电池、超级电容等端电压随 SOC 变化较大的储能介质,该拓扑并不适用。另外,为提高功率密度、优化效率,可采用三电平的拓扑结构。图 2-2 为应用较广的二极管钳位式三电平拓扑(neutral point clamped converter,NPC),该拓扑也存在一些变种,比如采用飞跨电容替代钳位二极管,但在实际工程中不多见。

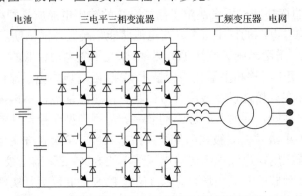

图 2-2　二极管钳位式三电平单级工频隔离型储能 PCS

近年来,随着半导体技术的发展, IGBT 电力电子开关器件性能得到优化,伴随着逆阻型 IGBT 器件的成熟,一种基于其反并联的 T 型三电平拓扑也逐渐得到应用,拓扑结构如图 2-3 所示。与传统的二极管钳位式三电平拓扑相比,T 型三电平拓扑主要有如下两个优势:①由于主电流通路只经过一个 IGBT 或二极管,其导通损耗较 NPC 更小,有利于系统性能的进一步提升。②易于开关管的退饱和过流保护。T 型三电平拓扑也有一定的缺陷,其最佳的直流母线电压范围与两电平电路相似, 为 450～800V,而图 2-2 所示中点钳位式三电平电路其电压范围更

宽，为 500~900V。在效率方面，二电平工频隔离型储能 PCS 整体效率约为 97%
左右，采用三电平拓扑后，效率可以增长约一个百分点。

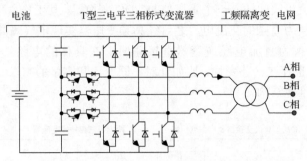

图 2-3 T 型三电平单级工频隔离型储能 PCS

2.1.2 双级式工频隔离型储能 PCS 拓扑

由于电池种类众多，每种电池均有各自的特点，电压电流等级也无统一标准。
另外，对某些类型的储能介质，如全钒液流电池、超级电容或者是梯次利用电池，
其端电压随电池荷电状态的变化很大。上述原因造成变换器的直流母线电压无法
满足储能 PCS 的正常运行要求，必须在直流母线与储能介质之间插入一级 DC/DC
变换器，从而使电池电压与直流母线电压匹配，该 DC/DC 变换器一般采用
BUCK-BOOST 结构。图 2-4 为插入 DC/DC 后形成的双级式储能 PCS 示意图，
DC/DC 与 DC/AC 两个子系统之间通过直流母线电容实现解耦，理论上二者可独
立控制，为优化系统的动态特性，二者之间可以通过前馈控制消除直流电压的暂
态冲击与波动。双级式储能变换器在使用上更为灵活，对电池要求较低，匹配能
力强，但由于级数增多，效率有所下降。

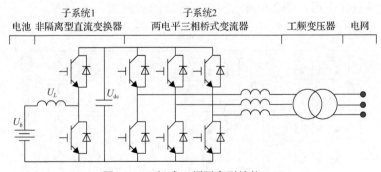

图 2-4 双级式工频隔离型储能 PCS

2.1.3 双级式中高频隔离型储能 PCS

与工频变压器相比，高频变压器具有体积小、重量轻、功率密度高的特点，

且由于使用的材料减少，还有利于制造成本的降低。采用高频变压器实现电池系统与电网电气隔离及电压匹配的储能 PCS 拓扑如图 2-5 所示，相当于在电池电压与逆变器的直流母线间插入一个隔离型 DC/DC 变换器，其工作原理是：电池的直流电首先被转换为高频的交流电，之后经高频变压器实现电气隔离与电压匹配，再将交流电转换为直流电经逆变器直接并网。在具体的电路结构上，隔离型 DC/DC 变换器也存在一些变种，比如针对不同变比和容量的需求，可将全桥结构替换为半桥或推挽结构。

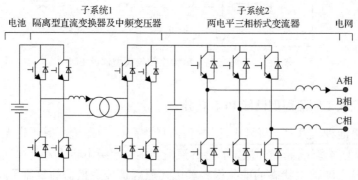

图 2-5　双级式中/高频隔离型储能 PCS

2.1.4　储能 PCS 扩容与储能系统的大容量化

PCS 的容量扩展方法有两种，一种是交流汇集方案，另一种是直流汇集方案。交流汇集方案是指多个 PCS 在交流侧互联，通过交流侧电压实现相位同步，能量在交流侧汇聚，多个 PCS 间的能量分配与协调通过下垂控制、虚拟同步控制等策略实现。多个扩容后的 PCS 分别经变压器升压与隔离后接入高压电网，实现储能系统的大容量化应用，图 2-6 是这种扩容方案的示意图。

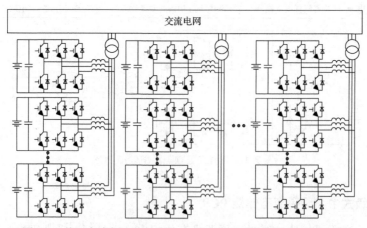

图 2-6　基于交流侧汇聚扩容 PCS 的大容量储能系统接线示意图

　　直流汇集方案是指通过多个双向 DC/DC 变换器将多组电池单元汇聚到公共直流母线上，不同电池单元的能量分配与协调由多 DC/DC 的上层控制策略实现，再经一个大容量的逆变器并入交流电网，其特点是采用公共直流母线汇聚能量，易于实现不同电池储能介质的混合应用。同理，多个扩容后的 PCS 分别经变压器升压与隔离后接入高压电网，实现储能系统的大容量化应用，图 2-7 是对应的扩容方案示意图。

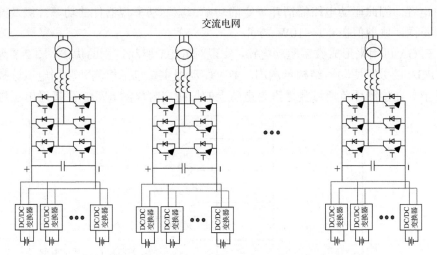

图 2-7　基于直流侧汇聚扩容储能 PCS 的大容量储能系统接线示意图

2.2　单级式储能 PCS

2.2.1　储能 PCS 并网变换器的数字驱动技术

　　驱动电路作为连接变换器主电路与控制电路之间的接口与桥梁，基本功能是将控制电路中的数字信号隔离与放大，使之能够驱动功率电路。驱动失效会直接导致功率电路失控，因而驱动电路的优化是提升变换器可靠性的重要基础。IGBT 的驱动技术较为成熟，英飞凌科技股份公司、三菱集团公司等业内巨头企业，以及专门制造驱动电路的公司 Concept、Inpower 和青铜剑等均拥有完整的驱动解决方案。这些驱动电路基于模拟电路实现，调校过程中一般将最优点设置于额定工况下，在电池储能及可再生能源发电领域，由于并网功率和电池电压的波动性，使得开关管的稳态工作点大范围变化，模拟驱动电路难以适应这一情况。数字驱动电路可对 IGBT 驱动电压进行动态调整以实现开关过程的优化。针对开通过程，使用分段驱动以减小二极管反向恢复过程造成的电流过冲；针对关断过程，可根据电路工作状况决定是否启用有源钳位功能抑制寄生电感造成的电压过冲，从而避免电池电压大范围波动时可能产生的误动作。

2.2.1.1　数字驱动的基本结构

IGBT 是一种混合型器件,可等效为由 N 沟道 MOSFET 控制的 PNP 型功率三极管。埋设于 IGBT 表层,用于施加控制电压的电极称为门极(gate,G 极)。流入电流的一极为 IGBT 的集电极(collector,C 极),流出电流的一极为发射极(emitter,E 极)。当门极被施加正压时,器件导通,反之关断。由于门极与发射极之间存在寄生电容,因此驱动电路需消耗一定的功率。驱动功率视器件的功率等级及开关频率不同,典型值在 0.1~10W 之间。

FPGA 可用来形成数字驱动电路,实现对 IGBT 驱动过程的优化,图 2-8 为基于 FPGA 的数字驱动器结构示意图。数字驱动器主要包括检测和驱动电压选择两个环节。在检测环节通过测量寄生电感上的压降实时检测 di/dt,直接对电压进行

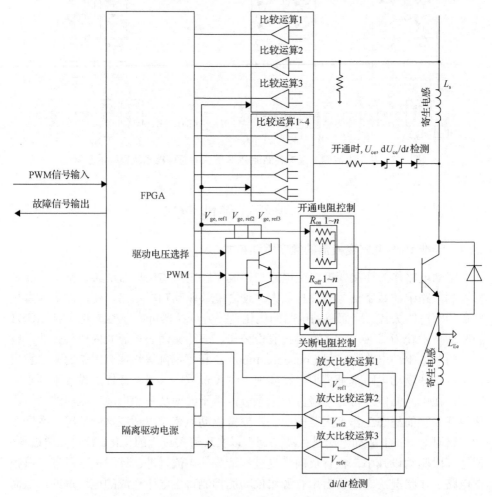

图 2-8　基于 FPGA 的数字驱动器结构示意图

分压采样检测 du/dt。在驱动电压选择环节，FPGA 依据检测信号进行逻辑和时序判断，选取合适的驱动电压及驱动电阻，经功率放大后施加于 IGBT 的门极，从而实现 PWM 信号的转换与执行。IGBT 的开通和关断过程对电力电子变换器的损耗与 EMC 性能影响巨大。在该动态过程中，以不同的电压、电阻进行驱动可有效优化储能 PCS 的动态电压电流波形。

2.2.1.2　开通过程中的分段驱动技术

以两电平拓扑的储能 PCS 为例，其桥臂结构及 IGBT 开通的换流过程如图 2-9 所示，由于在输出侧存在大电感，认为在一个开关周期内电流不变。图 2-9 (d) 为 IGBT 开通过程中的电压电流波形，该过程可分为四段。假设在 t_1 时刻之前，电路已达到稳态，开关管 Q_1，Q_2 均处于关断状态，桥臂电流经 Q_1 对应的反并联二极管 D_1 续流，汇入直流母线正端，对应于图 2-9 (a) 所示状态。在 t_1 时刻，PWM 信号从低电平跳变至高电平，驱动电路输出正压（一般为 12~15V），此时 Q_2 的门极电压 U_{GE} 因门极寄生电容的存在无法跳变，而是按指数规律上升。当 U_{GE} 上升至夹断电压 U_{th} 时，Q_1 开始导通，流过开关管 Q_2 的电流逐渐增大，在 t_2 时刻超过桥臂电流，此时集射电压 U_{CE} 开始下降，二极管 D_1 承受负压，从而触发双极性器件固有的反向恢复过程，在反向恢复过程中，流过 Q_2 的电流继续增大并最终超过桥臂电流。在 t_2-t_3 时刻之间，U_{CE} 的下降通过 CG 之间的寄生电容从 Q_2 的门极抽走电荷，因此 U_{CE} 下降过程中，U_{GE} 不再上升。t_3 时刻之后，二极管反向恢复电流逐渐下降，并于 t_4 时刻归零。t_1 与 t_2 之间的时间间隔为 T_{delay}，表征 IGBT 的开通延时时间。

图 2-9 (f) 为其等效电路，其中，C_{GC} 表示门极与集电极之间的寄生电容，C_{GE} 表示门极与发射极之间的等效电容，R_G 表示门极驱动电阻，U_G 为驱动电压。对于门极电压 U_{GE} 而言，在 IGBT 开通时，可等效为驱动电路向寄生电容充电的过程，根据电路原理，对相应的微分方程如下：

$$R_G(C_{GC} + C_{GE})\frac{dU_{CE}}{dt} + U_{CE} = U_G \tag{2-1}$$

求解式 (2-1)，可得开通延时时间 T_{delay} 为

$$T_{delay} = R_G(C_{GE} + C_{GC})\ln\left(\frac{U_G}{U_G - U_{th}}\right) \tag{2-2}$$

式中，C_{GE} 和 C_{GC} 是 IGBT 的寄生参数，由半导体器件特性决定。可见，调整门极驱动电阻或电压均可改变 T_{delay}。如果在 t_3 时刻适当降低驱动电压，可降低二极管反向恢复电流的峰值，待平稳渡过后再重新抬升驱动电压，维持 IGBT 的可靠导

通。基于上述分析,可将 IGBT 开通过程中的驱动电压分为三段,分别为 U_1,U_2 和 U_3,对应的开通过程波形如图 2-9(e) 所示。对比图 2-9(e) 与 (d) 可见,在开通过程中 IGBT 所承受的 I_{max} 有较大幅度的降低,能够减小器件在动态过程中承受的瞬时电流应力。

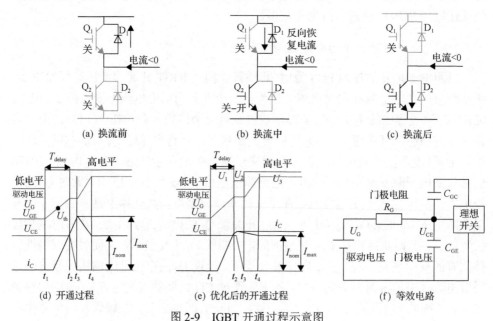

图 2-9 IGBT 开通过程示意图

2.2.1.3 关断过程中的有源钳位技术

与上一节的分析相同,IGBT 关断的换流过程如图 2-10 所示。为使 IGBT 关断,在 t_1 时刻 PWM 信号发生翻转,引起门极驱动电压从高电平跳变至低电平。在 t_1 时刻之前,电路已达到稳态,开关管 Q_1 关断,Q_2 开通,桥臂电流全部流向 Q_2,经 Q_2 管汇入母线负端,对应于图 2-10(a) 所示状态。图 2-10(d) 为 IGBT 关断过程中的主要电压电流波形,该过程也分为四段。在 t_1 时刻, PWM 信号从高电平跳变至低电平,驱动电路输出负电压(一般为 –15~–3V),Q_2 的门极电压 U_{GE} 因门极寄生电容的原因无法发生跳变,而是按指数规律下降。在 t_2 时刻,U_{GE} 低于夹断电压,导电沟道消失,IGBT 开始进入截止状态。在此过程中 U_{CE} 迅速上升,并通过寄生电容向门极注入电荷,门极电压不再发生变化。t_3 时刻之后,IGBT 电流 i_C 开始下降,在寄生电感上产生一感应电压,叠加于额定电压 U_{nom} 之上,形成一个电压尖峰,如若寄生电感过大,则该尖峰会对 IGBT 造成永久性损坏。t_4 时刻电流降至 0,整个关断过程结束。

图 2-10(f) 为其等效电路,在此过程中电压 U_{CE} 可由下式表示:

$$U_{CE} = U_{nom} + L_{st} \frac{di_C}{dt} \tag{2-3}$$

式中，U_{nom} 表示稳态时的额定电压；L_{st} 表示换流回路上的寄生电感，L_{st} 来源较为复杂，包括 IGBT 内部连线电感与接触电感以及 IGBT 与直流母线间的杂散电感，与驱动电路无关；U_{CE} 与电流导数项正相关，降低 di/dt 可减小 U_{CE} 电压尖峰。因此，如若驱动电路对关断过程中的 di/dt 加以控制，可起到优化 U_{CE} 的作用。一般采用类似于图 2-11(a) 所示的电路[1]实现对 di/dt 的控制，称之为有源钳位电路，图中位于 IGBT 门极与集电极之间的二极管为瞬态过压吸收二极管，此类二极管具有响应速度快、击穿电压一致性好、钳位电压易控制的优点。在关断过程中，当 CE 极之间出现过压时，TVS 将被击穿，使得门极电压被钳位至高电平，IGBT 暂缓关断，待 CE 间过压恢复后，IGBT 再行关断。

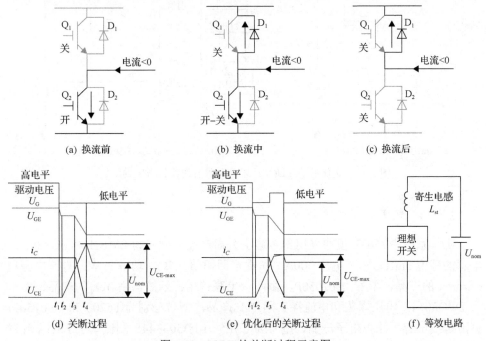

图 2-10　IGBT 的关断过程示意图

　　尽管上述有源钳位电路可改善关断时的电压过冲，但却存在如下缺陷：如果 U_{nom} 超过有源钳位触发阈值，将导致 TVS 二极管常开通，使 IGBT 保持导通状态，进而造成短路直通。储能 PCS 由于输出功率波动剧烈、电池电压波动范围宽，易出现工作点偏离设计值的问题。图 2-11(b) 为基于数字启动器的有源钳位技术示意图，通过对 FPGA 中状态机的适当设置，使之可根据 U_{nom} 的变化对有源钳位触发阈值进行动态调整。当侦测到 U_{nom} 过高时，甚至关闭有源钳位功能，以避免因有源钳位电路误判造成开关管直通。

优化后的 IGBT 关断过程主要波形如图 2-10(e)所示，与图 2-10(d)的波形相比，有源钳位技术可有效降低关断过程中的电压尖峰。IGBT 关断过程中，在集射电流开始下降前，驱动电路提供的负压与尖峰电压无关，因此在该段时间内，驱动电压维持不变。当集射电流开始下降时，如果电压尖峰超过设定阈值，则使驱动电压 U_G 再次抬高，以减缓 i_C 的下降速度，直至 t_4 时刻电压尖峰消失，此后 U_G 保持低电平以维持 IGBT 处于关断态。

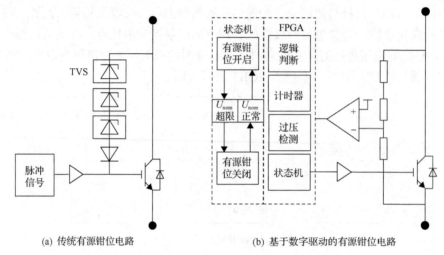

(a) 传统有源钳位电路　　　　　　　　　　(b) 基于数字驱动的有源钳位电路

图 2-11　优化后的关断波形以及两种有源钳位方案的对比

2.2.1.4　数字驱动实验

实验系统中 IGBT 模块采用日本富士公司产品，型号为 2MBI150UH-330H；电感的感值 5mH、额定电流 100A；负载电阻阻值 2.5Ω、功率 2kW；直流电源用 Chroma 的产品，型号为 62050P，由两台串联使用；示波器用 Tek 的产品，型号为 DPO3054；电压探头和电流探头用 Tek 产品，型号分别为 P5200 和 CP0150；直流母线电容用法拉电子产品，型号为 C3E5Q108J304344。测试基于 FPGA 开发的数字驱动器。

首先对 IGBT 开通过程中的分段驱动技术进行实验，图 2-12(a)为采用模拟驱动电路时门极电压和集射电流的波形，图 2-12(b)为采用数字驱动器进行分段驱动后对应的波形。对比可见，在引入数字驱动技术之后，可降低 IGBT 的开通 $\mathrm{d}i/\mathrm{d}t$，产生的过冲电流幅值有效降低。对 IGBT 关断过程中的有源钳位技术进行验证，图 2-12(c)为未采用有源钳位技术时的波形，由于存在寄生电感，IGBT 在关断时会承受较高的过冲电压。图 2-12(d)为采用有源钳位技术后的波形，可改变 IGBT

的关断过程。对比图 2-12(c)可见,采用有源钳位技术后,因寄生电感产生的电压过冲大幅降低,可减弱主电路寄生参数带来的负面影响。

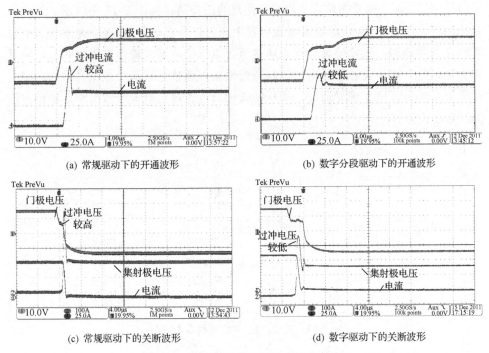

(a) 常规驱动下的开通波形　　　　(b) 数字分段驱动下的开通波形

(c) 常规驱动下的关断波形　　　　(d) 数字驱动下的关断波形

图 2-12　开通过程和关断过程的动态波形

2.2.2 储能 PCS 三电平并网变换器的调制及其算法优化

随着功率半导体器件和电力电子技术的进步,用户和电网对变换器的效率和电能质量均提出了更高的要求,储能 PCS 也从两电平技术向以三电平为代表的多电平技术发展。在多电平拓扑的储能 PCS 控制中,调制算法是极为关键的一环,直接影响其运行性能和可靠性。本节针对三电平储能 PCS 的电压调制算法,对其工作原理进行分析,并从降低算法复杂度和提升效率的角度,给出可行的优化方案。

三相三线制储能 PCS 通常用于电源侧和电网侧储能系统中,空间矢量调制(space vector modulation, SVM)在这类变换器中被广泛采用,具有直流母线电压利用率高、输出谐波小、物理意义明确等诸多优点。与三相三线制储能 PCS 相比,三相四线制储能 PCS 增加了一个零线接口,多用于低压配电网,其主电路采用分裂母线电容方案[2],调制一般采用正弦波调制算法。在 SPWM 调制中,死区是影响其性能的一个重要因素,不仅会降低输出波形质量,也会使变换器正常运行所需的直流母线电压下限上升,进而影响电容寿命,降低整机可靠性。

2.2.2.1 基于混合坐标系的空间矢量调制算法 MC-SVM

三相三线制二极管钳位式三电平变换器的拓扑结构如图 2-13 中所示。设上下直流电容电压均为 U_{dc}，取直流母线电容中点为参考点。定义：当某相桥臂上的 1 管和 2 管导通时，该相桥臂输出点连接至直流母线正端，输出电压为 $+U_{dc}$，将其记为 P，当 2 管和 3 管导通时，该相桥臂输出点连接至直流母线电容中点，将其记为 0，当 3 管和 4 管导通时，该相桥臂输出点连接至直流母线负端，输出电压为 $-U_{dc}$，记为 N。

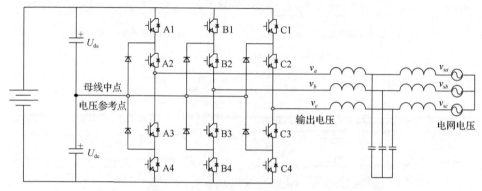

图 2-13 三相三线 NPC 变换器主电路

三电平 NPC 变换器共存在 27 种开关状态组合，分别对应 27 个空间矢量。按矢量长度进行分类，可将其分为大矢量(如 PNN)，中矢量(如 P0N)，小矢量(如 P00，0NN)及零矢量(如 000，PPP)。目前主要存在两种基于不同坐标系的空间调制算法：一是基于三维坐标系的空间矢量调制算法，称为三维空间矢量调制 (3D-SVM)，二是基于二维坐标系的空间矢量调制算法，称为二维空间矢量调制 (2D-SVM)。为考察二者的区别与联系，首先在三维坐标系中对空间矢量进行描述，可得图 2-14(a)，按右手定则定义坐标轴，分别命名为 x 轴、y 轴、z 轴。三个坐标轴分别对应每一相的输出电压，例如，当 A 相输出正母线电压 $+U_{dc}$，B 相输出负母线电压 $-U_{dc}$，C 相输出负母线电压 $-U_{dc}$ 时，对应的电压矢量为 PNN，指向 x 轴的正方向。在三维坐标系中，27 个空间矢量自上而下分为三层，每层 9 个，结构清晰，互不重叠。

ABC-$\alpha\beta$ 变换可视作将三维空间中的矢量沿[1,1,1]法线方向投影至二维平面上的线性变换，因此三维矢量图必然能够完整复现二维矢量图中的所有信息，这是三维空间矢量调制算法成立的理论基础。根据图 2-14(a)，27 个矢量在三维空间中组成一个大立方体，该大立方体又被分割成八个内部空间完全一致的小立方体。在三维空间中进行相关计算，可利用立方体间的正交关系进行化简，避免作三角函数运算以降低调制算法复杂度。三维空间矢量调制算法的主要步骤包括：小立方体判定，四面体判定，矢量发送顺序判定和矢量作用时间计算，具体可参见文献[3]，此处不再赘述。

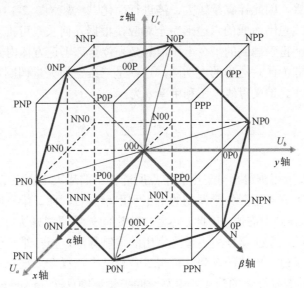

(a) 三维坐标系

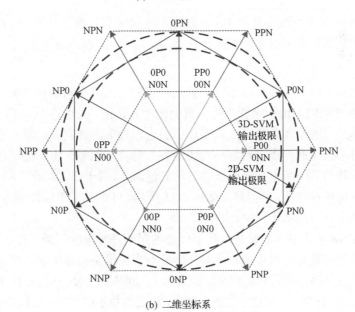

(b) 二维坐标系

图 2-14 不同坐标系下的空间矢量图

　　图 2-14(a) 中，粗轮廓线所包围而成的六边形部分，即为二维 $\alpha\beta$ 平面上的一个六边形。为将两个坐标系联系起来，在二维平面重新绘制空间矢量图，可以得到图 2-14(b)，常规的矢量调制算法一般在二维 $\alpha\beta$ 平面上进行矢量计算，其主要步骤包括：扇区判定，矢量作用时间计算，矢量发送等，由于在算法中存在较多的三角函数运算，因此计算量较大，需进行简化[4]。观察图 2-14(a) 和 (b)，可发现两图中由实线包围而成的六边形完全对应，根据几何关系可推得，三维空间矢量调制算法所能正确调制的指令电压信号必须位全部于正方体内部，其在 $\alpha\beta$ 平面上的投影轨迹即为此六边形的内切圆，这就是三维空间矢量调制直流电压利用率不高的根源所在。定义母线电压利用率 δ 为

$$\delta = \frac{U_{\text{phmax}}}{U_{\text{dc}}} \tag{2-4}$$

式中，U_{phmax} 表示相桥臂相对于电容中点所能输出的最大电压；U_{dc} 表示直流母线电压，此定义下三维空间矢量调制的电压利用率为 1，而二维空间矢量的电压利用率约为 1.154，高于前值。因此，尽管二维空间矢量调制算法更为复杂，但在实际中仍然是三线制变换器应用中最为常用的调制算法，但三维空间矢量调制算法的简便性，也是值得借鉴的。为此可将二者相结合，糅合二维与三维坐标系的优势，形成基于混合坐标系的简化三电平空间矢量调制算法 (mixed coordinate SVM，MC-SVM)。

　　MC-SVM 算法流程可分为 4 步，包括扇区判定及参考点平移、矢量作用时间计算、矢量发送以及中点电位平衡计算。

　　1) 扇区判定及参考点平移

　　为得到基于混合坐标系的 SVM 算法，首先对二维平面进行分析，对其进行观察可发现，图 2-14(b) 所示图形可分解为七个六边形，去除正中间以零矢量为中心的六边形，二维空间矢量图由六个环绕的小六边形组合而成，每个小六边形的中心为一对小矢量的顶点。若将小六边形独立看待，则每个小六边形内的矢量运算均可以等效为常规两电平变换器的空间矢量调制。鉴于小六边形之间互有重叠，按首发小矢量进行分区，所得结果如图 2-15 所示，可见整个平面被分为 6 个扇区，以罗马数字 Ⅰ～Ⅵ 标示于图中。

　　传统 SVM 根据参考矢量与六边形中心的距离进行扇区判断，算法较为复杂。观察三维空间矢量图，可发现每个扇区恰好对应三维坐标系中的一个立方体，以右下角的立方体为例 (顶点为 PPN 的立方体)，P0N 和 0PN 均恰好位于立方体的一个面上，因此若参考矢量位于此正方体内，则必然位于图 2-15 中所示的第 Ⅱ 扇区，以此类推。因此可借用 3D-SVM 算法中相应的简化判据，判定参考矢量所处位置。

一般情况下，数字控制的变换器采用规则采样法，即每个开关周期内采样运算一次，在下个开关周期更新一次比较值。

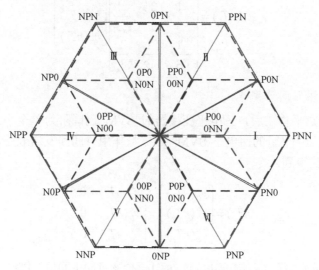

图 2-15　二维平面的改进型分区方法

将第 n 个开关周期内的指令电压以向量形式记为 $v_{\text{ref-}abc}(nT_s)=[v_a(nT_s)\ v_b(nT_s)\ v_c(nT_s)]^T$，令

$$\begin{cases} az(nT_s)=\text{int}[v_a(nT_s)] \\ bz(nT_s)=\text{int}[v_b(nT_s)] \\ cz(nT_s)=\text{int}[v_c(nT_s)] \end{cases} \tag{2-5}$$

式中，int 函数表示向下取整，上式所得的向量 $[az(nT_s)\ bz(nT_s)\ cz(nT_s)]^T$ 表征距离 $[v_a(nT_s)\ v_b(nT_s)\ v_c(nT_s)]$ 最近的小矢量，包含参考矢量相关的所有扇区信息，因此后续步骤中，该向量可直接作为一个变量，加以运算和使用，从而摒弃传统意义上的扇区概念。这是三维空间矢量调制算法的精华所在。将 $[az\ bz\ cz]^T$ 变换至 $\alpha\beta$ 平面，再变换回三维坐标系，即可得到参考矢量平移量 $v_{abc0}(nT_s)$，该平移量用于坐标系原点的平移，经平移后可将三电平 SVM 降阶为两电平 SVM，后续运算只需在小六边形中进行即可。对参考矢量进行平移，可得 $v'_{\text{ref-}abc}$

$$\begin{aligned} v'_{\text{ref-}abc}(nT_s) &= \left[v'_a(nT_s)\quad v'_b(nT_s)\quad v'_c(nT_s)\right]^T \\ &= v_{\text{ref-}abc}(nT_s)-v_{abc0}(nT_s) \end{aligned} \tag{2-6}$$

式中，平移量 $v_{abc0}(nT_s)$ 等于

$$\boldsymbol{v}_{abc0}(nT_{\mathrm{s}}) = \begin{bmatrix} \dfrac{2}{3} & -\dfrac{1}{3} & -\dfrac{1}{3} \\ -\dfrac{1}{3} & \dfrac{2}{3} & -\dfrac{1}{3} \\ -\dfrac{1}{3} & -\dfrac{1}{3} & \dfrac{2}{3} \end{bmatrix} \begin{bmatrix} az(nT_{\mathrm{s}}) \\ bz(nT_{\mathrm{s}}) \\ cz(nT_{\mathrm{s}}) \end{bmatrix} \tag{2-7}$$

2）矢量作用时间计算

经过参考点平移之后，三电平变换器的 SVM 已降阶为单个小六边形内，等效直流母线电压为 U_{dc} 的两电平 SVM[5]。矢量作用时间和发送顺序可由简化的两电平 SVM 算法得到，令

$$\boldsymbol{v}''_{\mathrm{ref}\text{-}abc}(nT_{\mathrm{s}}) = \begin{bmatrix} v''_a(nT_{\mathrm{s}}) \\ v''_b(nT_{\mathrm{s}}) \\ v''_c(nT_{\mathrm{s}}) \end{bmatrix} = \begin{bmatrix} v'_a(nT_{\mathrm{s}}) + 0.5 \times v_{\mathrm{mid}} \\ v'_b(nT_{\mathrm{s}}) + 0.5 \times v_{\mathrm{mid}} \\ v'_c(nT_{\mathrm{s}}) + 0.5 \times v_{\mathrm{mid}} \end{bmatrix} \tag{2-8}$$

式中，v_{mid} 代表 $v'_a(nT_{\mathrm{s}})$，$v'_b(nT_{\mathrm{s}})$，$v'_c(nT_{\mathrm{s}})$ 三个变量的中间值，例如：当 $v'_a(nT_{\mathrm{s}}) > v'_c(nT_{\mathrm{s}}) > v'_b(nT_{\mathrm{s}})$ 时，$v_{\mathrm{mid}} = v'_c(nT_{\mathrm{s}})$，当 $v'_a(nT_{\mathrm{s}}) > v'_b(nT_{\mathrm{s}}) > v'_c(nT_{\mathrm{s}})$ 时，$v_{\mathrm{mid}} = v'_b(nT_{\mathrm{s}})$，以此类推。

3）矢量发送

在得到 $\boldsymbol{v}''_{\mathrm{ref}\text{-}abc}$ 后，需将其平移回原坐标系中，该步骤仍可根据 $[az(nT_{\mathrm{s}})\ bz(nT_{\mathrm{s}})\ cz(nT_{\mathrm{s}})]$ 完成，举例如下：当 $az(nT_{\mathrm{s}}) = 0$ 时，表明当前开关周期内 A 相输出从 0 变为 P，当 $az(nT_{\mathrm{s}}) = -1$ 时，表明当前开关周期内 A 相输出从 N 变为 0。将其转化为表达式：当 $az(nT_{\mathrm{s}}) = 0$ 时，则将 $v''_a(nT_{\mathrm{s}})$ 向上移动 0.5 个单位（按 U_{dc} 标幺化），当 $az(nT_{\mathrm{s}}) = -1$ 时，则将 $v''_a(nT_{\mathrm{s}})$ 向下移动 0.5 个单位，其余两相同理，可得

$$\boldsymbol{v}'''_{\mathrm{ref}\text{-}abc}(nT_{\mathrm{s}}) = \begin{bmatrix} v'''_a(nT_{\mathrm{s}}) \\ v'''_b(nT_{\mathrm{s}}) \\ v'''_c(nT_{\mathrm{s}}) \end{bmatrix} = \begin{bmatrix} v''_a(nT_{\mathrm{s}}) + az(nT_{\mathrm{s}}) + 0.5 \\ v''_b(nT_{\mathrm{s}}) + bz(nT_{\mathrm{s}}) + 0.5 \\ v''_c(nT_{\mathrm{s}}) + cz(nT_{\mathrm{s}}) + 0.5 \end{bmatrix} \tag{2-9}$$

将 $\boldsymbol{v}'''_{\mathrm{ref}\text{-}abc}(nT_{\mathrm{s}})$ 按同相层叠 PWM 的调制规律进行载波比较，所得结果与传统 2D-SVM 算法将完全一致，而计算量则大幅度减小。由于该算法通过坐标系原点平移，将多电平 SVM 等效为对应的两电平算法，因此只需进行简单扩展，即可得到基于 n 电平拓扑变换器的 MC-SVM 算法，不再需要在二维坐标系下进行复杂运算。

4）中点电位平衡算法

由于三电平拓扑的特殊性，中线上会流过电流，导致上下电容电压会出现不

平衡[6,7]，本书针对这一问题，将基于小矢量作用时间重分配的方法应用于 MC-SVM 中，可对中点电位进行控制，使 MC-SVM 算法更为完备。将上下电容电压压差，三相电流分别记为 ΔU_{dc}，i_a，i_b，i_c，定义从变换器流向电网为电流正方向，则调制波修正量 Δv_{nvc} 的取值在表 2-1 中给出，其中 sgn 表示取符号函数，K 为调整因子，类似于 PI 调节器中的比例系数，K 越大则经处理后的调制波调整幅度越大，灵敏度变高但易于引起震荡。通过调节 K，可使系统在稳定性和快速性之间折中。

表 2-1　Δv_{nvc} 取值表

$[az\ bz\ cz]$	Δv_{nvc}	$[az\ bz\ cz]$	Δv_{nvc}
$[0\ -1\ -1]$	$-K \cdot \mathrm{sgn}(\Delta U_{dc} i_a)$	$[1\ 0\ 0]$	$K \cdot \mathrm{sgn}(\Delta U_{dc} i_a)$
$[0\ 0\ -1]$	$K \cdot \mathrm{sgn}(\Delta U_{dc} i_a)$	$[-1\ -1\ 0]$	$-K \cdot \mathrm{sgn}(\Delta U_{dc} i_c)$
$[-1\ 0\ -1]$	$-K \cdot \mathrm{sgn}(\Delta U_{dc} i_b)$	$[0\ -1\ 0]$	$K \cdot \mathrm{sgn}(\Delta U_{dc} i_b)$

根据上表，最终的调制电压 $v_{final}(nT_s)$ 可根据下式得到

$$v_{final}(nT_s) = \begin{bmatrix} v_{final\text{-}a}(nT_s) \\ v_{final\text{-}b}(nT_s) \\ v_{final\text{-}c}(nT_s) \end{bmatrix} = \begin{bmatrix} v'''_{ref\text{-}a}(nT_s) + \Delta v_{nvc} \\ v'''_{ref\text{-}b}(nT_s) + \Delta v_{nvc} \\ v'''_{ref\text{-}c}(nT_s) + \Delta v_{nvc} \end{bmatrix} \tag{2-10}$$

综合以上分析，三电平 MC-SVM 的基本算法流程如图 2-16 所示：

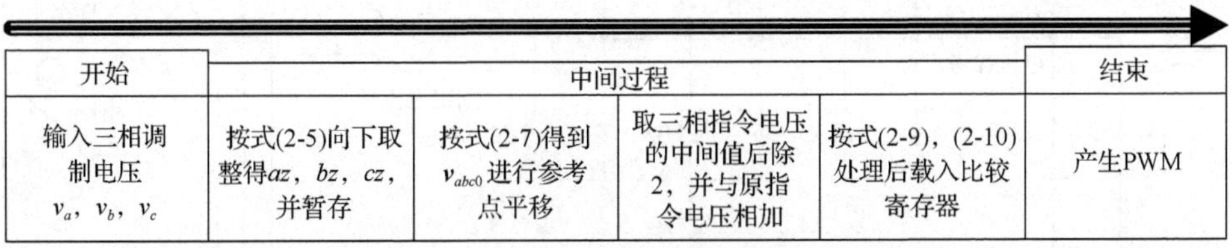

开始	中间过程				结束
输入三相调制电压 v_a、v_b、v_c	按式(2-5)向下取整得到az、bz、cz，并暂存	按式(2-7)得到v_{abc0}进行参考点平移	取三相指令电压的中间值后除2，并与原指令电压相加	按式(2-9)，(2-10)处理后载入比较寄存器	产生PWM

图 2-16　MC-SVM 算法流程

2.2.2.2　免死区正弦波调制算法

三相四线制三电平 NPC 变换器的拓扑结构如图 2-17 所示，可认为变换器上下直流母线电压在稳态时保持相等，均为 U_{dc}。选取直流母线电容中点为参考点，三相桥臂的输出电压分别为 v_a、v_b、v_c，变换器侧电感感值为 L_1，网侧电感感值为 L_2，滤波电容容值为 C，用于滤除相桥臂输出电压中的高频谐波成分。电网电压记为 v_{sa}、v_{sb}、v_{sc}，电流流入电网时为正。三相四线制 NPC 变换器与前文所述的三相三线制 NPC 变换器在结构上基本一致，区别仅在于直流母线中点引出后接

至电网零线。三相四线制 NPC 变换器在控制原理上与前述的三线制变换器有所不同，三相四线制变换器电路结构较为清晰，不存在耦合关系，可视为三个单相半桥变换器的直接并联，因此可采用分相控制策略，对三相电流分别进行独立控制。如图 2-18 所示，控制器首先利用锁相环得到电网电压的相位信号作为基准，提供给变换器控制算法中的其他模块。若将锁相环得到电网相位记为 θ，则分相相位 θ_a，θ_b，θ_c 及电网电压可表示为

$$\begin{cases} \theta_a = \theta \\ \theta_b = \theta - 120° \\ \theta_c = \theta + 120° \end{cases} \quad \begin{cases} v_{sa} = V_{sa} \sin\theta \\ v_{sb} = V_{sb} \sin\theta \\ v_{sc} = V_{sc} \sin\theta \end{cases} \quad (2\text{-}11)$$

将三相电网电压相位取正弦后，分别与电流幅值指令 I_{amp} 相乘，该乘积即为该相电流指令的瞬时值。当 I_{amp} 为正时，变换器向外输出功率，反之则吸收功率。将三相电流指令瞬时值分别与变换器实际电流瞬时值 i_a，i_b，i_c 相减，得到每一相电流的跟踪误差，送至电流环 PR 调节器的输入端，经处理后调节器输出即为变换器所需输出的电压，通常可进一步表示为调制函数 m 或占空比函数 D。

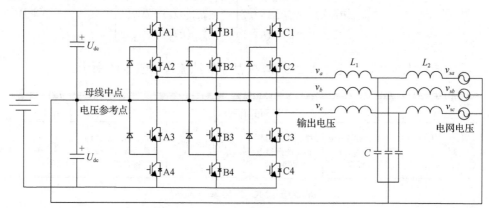

图 2-17　三相四线制 NPC 变换器

当变换器工作于单位功率因数时，由于滤波器带来的相移很小，基本可忽略，可以认为实际并网电流与调制函数 m 相位相同。由此可以推断，调制函数中已含有变换器输出电流的相位信息。得到调制函数 m 后，即可送入载波比较模块，进行调制输出，最终通过驱动电路和主电路器件，转化为主电路中的实际物理量，实现对变换器并网电流的控制。PR 调节器是分相控制中的核心之一，可实现对正弦给定量的无差跟踪[8,9]。

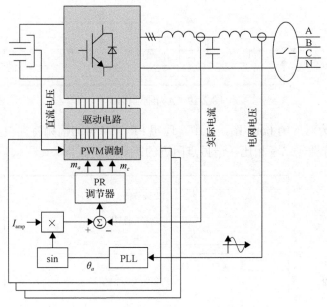

图 2-18　分相控制的基本原理

以 A 相为例，其电流控制框图如图 2-19 所示，可得稳态误差 $i_{a\text{-error}}$ 表达式为

$$i_{a\text{-error}} = i_{aref} \frac{1}{1 + G_{PR}(s)G_c(s)G_f(s)}$$

PR 调节器传递函数 G_{PR} 为

$$G_{PR} = k_p + \frac{k_r \omega_h s}{s^2 + \omega_h^2} \tag{2-12}$$

式中，ω_h 表示整定的谐振频率，理论上在 ω_h 处分母为 0，调节器增益无穷大，可有效抑制该频率点下的闭环跟踪误差；k_p 表示比例系数；k_r 表示谐振系数。通过调整参数，可令其在 50Hz 处增益无穷大，因此当参考量 i_{aref} 为 50Hz 正弦波时，式 (2-12) 的分母趋向于正无穷，因此无论给定幅值为多少，稳态误差 $i_{a\text{-error}}$ 均趋向于 0。考虑到电网频率存在一定的偏移，以及数字控制会产生量化误差，因此实际使用中，一般采用准谐振 PR 调节器，以牺牲 50Hz 处的增益为代价换取带宽，从而改善调节器的频率适应性。准谐振 PR 调节器的传递函数由式 (2-13) 给出，其中，ω_c 为截止频率，即谐振峰值处对应的带宽。

$$G_{PR2} = k_p + \frac{k_r \omega_h s}{s^2 + 2\omega_c s + \omega_h^2} \tag{2-13}$$

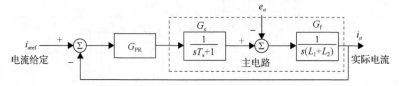

图 2-19　A 相控制框图

图 2-20 为对应的 bode 图，其中，理想 PR 调节器的幅频特性与准谐振 PR 调节器的幅频特性，二者相比在谐振点附近的特性略有区别。

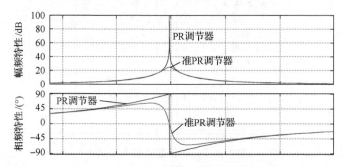

图 2-20　比例谐振调节器幅频特性曲线

调制算法是分相控制的核心，负责将电流负反馈得到的变换器输出电压参考值转换为 PWM 信号用以驱动开关管。若不考虑死区时间的影响，对于图 2-17 所示的三相四线制变换器而言，中线的存在使得其直流电压利用率极限始终为 1.0，与调制算法无关，因而三相四线制变换器可采用简单易用的 SPWM 实现脉宽信号的生成。SPWM 与上一节所述三相三线制变换器所采用的空间调制算法差异较大。一般而言，三电平 NPC 拓扑可借鉴传统移相层叠式 SPWM 调制，其调制过程及生成的 PWM 脉冲如图 2-21 所示。

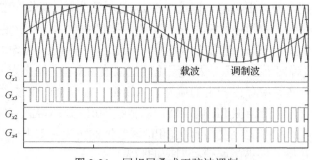

图 2-21　同相层叠式正弦波调制

移相层叠式 SPWM 的特征在于，两列载波间仅存在上下平移关系而无相移关系，载波无交叠部分，可同时与调制波进行比较，所得结果分别用于控制脉冲互补的两对对管，与反相层叠式 SPWM 相比谐波含量更低。图 2-21 中，G_{x1}–G_{x4}（$x=a$，

b，c) 分别用于驱动 x 相的 1-4 管，其中，G_{x1} 与 G_{x3} 互补，G_{x2} 与 G_{x4} 互补，为避免开关管直通而损坏器件，在互补脉冲之间需加入死区时间 T_d。由于 T_d 的存在，变换器调制率 m 无法达到 1，且存在一个上限值 m_{max}，可以表示为式 (2-14)，当调制比超过该极限值后，输出电压将会失真，进而造成并网电流 THD 的增加，应尽量避免。

$$m_{max} = 1 - T_d / T_s \tag{2-14}$$

根据上式，死区时间的存在会削减变换器的电压输出能力，当开关频率升高时，T_s 减小，而 T_d 受驱动延时，开关器件非理想特性等因素的制约，无法等比例减小，使得该负面影响更为严重。另外，死区时间的存在还会使变换器输出电流的 THD 增大，降低电能质量。换言之，若考虑死区影响，则需要比理想值更高的直流母线电压，方能满足变换器的并网要求。以接入 380V 电网的中小功率变换器典型参数为例，一般情况下，变换器开关频率约为 10kHz。死区时间视硬件选型差异，可在 2～4μs 之间。由于变换器在输出功率时是 Boost 型电路，直流母线电压必须高于电网电压峰值方可正常工作，根据该特性可估算直流电压最小值。当死区时间为 2μs 时，所需的直流电压下限值约为 634V，而当死区时间为 4μs 时，直流电压下限值约为 648V，死区时间增加会造成直流母线电压下限值的增加，进而导致母线电容寿面的缩短。因此，减小甚至于去除死区时间，既可提升电压利用率，优化输出波形，又可从另一个角度提升变换器设计裕量，优化电能质量与运行性能。

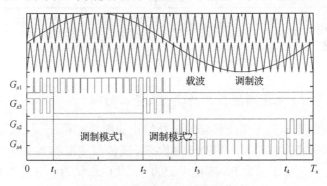

图 2-22　免死区正弦波调制算法

为达成这一目标，可采用一种免死区调制策略，以 A 相为例，针对电池放电工况进行说明，其调制过程如图 2-22 所示。根据图 2-22，在区间 $[t_1 \sim t_2]$ 和 $[t_3 \sim t_4]$ 内，桥臂工作于调制模式 1，即免死区模式。在此模式下，内管，即 G_{a2} 和 G_{a3} 的驱动信号被禁止，不再互补导通，因而此模式下无须插入死区时间。而在区间 $[t_0 \sim t_1]$，$[t_2 \sim t_3]$ 和 $[t_4 \sim T_s]$ 内，由于存在高频电流纹波，桥臂输出电流可能会在一个开关周期内穿越零点，所以在这些时间段内，需要切换到调制模式 2，即传统调制模式，在此模式下 G_{a1} 和 G_{a3}，G_{a2} 和 G_{a4} 仍保持互补导通状态，此模式下死区仍有存在的必要。由于调制波未位于波峰位置，因此该处死区对最大调制比 m_{max} 不产生影响。调制模式 2 可视为传统算法与免死区算法间的过渡段，当电流相位或输出电压发生小幅偏差时，过渡段的存在可保证变换器仍能正常运行，而不至于发生电流无法正确过零的情况。其余两相的调制规律均与此一致。当电池处于充电工况时，换流过程恰好相反，G_{x1} 和 G_{x4} 在调制模式 1 下保持常关，G_{x2} 和 G_{x3} 在调制模式 1 下高频开关，其余不变。

于对换流过程的分析，调制模式 1 和调制模式 2 的切换可根据变换器实际电流进行判断，相应条件为

$$|i_x| > \frac{\Delta i}{2} = \frac{(U_{dc} - v_{sx})D_x}{2f_s(L_1 + L_2)}, \quad x = a,b,c \tag{2-15}$$

该式具体含义为：当某相电感电流的周期平均值小于电流纹波值的一半时，则在一个开关周期内该相电流可能过零，此时变换器需工作于调制模式 2。反之，则说明在一个开关周期内该相电流不会过零，此时可采用调制模式 1 以去除死区。实际使用中，由于硬件参数存在偏差，应考虑留有一定裕量以保证算法的可靠性。综上，整体调制算法流程如图 2-23 所示。

开始	中间过程				结束
输入三相调制电压 v_a、v_b、v_c	判断是否满足式(2-15)	选取调制模式	将调制波与载波进行比较	根据调制模式封锁特定脉冲	产生PWM

图 2-23　免死区 SPWM 算法流程

2.2.2.3　T 型三电平储能 PCS 的空间矢量调制

三相四线制 T 型三电平变换器的拓扑结构如图 2-3 所示。以 A 相为例，若以电容中性点为参考点，根据不同的开关状态，变流器输出的 A 相电压可输出三种电平，分别为：正电平记为 P，零电平记为 0，负电平记为 N，具体的各开关管的开关状态与对应的输出电压如图 2-24 所示。

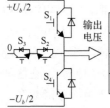

S_1	S_2	S_3	S_4	输出电压	状态表示
开通	开通	关断	关断	$+U_b/2$	P
关断	开通	开通	关断	0	0
关断	关断	开通	开通	$-U_b/2$	N

图 2-24　T 型三电平拓扑单相桥臂开关状态

可见 T 型三电平储能 PCS 的每一相都有三个开关状态，且 S_1 与 S_3 管脉冲互补，S_2 与 S_4 管脉冲互补。三相共计 27 个开关状态组合，同样可通过 Clark 变换，将此 27 个矢量从三维坐标系变换至二维平面。

$$\begin{bmatrix} v_{s\alpha} \\ v_{s\beta} \end{bmatrix} = \begin{bmatrix} 1 & -\dfrac{1}{2} & -\dfrac{1}{2} \\ 0 & \dfrac{\sqrt{3}}{2} & -\dfrac{\sqrt{3}}{2} \end{bmatrix} \begin{bmatrix} v_{sa} \\ v_{sb} \\ v_{sc} \end{bmatrix} \tag{2-16}$$

图 2-25 为经过式(2-16)处理后，落在 $\alpha\beta$ 平面上的 T 型三电平储能 PCS 矢量图。以输出状态为 PPN 为例，此时三相输出分别用矢量表示为$[+U_b/2 \quad +U_b/2 \quad -U_b/2]$，经过 Clark 变换后可得其在 $\alpha\beta$ 两相静止坐标系上对应的矢量为$[U_b/3 \quad \sqrt{3}U_b/3]$。

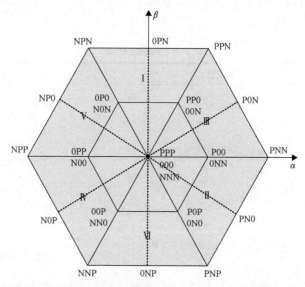

图 2-25　T 型三电平储能 PCS 空间矢量图

根据矢量图 2-25，可将 $\alpha\beta$ 两相静止坐标系平面分割为六个大的扇区。同时，根据 27 个矢量模长的大小，可对矢量进行分类，如表 2-2 所示。

表 2-2　矢量分类表

矢量(输出状态)						矢量的模长	名称
	PPP	000	NNN			0	零矢量
P00/00N	PP0/00N	0P0/N0N	0PP/N00	00P/NN0	P0P/0N0	$U_b/2$	小矢量
	P0N	0PN	NP0	N0P	0NP	PN0	$\sqrt{3}\,U_b/2$	中矢量
	PNN	PPN	NPN	NPP	NNP	PNP	U_b	大矢量

1) 扇区判定与线性变换

首先，将参考矢量记为 $u_{\text{ref}a}$，$u_{\text{ref}b}$，判断其所处的大扇区，可令

$$\begin{cases} N_a = u_{\text{ref}\beta} \\ N_b = 1\big/2(\sqrt{3}u_{\text{ref}\alpha} - u_{\text{ref}\beta}) \\ N_c = 1\big/2(-\sqrt{3}u_{\text{ref}\alpha} - u_{\text{ref}\beta}) \end{cases} \tag{2-17}$$

可根据 N_a，N_b，N_c 的极性来确定参考矢量所在的大扇区，取变量 M_a，M_b，M_c，计算规则如下：如果 $N_a>0$，则 $M_a=1$，否则 $M_a=0$；如果 $N_b>0$，则 $M_b=1$，否则 $M_b=0$；如果 $N_c>0$，则 $M_c=1$，否则 $M_c=0$。则大扇区号 $N_s=M_a+2M_b+4M_c$。从矢量图中可以看出电压矢量分布具有对称性。因此可以通过线性变换将处于 I，II，IV，V，VI 扇区的矢量变换到第 III 扇区进行统一处理，从而简化算法，具体实现方法如表 2-3 所示。

表 2-3　线性变换表

大扇区	线性变换	线性变换表达式
III	不做变换	$\begin{cases} u'_{\text{ref}\alpha} = u_{\text{ref}\alpha} \\ u'_{\text{ref}\beta} = u_{\text{ref}\beta} \end{cases}$
I	以 $u_\beta = \sqrt{3}u_\alpha$ 为反射轴做反射变换	$\begin{cases} u'_{\text{ref}\alpha} = -1/2u_{\text{ref}\alpha} + \sqrt{3}/2u_{\text{ref}\beta} \\ u'_{\text{ref}\beta} = \sqrt{3}/2u_{\text{ref}\alpha} + 1/2u_{\text{ref}\beta} \end{cases}$
V	顺时针旋转 120°	$\begin{cases} u'_{\text{ref}\alpha} = -1/2u_{\text{ref}\alpha} + \sqrt{3}/2u_{\text{ref}\beta} \\ u'_{\text{ref}\beta} = -\sqrt{3}/2u_{\text{ref}\alpha} - 1/2u_{\text{ref}\beta} \end{cases}$
IV	以 $u_\beta = -\sqrt{3}u_\alpha$ 为反射轴做反射变换	$\begin{cases} u'_{\text{ref}\alpha} = -1/2u_{\text{ref}\alpha} - \sqrt{3}/2u_{\text{ref}\beta} \\ u'_{\text{ref}\beta} = -\sqrt{3}/2u_{\text{ref}\alpha} + 1/2u_{\text{ref}\beta} \end{cases}$
VI	逆时针旋转 120°	$\begin{cases} u'_{\text{ref}\alpha} = -1/2u_{\text{ref}\alpha} - \sqrt{3}/2u_{\text{ref}\beta} \\ u'_{\text{ref}\beta} = -\sqrt{3}/2u_{\text{ref}\alpha} - 1/2u_{\text{ref}\beta} \end{cases}$
II	以 α 轴为反射轴做反射变换	$\begin{cases} u'_{\text{ref}\alpha} = u_{\text{ref}\alpha} \\ u'_{\text{ref}\beta} = -u_{\text{ref}\beta} \end{cases}$

2) 区域判定

T 型三电平储能 PCS 的矢量图中，每个大扇区内还被分为若干个小区域，因此还需判断矢量处于哪个小区域。在第一步完成后，参考矢量被变换至第 III 扇区，该扇区可分为四个小区域：A 区（又可细分为 A1 和 A2），B 区（又可细分为 B1 和 B2），C 区以及 D 区，矢量 u_{ref} 表示经第一步变换后的参考矢量，t_a，t_b，t_c 表示相应的矢量分配时间。

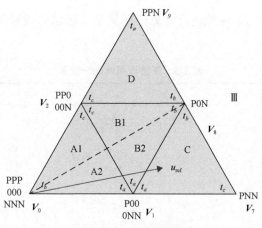

图 2-26　小区域的划分

参考矢量具体落于哪个小区域可根据表 2-4 所列条件进行判断。

表 2-4　小区域的判断条件

小区域	判断条件	细分区域	判断条件
A	$\sqrt{3}u'_{ref\alpha} - u'_{ref\beta} \leqslant \sqrt{3}$	A1	$3u'_{ref\beta} > \sqrt{3}u'_{ref\alpha}$
		A2	$3u'_{ref\beta} \leqslant \sqrt{3}u'_{ref\alpha}$
B	参考矢量不落在 A，C，D 中	B1	$3u'_{ref\beta} > \sqrt{3}u'_{ref\alpha}$
		B2	$3u'_{ref\beta} \leqslant \sqrt{3}u'_{ref\alpha}$
C	$\sqrt{3}u'_{ref\alpha} - u'_{ref\beta} > \sqrt{3}$	无	—
D	$2u'_{ref\beta} > \sqrt{3}$	无	—

3）矢量分配时间计算

接下来计算矢量的分配时间。以图 2-26 中的 C 区为例，T_s 为开关周期，根据伏秒平衡原理，在 C 区中矢量的分配时间必须符合以下方程式：

$$\begin{cases} t_a \cdot U_b/2 + \cos 30° \cdot t_b \cdot \sqrt{3}U_b/2 + t_c \cdot U_b = u'_{ref\alpha}T_s \\ \cos 60° \cdot \sqrt{3}U_b/2 = u'_{ref\beta}T_s \\ t_a + t_b + t_c = T_s \end{cases} \tag{2-18}$$

解得

$$\begin{cases} t_a = \left(2 - u'_{ref\alpha} - \dfrac{\sqrt{3}}{3}u'_{ref\beta}\right) \cdot \dfrac{2T_s}{U_b} \\ t_b = \dfrac{2}{\sqrt{3}}u'_{ref\beta} \cdot \dfrac{2T_s}{U_b} \\ t_c = \left(u'_{ref\alpha} - \dfrac{\sqrt{3}}{3}u'_{ref\beta} - 1\right) \cdot \dfrac{2T_s}{U_b} \end{cases} \tag{2-19}$$

同理，对其余的小区域进行计算，得到全部区域的矢量分配时间 t_a, t_b, t_c 如表 2-5 所示。

表 2-5　矢量作用时间一览表

区域	t_a	t_b	t_c
A1 A2	$\left(u'_{\text{ref}\alpha} - \dfrac{\sqrt{3}}{3}u'_{\text{ref}\beta}\right) \cdot \dfrac{2T_s}{U_b}$	$\left(1 - u'_{\text{ref}\alpha} - \dfrac{\sqrt{3}}{3}u'_{\text{ref}\beta}\right) \cdot \dfrac{2T_s}{U_b}$	$\dfrac{2}{\sqrt{3}}u'_{\text{ref}\beta} \cdot \dfrac{2T_s}{U_b}$
B1 B2	$\left(1 - \dfrac{2}{\sqrt{3}}u'_{\text{ref}\beta}\right) \cdot \dfrac{2T_s}{U_b}$	$\left(u'_{\text{ref}\alpha} + \dfrac{\sqrt{3}}{3}u'_{\text{ref}\beta} - 1\right) \cdot \dfrac{2T_s}{U_b}$	$\left(1 - u'_{\text{ref}\alpha} + \dfrac{\sqrt{3}}{3}u'_{\text{ref}\beta}\right) \cdot \dfrac{2T_s}{U_b}$
C	$\left(2 - u'_{\text{ref}\alpha} - \dfrac{\sqrt{3}}{3}u'_{\text{ref}\beta}\right) \cdot \dfrac{2T_s}{U_b}$	$\dfrac{2}{\sqrt{3}}u'_{\text{ref}\beta} \cdot \dfrac{2T_s}{U_b}$	$\left(u'_{\text{ref}\alpha} - \dfrac{\sqrt{3}}{3}u'_{\text{ref}\beta} - 1\right) \cdot \dfrac{2T_s}{U_b}$
D	$\left(\dfrac{2}{\sqrt{3}}u'_{\text{ref}\beta} - 1\right) \cdot \dfrac{2T_s}{U_b}$	$\left(u'_{\text{ref}\alpha} - \dfrac{\sqrt{3}}{3}u'_{\text{ref}\beta}\right) \cdot \dfrac{2T_s}{U_b}$	$\left(2 - u'_{\text{ref}\alpha} - \dfrac{\sqrt{3}}{3}u'_{\text{ref}\beta}\right) \cdot \dfrac{2T_s}{U_b}$

4) 中点电位平衡控制

T 型三电平储能 PCS 在工作过程中，上下电容电压会产生不平衡现象。产生这种现象的原因主要有两个方面。一是源于硬件参数不一致，三电平储能 PCS 需串联直流侧电容以便产生三个电平，而电容参数必然存在偏差，造成了电容电压的不平衡；另一源于储能 PCS 在能量转换过程中，中线电流也参与能量传输，因此会加剧电容分压的不平衡。中点电位不平衡会产生一系列危害，需要对其进行有效控制。

储能 PCS 的上下直流电容电压 $u_{\text{dc}1}$ 和 $u_{\text{dc}2}$ 与中点电流 i_o 之间存在如下关系：

$$\begin{cases} u_{\text{dc}1} + u_{\text{dc}2} = U_b \\ i_o = i_{c1} + i_{c2} \\ i_o = -(S_a i_a + S_b i_b + S_c i_c) \end{cases} \qquad S_x = \begin{cases} 0, & \text{P/N} \\ 1, & 0 \end{cases} \qquad (2\text{-}20)$$

可得

$$C\frac{\text{d}(u_{\text{dc}1} - u_{\text{dc}2})}{\text{d}t} = i_o = -(S_a i_a + S_b i_b + S_c i_c) \qquad (2\text{-}21)$$

可见中点电流的方向直接影响中点电位的偏移方向，当 i_o 流入中点 o 时，对下电容充电，此时 $u_{\text{dc}1}$ 电压下降，$u_{\text{dc}2}$ 电压上升；当 i_o 流出中点 o 时，对上电容充电，此时 $u_{\text{dc}1}$ 电压上升，$u_{\text{dc}2}$ 电压下降。分别分析大矢量、中矢量、小矢量和零矢量对中点电位的影响，仍以大扇区 Ⅲ 中的 C 小区域为例，此区域中包含零矢量 V_0(PPP/000/NNN)，小矢量 V_1(P00/0NN) 及 V_2(PP0/00N)，中矢量 V_8(P0N)，大矢量 V_7(PNN) 及 V_9(PPN)。

当 PCS 输出零矢量时,取开关状态为 000,其等效电路如图 2-27(a)所示,此时 i_o 为 0。当 PCS 输出大矢量时,取开关状态 PNN 为例,其等效电路如图 2-27(b)所示,此时,电容共同对外界充放电,对中点电流无影响。当 PCS 输出中矢量(P0N)时,其等效电路如图 2-27(c)所示,此时 $i_o=i_b$,会引起中点电位的改变。

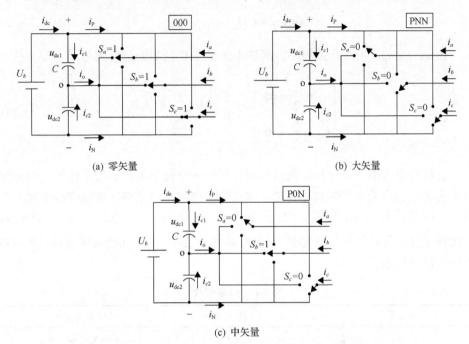

(a) 零矢量　　　　　　　　　　　(b) 大矢量

(c) 中矢量

图 2-27　PCS 输出大、中和零矢量时中点电流示意图

当 PCS 输出小矢量时,以 V_1 为例,V_1 包含 P00 和 0NN 两种矢量,其对应的等效电路分别如图 2-28(a)和(b)所示,对应的 i_o 分别为 i_a 和 $-i_a$。由此可见两种小矢量虽然对外部而言完全等效,但其对中点电位平衡所起的作用却截然相反,因此,可以通过调整二者的作用时间来调节中线电流。

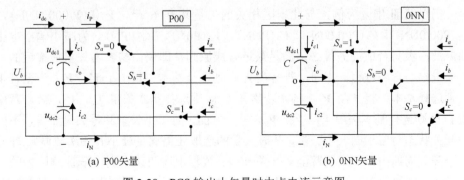

(a) P00矢量　　　　　　　　　　(b) 0NN矢量

图 2-28　PCS 输出小矢量时中点电流示意图

设电容器的容值为 C_d、直流电压偏移为 $\Delta u_o = u_{dc1} - u_{dc2}$，则在一个开关周期 T_s 内，可以通过调整 P00 和 0NN 两种小矢量的作用时间 t_{a1} 与 t_{a2} 获得满足要求的中点电流，使上下电容电压平衡。以第 Ⅲ 大扇区 C 小区为例，由 (2-21) 可得到在一个开关周期内直流电压偏移与电流的关系：

$$\Delta u_o C_d = t_{a2} i_a - t_{a1} i_a - i_b t_b \tag{2-22}$$

设 $t_{a1} + t_{a2} = t_a$，则该开关周期内两种小矢量在 C 区的分配时间为

$$\begin{cases} t_{a1} = \dfrac{t_a}{2} - \Delta t \\ t_{a2} = \dfrac{t_a}{2} + \Delta t \end{cases} \qquad \Delta t = \dfrac{\Delta u_o C_d + i_b t_b}{2 i_a} \tag{2-23}$$

这种对中点电压进行补偿的策略可以对中点电位平衡起到校正作用，但需要对电容容值、直流电压偏移和各相电流参数准确测量，显然在实际应用中是不可取的，因此需采用闭环控制方式平衡中点电位，令 $\Delta t = -k_p \, \mathrm{sgn}(\Delta u_o \cdot i_a)$，其中 k_p 为比例常数。可以推出第 Ⅲ 扇区 Δt 的取值如表 2-6，对于其他扇区可通过表 2-3 中的线性变换进行等效。

表 2-6 Δt 取值表

分区	作用短矢量	闭环调节方法 Δt
A1	PP0&00N	$\Delta t = k_p \, \mathrm{sgn}(\Delta u_o \cdot i_c)$
A2	P00 &0NN	$\Delta t = -k_p \, \mathrm{sgn}(\Delta u_o \cdot i_a)$
B1/D	PP0&00N	$\Delta t = k_p \, \mathrm{sgn}(\Delta u_o \cdot i_c)$
B2/C	P00&0NN	$\Delta t = -k_p \, \mathrm{sgn}(\Delta u_o \cdot i_a)$

5) 矢量发送

仍以第 Ⅲ 扇区为例，与此扇区相关的矢量共有 6 个，V_0(PPP/000/NNN)，V_1(P00/0NN)，V_2(PP0/00N)，V_7(PNN)，V_8(P0N)，V_9(PPN)。为减小输出电压的谐波，参与合成的矢量必须满足最近合成原则，即仅由与参考矢量最接近的三个矢量参与合成过程。比如，若落在 A 区则选择基本矢量 V_0，V_1，V_2，若落在 B 区则选择基本矢量 V_1，V_2，V_8，若落在 C 区则选择基本矢量 V_1，V_7，V_8，若落在 D 区则选择基本矢量 V_2，V_8，V_9。另一方面，对于小矢量和零矢量而言，不同的开关状态对应于同一个矢量，此时矢量的选取还需满足最小开关次数原则，即同一个开关周期内，单相桥臂至多开关一次。根据上述两条原则，第 Ⅲ 扇区内的矢量发送顺序如表 2-7 所示，其余扇区可以根据同样的原则，排列出矢量发送顺序表。

表 2-7　矢量发送顺序

区域	发送顺序
A1	PP0-P00-000-00N-000-P00-PP0
A2	P00-000-00N-0NN-00N-000-P00
B1	PP0-P00-P0N-00N-P0N-P00-PP0
B2	P00-P0N-00N-0NN-00N-P0N-P00
C	P00-P0N-PNN-0NN-PNN-P0N-P00
D	PP0-PPN-P0N-00N-P0N-PPN-PP0

2.2.2.4　仿真分析与实验验证

1）MC-SVM 算法的仿真分析与实验验证

基于 MATLAB 构建仿真分析选题，首先使变换器的直流侧接电压为 200V 的直流电源，交流输出侧接阻感性负载，负载电感值选取为 3mH，电阻值选取为 8Ω。给定不同的调制波，考察变换器在不同调制比下的输出特性。

开环模型中，调制比由人为指定，调制波幅值由调制比确定，由标准正弦源产生频率固定为 50Hz 的指令电压，输入 MC-SVM 算法模块进行处理，并产生对应的 PWM 信号用于驱动开关管。当调制比为 1.15，分别采用 3D-SVM 算法和 MC-SVM 算法时，变换器的输出相电压/电流波形见图 2-29。通过对比，可发现调制比为 1.15 时 3D-SVM 算法已出现过调制现象，电流波形出现畸变，而 MC-SVM 算法与传统的二维 SVM 算法一样，不会出现过调制现象，电流波形良好。

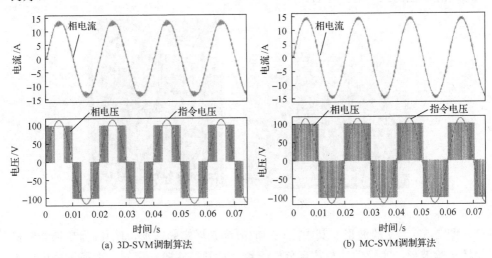

图 2-29　开环控制时仿真波形

在此基础上搭建三相变换器闭环仿真系统，选取如下参数：网侧电感 3mH；

直流母线电容 1mF；电网相电压有效值/频率 60V/50Hz；直流母线电压 200V；开关频率 5kHz；额定功率 1kW。采用 MC-SVM 算法，图 2-30(a) 为变换器稳定运行在功率因数为 1.0 的波形，在 0.16s 时突加负载，变换器可在一至二个电网周期内恢复稳定。图 2-30(b) 为中点电压平衡控制波形，初期在上下直流侧电容两端分别并联阻值为 200Ω 和 165Ω 的电阻，形成电容电压的不平衡，0.6s 时开始对中点电位进行控制，可见电压差迅速下降。

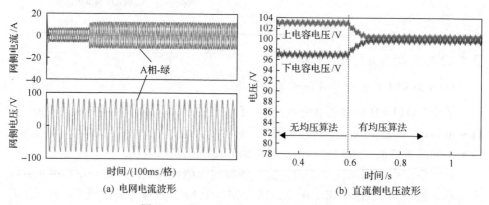

(a) 电网电流波形　　　　　　　(b) 直流侧电压波形

图 2-30　闭环控制时 MC-SVM 仿真波形

　　实验验证用三电平变换器样机如图 2-31 所示，其参数与仿真系统一致，IGBT型号为富士电机的 2MBI150UH-330H，控制器采用德州仪器公司的 TMS320C6713。首先对程序编译后的汇编代码量进行比较，编译后 MC-SVM 的汇编代码量仅为3D-SVM 算法的三分之一左右。

图 2-31　实验样机照片

　　图 2-32 为实验波形，其中图(a)和(b)为开环实验波形，图(c)为变换器整机闭环实验波形，实验条件与仿真分析一致。从开环实验结果看，变换器线电压为五电平，与理论一致，输出电压相位与幅值紧跟调制波，电流谐波较小，在调制比小于 1.15 的情况下不会出现过调制，与仿真结果一致。变换器整机实验中，

并网电流保持正弦，上下直流电压基本相等，说明 MC-SVM 算法可实现电压的正确调制，同时可对母线电容电压差进行有效控制，抑制上下母线电容电压的偏离。

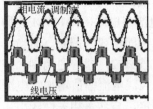 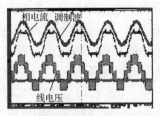 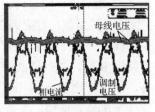

(a) 开环实验(*m*=0.8)　　　　(b) 开环实验(*m*=1.15)　　　　(c) 闭环整机实验

图 2-32　MC-SVM 算法实验波形

2) 免死区 SPWM 仿真分析与实验验证

三相变换器系统仿真系统同上，采用传统 SPWM 调制算法时，额定工况下的变换器工作波形为图 2-33，其中图 (a)为满载充电时的波形，(b)为满载放电时的波形，波形中自上而下分别对应 1-4 管的 PWM 脉冲，A 相电压、电流波形。

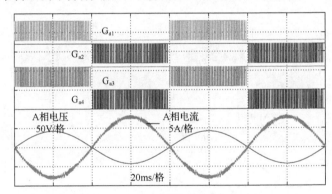

(a) 满载充电

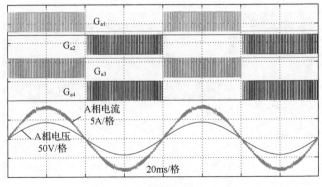

(b) 满载放电

图 2-33　传统 SPWM 仿真波形

图 2-34 为采用免死区 SPWM 调制后变换器输出波形,其中图(a)为满载充电波形,图(b)为满载放电波形,图(c)为半载充电波形,图(d)为半载放电波形。与图 2-33 相对比,明显可以看出当电池放电时,在 PWM 波的中间段,内管 2 管和 3 管脉冲被封锁,对应调制模式 1,即免死区调制。当电池充电时,在 PWM 波的中间段,外管 1 管和 4 管脉冲被封锁,对应调制模式 1,即免死区调制。而当电流接近 0 时,被封锁的开关管脉冲重新开放,对应调制模式 2,即普通调制。另外,通过对比图(a),(c)与(b),(d),可见随着功率增大,电流幅值增加,电流纹波未见显著增加,主要由网侧电感值和直流侧电压决定,与功率相关性较小。根据式(2-15)对调制模式切换条件的定义,功率越大调制模式 1 所占时间比例越大,这也与仿真波形相符。另外,开关频率相同时,图 2-34 中开关管的总动作次数明显少于图 2-33,可在一定程度上提升变换器的效率。

实验验证用三电平变换器样机如图 2-31 所示,采用图 2-18 的储能 PCS 控制算法,得到图 2-35 所示实验波形,其中图(a)为充电时的测试结果,图(b)为放电时的测试结果。可见基于免死区调制的储能变换器输出电流具有较好的正弦度。

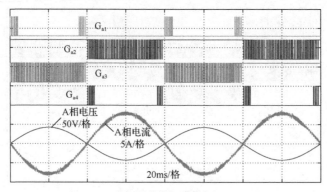

(a) 免死区调制,满载充电

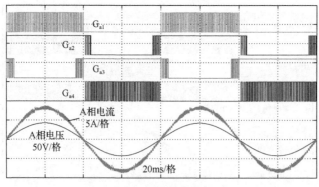

(b) 免死区调制,满载放电

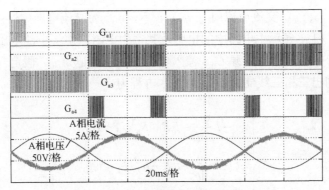

(c) 免死区调制，半载充电

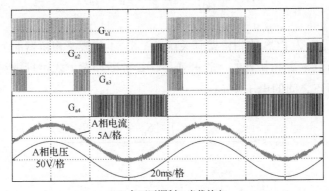

(d) 免死区调制，半载放电

图 2-34　免死区 SPWM 仿真波形

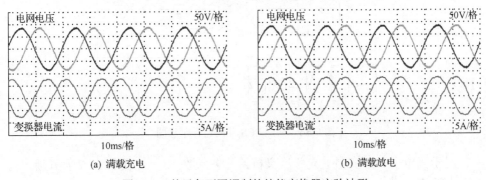

(a) 满载充电　　　　　　　　　　　　　　(b) 满载放电

图 2-35　基于免死区调制的储能变换器实验波形

2.2.3　储能 PCS 的并网控制策略

2.2.3.1　并网型储能 PCS 的数学模型

图 2-36 为三相三线储能 PCS 并网运行示意图。图中，$S_1 \sim S_6$ 为主开关管，电

网电压为 v_{sa}, v_{sb}, v_{sc}，交流电流用 i_a, i_b, i_c 表示，o 点为交流电网中性点，n 点为电压参考点，L 和 R 表示主电路中的电感及其寄生电阻，由于电池电压变化缓慢，因此可将其等效为理想电压源 U_d，流入电池中的电流记为 i_d。假定开关管为理想器件，可以列出三相三线储能 PCS 的基本方程为

$$\begin{cases} v_{sa} - L\dfrac{\mathrm{d}i_a}{\mathrm{d}t} - i_a R - S_a^* U_d = v_{NO} \\[3mm] v_{sb} - L\dfrac{\mathrm{d}i_b}{\mathrm{d}t} - i_b R - S_b^* U_d = v_{NO} \\[3mm] v_{sc} - L\dfrac{\mathrm{d}i_c}{\mathrm{d}t} - i_c R - S_c^* U_d = v_{NO} \end{cases} \tag{2-24}$$

式中，S_a^*, S_b^*, S_c^* 为 PCS 的相桥臂开关函数；S_x=1 代表 x 相桥臂的上管开通，下管关断，S_x=0 代表 x 相桥臂的上管开通，下管关断。对上式进行求和，可得电网中性点与参考点之间的电压差 v_{NO}：

$$v_{NO} = \frac{(v_{sa} + v_{sb} + v_{sc}) - \left(S_a^* + S_b^* + S_c^*\right)U_d}{3} \tag{2-25}$$

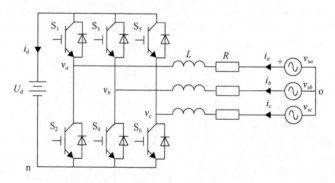

图 2-36 储能 PCS 并网运行示意图

对于三电平 PCS 拓扑，定义广义桥臂开关函数，$S_x = 1$ 代表 1、2 管开通，3、4 管关断(正电平)；$S_x = 1/2$ 代表 2、3 管开通(零电平)，1、4 管关断；$S_x = 0$ 代表 1、2 管关断，3、4 管开通(负电平)；由此可得到类似的结论和几乎完全相同的表达式。将式(2-25)代入式(2-24)，得到储能 PCS 的状态空间方程为

$$\begin{bmatrix} \dfrac{\mathrm{d}i_a}{\mathrm{d}t} \\[2mm] \dfrac{\mathrm{d}i_b}{\mathrm{d}t} \\[2mm] \dfrac{\mathrm{d}i_c}{\mathrm{d}t} \end{bmatrix} = \begin{bmatrix} -\dfrac{R}{L} & 0 & 0 \\[2mm] 0 & -\dfrac{R}{L} & 0 \\[2mm] 0 & 0 & -\dfrac{R}{L} \end{bmatrix} - \begin{bmatrix} \dfrac{\left(S_a^{\ *} - \dfrac{\left(S_a^{\ *} + S_b^{\ *} + S_c^{\ *}\right)}{3}\right)}{L} \\[5mm] \dfrac{\left(S_b^{\ *} - \dfrac{\left(S_a^{\ *} + S_b^{\ *} + S_c^{\ *}\right)}{3}\right)}{L} \\[5mm] \dfrac{\left(S_c^{\ *} - \dfrac{\left(S_a^{\ *} + S_b^{\ *} + S_c^{\ *}\right)}{3}\right)}{L} \end{bmatrix} U_\mathrm{d} + \dfrac{1}{3L}\begin{bmatrix} 2 & -1 & -1 \\ -1 & 2 & -1 \\ -1 & -1 & 2 \end{bmatrix}\begin{bmatrix} v_{sa} \\ v_{sb} \\ v_{sc} \end{bmatrix} \quad (2\text{-}26)$$

定义开关周期平均算子式(2-27)，该算子为物理量在一个开关周期内的平均值，可用于对电压电流信号进行开关周期内的平均运算，可以保留原信号的工频成分，而滤除开关频率及其附近次的谐波信号。

$$\langle x(t)\rangle_{T_s} = \frac{1}{T_s}\int_t^{t+T_s} x(\tau)\mathrm{d}\tau \qquad\qquad (2\text{-}27)$$

式中，T_s 为开关周期，将此算子引入到上式状态空间方程，可得到 PCS 的平均值状态空间模型为

$$\begin{bmatrix} \dfrac{\mathrm{d}\langle i_a\rangle_{T_s}}{\mathrm{d}t} \\[2mm] \dfrac{\mathrm{d}\langle i_b\rangle_{T_s}}{\mathrm{d}t} \\[2mm] \dfrac{\mathrm{d}\langle i_c\rangle_{T_s}}{\mathrm{d}t} \end{bmatrix} = \begin{bmatrix} -\dfrac{R}{L} & 0 & 0 \\[2mm] 0 & -\dfrac{R}{L} & 0 \\[2mm] 0 & 0 & -\dfrac{R}{L} \end{bmatrix}\begin{bmatrix} \langle i_a\rangle_{T_s} \\[2mm] \langle i_b\rangle_{T_s} \\[2mm] \langle i_c\rangle_{T_s} \end{bmatrix} - \begin{bmatrix} \dfrac{\left(\langle S_a^{\ *}\rangle_{T_s} - \dfrac{\left(\langle S_a^{\ *}\rangle_{T_s} + \langle S_b^{\ *}\rangle_{T_s} + \langle S_c^{\ *}\rangle_{T_s}\right)}{3}\right)}{L} \\[5mm] \dfrac{\left(\langle S_b^{\ *}\rangle_{T_s} - \dfrac{\left(\langle S_a^{\ *}\rangle_{T_s} + \langle S_b^{\ *}\rangle_{T_s} + \langle S_c^{\ *}\rangle_{T_s}\right)}{3}\right)}{L} \\[5mm] \dfrac{\left(\langle S_c^{\ *}\rangle_{T_s} - \dfrac{\left(\langle S_a^{\ *}\rangle_{T_s} + \langle S_b^{\ *}\rangle_{T_s} + \langle S_c^{\ *}\rangle_{T_s}\right)}{3}\right)}{L} \end{bmatrix} U_\mathrm{d}$$

$$+ \frac{1}{3L}\begin{bmatrix} 2 & -1 & -1 \\ -1 & 2 & -1 \\ -1 & -1 & 2 \end{bmatrix}\begin{bmatrix} \langle v_{sa}\rangle_{T_s} \\ \langle v_{sb}\rangle_{T_s} \\ \langle v_{sc}\rangle_{T_s} \end{bmatrix}$$

$$(2\text{-}28)$$

定义 PCS 的桥臂占空比函数为

$$\begin{cases} d_a = \left\langle S_a^{\ *}(t) \right\rangle_{T_s} = \dfrac{1}{T_S} \displaystyle\int_t^{t+T_s} S_a^{\ *}(\tau)\mathrm{d}\tau \\[2mm] d_b = \left\langle S_b^{\ *}(t) \right\rangle_{T_s} = \dfrac{1}{T_S} \displaystyle\int_t^{t+T_s} S_b^{\ *}(\tau)\mathrm{d}\tau \\[2mm] d_c = \left\langle S_c^{\ *}(t) \right\rangle_{T_s} = \dfrac{1}{T_S} \displaystyle\int_t^{t+T_s} S_c^{\ *}(\tau)\mathrm{d}\tau \end{cases} \quad (2\text{-}29)$$

将式 (2-29) 代入式 (2-28)，得

$$\begin{bmatrix} \dfrac{\mathrm{d}\langle i_a\rangle_{T_s}}{\mathrm{d}t} \\[3mm] \dfrac{\mathrm{d}\langle i_b\rangle_{T_s}}{\mathrm{d}t} \\[3mm] \dfrac{\mathrm{d}\langle i_c\rangle_{T_s}}{\mathrm{d}t} \end{bmatrix} = \begin{bmatrix} -\dfrac{R}{L} & 0 & 0 \\[2mm] 0 & -\dfrac{R}{L} & 0 \\[2mm] 0 & 0 & -\dfrac{R}{L} \end{bmatrix} \begin{bmatrix} \langle i_a\rangle_{T_s} \\[2mm] \langle i_b\rangle_{T_s} \\[2mm] \langle i_c\rangle_{T_s} \end{bmatrix} - \begin{bmatrix} \dfrac{-\left(d_a - \dfrac{d_a+d_b+d_c}{3}\right)}{L} \\[4mm] \dfrac{-\left(d_b - \dfrac{d_a+d_b+d_c}{3}\right)}{L} \\[4mm] \dfrac{-\left(d_c - \dfrac{d_a+d_b+d_c}{3}\right)}{L} \end{bmatrix} U_\mathrm{d}$$

$$+ \frac{1}{3L} \begin{bmatrix} 2 & -1 & -1 \\ -1 & 2 & -1 \\ -1 & -1 & 2 \end{bmatrix} \begin{bmatrix} \langle v_{sa}\rangle_{T_s} \\ \langle v_{sb}\rangle_{T_s} \\ \langle v_{sc}\rangle_{T_s} \end{bmatrix} \qquad (2\text{-}30)$$

据此，可得到三相三线储能 PCS 的开关周期平均值等效电路如图 2-37 所示。

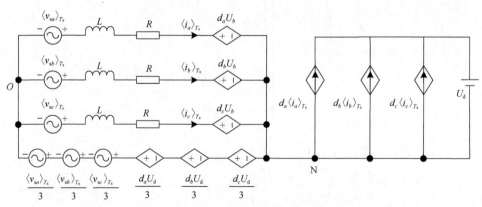

图 2-37　三相三线储能 PCS 的等效电路图

　　忽略电阻后，以 A 相为例，可得到 PCS 输出电压、电流及电网电压的向量表达式(2-31)和向量图 2-38，其中，V_a 为 PCS A 相输出电压向量；I_a 为电流向量；V_{sa} 为 A 相电网电压向量；φ 为电流滞后于电网电压的相角；δ 为 V_a 滞后于电网电压的相角。

$$V_{sa} = V_a + \mathrm{j}\omega L I_a \qquad (2\text{-}31)$$

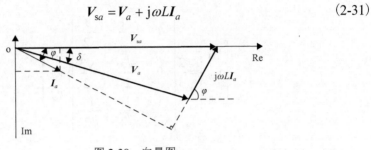

图 2-38　向量图

　　图 2-39 为储能 PCS 四象限运行示意图，当储能 PCS 输出电压相量位于 A 点或 C 点，储能 PCS 工作于纯无功状态，功率因数为 0。当输出电压相量运行至 B 点或 C 点，储能 PCS 工作于纯有功状态，功率因数为 1 或–1。

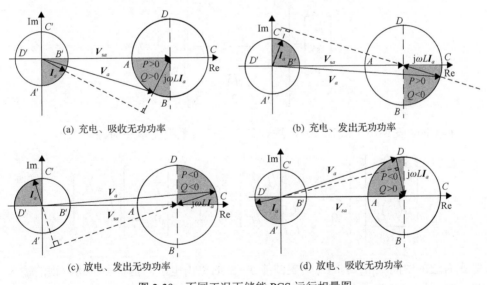

(a) 充电、吸收无功功率　　　　　　　　　(b) 充电、发出无功功率

(c) 放电、发出无功功率　　　　　　　　　(d) 放电、吸收无功功率

图 2-39　不同工况下储能 PCS 运行相量图

2.2.3.2　储能 PCS 的矢量控制

根据 Clark 变换定义，引入电压空间矢量：

$$V = \frac{2}{3} \begin{bmatrix} 1 & \alpha & \alpha^2 \end{bmatrix} \begin{bmatrix} v_{sa} \\ v_{sb} \\ v_{sc} \end{bmatrix} \qquad \alpha = e^{j\frac{2\pi}{3}} \qquad \alpha^2 = e^{j\frac{4\pi}{3}} \tag{2-32}$$

定义 V 所在复平面的实轴为 α 轴，虚轴为 β 轴，则可得到 Clark 变换：

$$\begin{bmatrix} v_{s\alpha} \\ v_{s\beta} \\ v_{s0} \end{bmatrix} = \frac{2}{3} \begin{bmatrix} 1 & -\frac{1}{2} & -\frac{1}{2} \\ 0 & \frac{\sqrt{3}}{2} & -\frac{\sqrt{3}}{2} \\ \frac{1}{\sqrt{2}} & \frac{1}{\sqrt{2}} & \frac{1}{\sqrt{2}} \end{bmatrix} \begin{bmatrix} v_{sa} \\ v_{sb} \\ v_{sc} \end{bmatrix} \tag{2-33}$$

利用上述变换，abc 三相系统中的量可变换为 $\alpha\beta0$ 轴量，相当于一个固定模长和辐角的、以 ω 旋转的矢量在 α，β 和 0 轴的投影。反之亦然，则有 Clark 反变换：

$$\begin{bmatrix} v_{sa} \\ v_{sb} \\ v_{sc} \end{bmatrix} = \begin{bmatrix} 1 & 0 & \frac{1}{\sqrt{2}} \\ -\frac{1}{2} & \frac{\sqrt{3}}{2} & \frac{1}{\sqrt{2}} \\ -\frac{1}{2} & -\frac{\sqrt{3}}{2} & \frac{1}{\sqrt{2}} \end{bmatrix} \begin{bmatrix} v_{s\alpha} \\ v_{s\beta} \\ v_{s0} \end{bmatrix} \tag{2-34}$$

将 Clark 变换用于式 (2-30)，注意到三相三线系统无零序通路，可得

$$\begin{bmatrix} \dfrac{\mathrm{d}\langle i_\alpha \rangle_{T_s}}{\mathrm{d}t} \\[2mm] \dfrac{\mathrm{d}\langle i_\beta \rangle_{T_s}}{\mathrm{d}t} \end{bmatrix} = \begin{bmatrix} -\dfrac{R}{L} & 0 \\ 0 & -\dfrac{R}{L} \end{bmatrix} \begin{bmatrix} \langle i_\alpha \rangle_{T_s} \\ \langle i_\beta \rangle_{T_s} \end{bmatrix} - \begin{bmatrix} d_\alpha \\ d_\beta \end{bmatrix} U_d + \begin{bmatrix} \dfrac{1}{L} & 0 \\ 0 & \dfrac{1}{L} \end{bmatrix} \begin{bmatrix} \langle v_{sa} \rangle_{T_s} \\ \langle v_{s\beta} \rangle_{T_s} \end{bmatrix} \tag{2-35}$$

等式右边的中间项 $[d_\alpha \ d_\beta]^T U_d$ 代表储能 PCS 的输出电压，是状态空间方程的输入量，PCS 通过调节 d_α 与 d_β 实现对 i_α，i_β 的控制。定义：

$$\begin{bmatrix} v_\alpha \\ v_\beta \end{bmatrix} = \begin{bmatrix} d_\alpha \\ d_\beta \end{bmatrix} U_d$$

若只考虑工频分量，则基于平均算子的状态空间模型适用于整个工频周期，从而可得

$$\begin{bmatrix} \dfrac{\mathrm{d}\,i_\alpha}{\mathrm{d}t} \\ \dfrac{\mathrm{d}\,i_\beta}{\mathrm{d}t} \end{bmatrix} = \begin{bmatrix} -\dfrac{R}{L} & 0 \\ 0 & -\dfrac{R}{L} \end{bmatrix}\begin{bmatrix} i_\alpha \\ i_\beta \end{bmatrix} - \begin{bmatrix} v_\alpha \\ v_\beta \end{bmatrix} + \begin{bmatrix} \dfrac{1}{L} & 0 \\ 0 & \dfrac{1}{L} \end{bmatrix}\begin{bmatrix} v_{s\alpha} \\ v_{s\beta} \end{bmatrix} \tag{2-36}$$

如图 2-40 所示,如果存在一个 dq 旋转坐标系,其旋转速度与旋转矢量 $\boldsymbol{X}$ 相同,那么在该旋转坐标系中旋转矢量将处于静止状态,其在 dq 轴上的投影恒定不变。式(2-37)为 $\alpha\beta0$ 静止坐标系到 $dq0$ 旋转坐标系的变换,称为 Park 变换。

$$\begin{cases} \boldsymbol{X}_{dq0} = \boldsymbol{T}_{\alpha\beta0\to dq0}\boldsymbol{X}_{\alpha\beta0} \\ \boldsymbol{X}_{\alpha\beta0} = \boldsymbol{T}_{dq0\to\alpha\beta0}\boldsymbol{X}_{dq0} \end{cases} \tag{2-37}$$

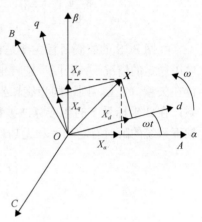

图 2-40　Park 变换示意图

其中

$$\begin{cases} \boldsymbol{X}_{dq0} = \begin{bmatrix} x_d & x_q & x_0 \end{bmatrix}^{\mathrm{T}} \\ \boldsymbol{X}_{\alpha\beta0} = \begin{bmatrix} x_\alpha & x_\beta & x_0 \end{bmatrix}^{\mathrm{T}} \end{cases}$$

正变换矩阵:

$$\boldsymbol{T}_{\alpha\beta0\to dq0} = \begin{bmatrix} \cos\omega t & \sin\omega t & 0 \\ -\sin\omega t & \cos\omega t & 0 \\ 0 & 0 & 1 \end{bmatrix} \tag{2-38}$$

反变换矩阵:

$$\boldsymbol{T}_{dq0\to\alpha\beta0} = \boldsymbol{T}_{\alpha\beta0\to dq0}^{-1} = \begin{bmatrix} \cos\omega t & -\sin\omega t & 0 \\ \sin\omega t & \cos\omega t & 0 \\ 0 & 0 & 1 \end{bmatrix} \tag{2-39}$$

对式(2-36)进行 park 变换,因 0 轴分量为零而略去,则有

$$\begin{aligned} \frac{\mathrm{d}}{\mathrm{d}t}\begin{bmatrix} i_d \\ i_q \end{bmatrix} &= \frac{\mathrm{d}}{\mathrm{d}t}\left(T_{\alpha\beta\to dq}\begin{bmatrix} i_\alpha \\ i_\beta \end{bmatrix}\right) = T_{\alpha\beta\to dq}\frac{\mathrm{d}}{\mathrm{d}t}\begin{bmatrix} i_\alpha \\ i_\beta \end{bmatrix} + \frac{\mathrm{d}T_{\alpha\beta\to dq}}{\mathrm{d}t}\begin{bmatrix} i_\alpha \\ i_\beta \end{bmatrix} \\ &= \begin{bmatrix} -\omega\sin\omega t \cdot i_\alpha + \omega\cos\omega t \cdot i_\beta + \cos\omega t \cdot \dfrac{\mathrm{d}i_\alpha}{\mathrm{d}t} + \sin\omega t \cdot \dfrac{\mathrm{d}i_\beta}{\mathrm{d}t} \\ -\omega\sin\omega t \cdot i_\beta - \omega\cos\omega t \cdot i_\alpha + \cos\omega t \cdot \dfrac{\mathrm{d}i_\beta}{\mathrm{d}t} - \sin\omega t \cdot \dfrac{\mathrm{d}i_\alpha}{\mathrm{d}t} \end{bmatrix} \\ &= T_{\alpha\beta\to dq}\frac{\mathrm{d}}{\mathrm{d}t}\begin{bmatrix} i_\alpha \\ i_\beta \end{bmatrix} + \begin{bmatrix} 0 & \omega \\ -\omega & 0 \end{bmatrix}\begin{bmatrix} i_d \\ i_q \end{bmatrix} \end{aligned} \tag{2-40}$$

可得到式(2-41)所示dq坐标系下PCS的数学模型,对应的控制框图为图2-41。

$$
\begin{bmatrix} \dfrac{\mathrm{d}i_d}{\mathrm{d}t} \\ \dfrac{\mathrm{d}i_q}{\mathrm{d}t} \end{bmatrix} = \begin{bmatrix} -\dfrac{R}{L} & \omega \\ -\omega & -\dfrac{R}{L} \end{bmatrix} \begin{bmatrix} i_d \\ i_q \end{bmatrix} - \begin{bmatrix} v_d \\ v_q \end{bmatrix} + \begin{bmatrix} \dfrac{1}{L} & 0 \\ 0 & \dfrac{1}{L} \end{bmatrix} \begin{bmatrix} v_{sd} \\ v_{sq} \end{bmatrix} \tag{2-41}
$$

并网 PCS 的控制目标主要是使有功和无功功率快速准确地跟随指令。在电网电压稳定的情况下,若同步旋转坐标系与电网电压矢量 V_s 同步旋转,并将 d 轴定位在矢量 V_s 上,则该同步旋转坐标系可称为电网电压矢量定向的同步旋转坐标系,在此坐标系下的相应算法被称为基于电网电压定向的矢量控制算法。在 dq 轴下系统的瞬时有功功率和无功功率为

$$
\begin{cases} p = 1.5\left(v_{sd}i_d + v_{sq}i_q\right) \\ q = 1.5\left(v_{sq}i_d + v_{sd}i_q\right) \end{cases} \tag{2-42}
$$

由于 d 轴定位于电网电压矢量方向,因此有 $v_{sq} = 0$,上式可化简为

$$
\begin{cases} p = 1.5v_{sd}i_d \\ q = 1.5v_{sd}i_q \end{cases} \tag{2-43}
$$

忽略电网电压波动,v_{sd} 为与电网相电压峰值相等的常数,因此 PCS 的有功功率 P 和无功功率 Q 分别被 i_d 和 i_q 所决定,可以通过控制电流来调节 PCS 的功率。为使系统具有快速动态响应和较强的抗扰动能力,可引入电流负反馈控制。从式(2-41)可见,电流 i_d 和 i_q 存在耦合关系,需要在控制环路中增加电流环解耦控制,同时为了提高 PCS 对电网电压波动的响应速度,需引入电网电压前馈调节。

图 2-41 为三相三线储能 PCS 电网电压定向矢量控制框图,首先通过对功率指令进行预处理,得到电流指令,之后采用 PI 调节器对电流闭环控制。经过前馈解耦之后,d 轴电流与 q 轴电流之间耦合弱化,可以使用经典控制理论设计 PI 调节器。电流控制环可以简化为图 2-42 典型二阶系统。为提高系统的动态性能,可令 $K_i/K_p = R/L$ 以消去电感及其电阻引入的低频极点,优化系统动态性能。

得到闭环传递函数:$G(s) = \dfrac{K_p / LT_s}{s^2 + s/T_s + K_p / LT_s}$

可知:

$$
\begin{cases} \omega_n = \sqrt{K_p / LT_s} \\ \zeta = \dfrac{1}{2}\sqrt{L / K_p T_s} \end{cases}
$$

根据二阶系统时域响应与 ω，ζ 的关系，在快速性和稳定性之间进行折中，设计 PCS 的 PI 参数。

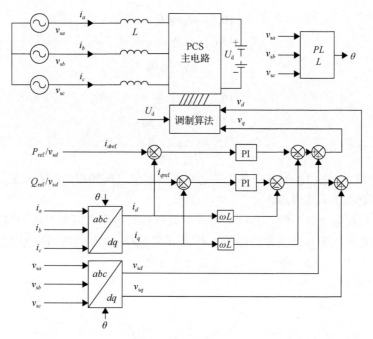

图 2-41 三相三线储能 PCS 以电网电压定向的矢量控制框图

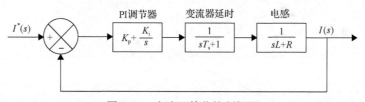

图 2-42 电流环简化控制框图

2.2.3.3 储能 PCS 的直接功率控制

矢量控制算法依赖于对电网电压相位的准确、实时观测，如果锁相出现误差，轻则电能质量下降，重则系统失控。而基于 $\alpha\beta$ 静止坐标系的直接功率控制策略，直接对系统功率进行闭环控制，因此具有动态响应快，算法执行时间短的优点。

功率滞环比较器是直接功率控制的核心，本质上讲是一种 bang-bang 控制器，其基本工作原理为：当功率误差超过可容忍的限度后，开关状态发生改变，从而使误差减小，直至误差朝反方向再次超过限值，之后开关状态再次发生改变，如此循环往复，迫使电流矢量跟随电压矢量在 $\alpha\beta$ 平面上曲折前行，从而得到一个稳定的平均功率。功率滞环比较器的输出函数 S_p 和 S_q 是反映功率偏离给定功率的一种模糊描述：

$$
S_p = \begin{cases} 0, & \Delta p > B_p \\ NC, & -B_p < \Delta p < B_p \\ 1, & \Delta p < -B_p \end{cases} \tag{2-44}
$$

$$
S_q = \begin{cases} 0, & \Delta q > B_q \\ NC, & -B_q < \Delta q < B_q \\ 1, & \Delta q < -B_q \end{cases} \tag{2-45}
$$

式中，Δp 和 Δq 分别表示有功和无功功率与给定值之间的误差；B_p 和 B_q 则分别代表有功和无功功率的滞环环宽。

与矢量控制策略不同，直接功率控制只需要对电网电压矢量所处扇区进行鉴别，而无须纠结于具体角度。如图 2-43 所示将整个 $\alpha\beta$ 平面被划分为 12 个扇区，分别可记为 S1～S12，每个扇区所占角度为 30°。

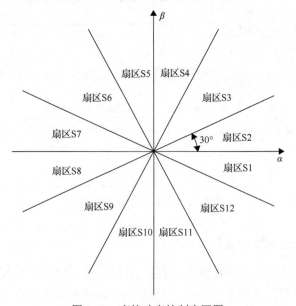

图 2-43　直接功率控制扇区图

理论上讲，扇区需根据 $\arctan(v_{s\alpha}/v_{s\beta})$ 进行判断，但对于数字控制器而言，进行三角函数计算需耗费大量时间，因此可按照表 2-8 根据电网相电压和线电压的符号来完成扇区鉴别，以节约运算时间。

表 2-8 扇区判别表

参考矢量所在扇区	电压瞬时值的符号					
	V_a	V_b	V_c	V_{ab}	V_{bc}	V_{ca}
S1	+	−	−	+	−	−
S2	+	−	−	+	+	−
S3	+	+	−	+	+	−
S4	+	+	−	−	+	−
S5	−	+	−	−	+	−
S6	−	+	−	−	+	+
S7	−	+	+	−	+	+
S8	−	+	+	−	−	+
S9	−	−	+	−	−	+
S10	−	−	+	+	−	+
S11	+	−	+	+	−	+
S12	+	−	+	+	+	−

每个矢量对于瞬时功率 p, q 的影响都不一样，必须通过对 S_p, S_q 和当前扇区进行综合判断，才能正确选取矢量。开关状态表是连接二者的桥梁，通过查询开关状态表，可得到 PCS 三相桥臂的开关状态指令 S_a, S_b, S_c。为简化分析，略去 PCS 中电感的寄生电阻 R，有

$$I(T_s) = I(0) + \frac{T_s}{L}(V_s - V)$$

式中，V 表示 PCS 的输出电压矢量。上式表明，电流矢量的运行方向始终朝向于电网电压矢量与 PCS 输出电压矢量的差，为使电流始终跟随参考，必须使 V_s–V 的方向趋近于 ΔI。构建开关状态表的关键在于，按照需要增加或减小有功功率和无功功率选择合适的电压开关矢量。如图 2-44 所示，假定 V_s 位于 S1，I 滞后于 I^*，如此时有 $S_p=1$, $S_q=1$，为增加输出，需加快 I 的旋转并加大其模长，此时 PCS 应输出矢量 V_6，使得 V_s–V 与 I^*–I 的夹角最小。经对所有扇区分析后可以得到直接功率控制算法的开关表 2-9。

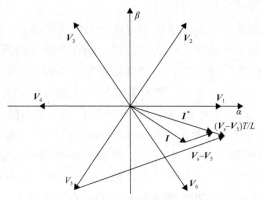

图 2-44 矢量选择方法示意图

表 2-9 直接功率控制算法的开关表

$S_p S_q$	输出矢量 V											
	扇区 S1	扇区 S2	扇区 S3	扇区 S4	扇区 S5	扇区 S6	扇区 S7	扇区 S8	扇区 S9	扇区 S10	扇区 S11	扇区 S12
0 1	V_6	V_1	V_1	V_2	V_2	V_3	V_3	V_4	V_4	V_5	V_5	V_6
0 0	V_1	V_2	V_2	V_3	V_3	V_4	V_4	V_5	V_5	V_6	V_6	V_1
1 1	V_5	V_5	V_6	V_6	V_1	V_1	V_2	V_2	V_3	V_3	V_4	V_4
1 0	V_3	V_3	V_4	V_4	V_5	V_5	V_6	V_6	V_1	V_1	V_2	V_2

图 2-45 为直接功率控制框图, 控制器根据采样数据, 当功率误差在滞环内时, PCS 保持当前输出矢量, 否则采用查表法实时更新桥臂的开关状态 S_a, S_b, S_c, 进而完成对并网功率的控制。

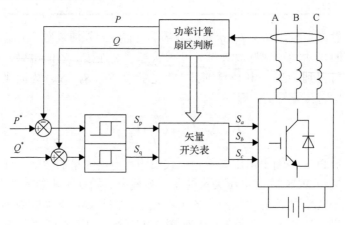

图 2-45 直接功率控制

2.2.3.4 调频调压与孤岛保护

1)有功频率控制与无功电压控制

电力系统中, 维持有功功率平衡是电网频率稳定的基础。在传统的电力系统调度中, 一般根据频率波动和系统运行情况, 结合负荷预测调整大型同步发电机的出力, 并在极端情况下采取切机, 切负荷等方式进行动态调节。此种调节方式的特点是技术成熟, 机组功率大, 调整效果好, 是电网调频的主力军。

然而, 由于大型同步发电机惯量大、响应时间长, 动态性能较差。随着风电、光伏等新能源的大量接入, 对电力系统有功/频率控制的动态特性提出了新的要求。电池储能系统因其良好的动态特性, 可在数毫秒的时间内做出响应, 可平抑新能源接入带来的功率波动, 对维护电力系统的频率稳定起到积极作用。

电池储能系统进行有功功率/频率控制时的基本原理如下: 当电网频率大于额

定值时，PCS 控制储能吸收一部分有功，此时对电网而言，储能系统就相当于是一个可调负载。而当电网频率小于额定值时，PCS 控制储能系统向电网注入有功功率。具体的实现形式有频率下垂控制和虚拟同控制等。频率下垂控制是根据当地电网的特性，制定一条斜率曲线，PCS 根据该曲线调整有功出力，储能系统的虚拟同步控制将在本书第 5 章详细介绍。

由于电网阻抗为感性，无功功率与电压高度相关。储能 PCS 具备有功、无功功率的解耦控制能力，因此完全可以动态调节无功功率以支撑电网电压。一般情况下，与有功调频类似，PCS 可以根据本地负载，设定无功功率与电网电压之间的下垂曲线，根据该曲线给出储能 PCS 的无功功率指令。

综上，有功功率和无功功率的给定可以表示为式(2-46)，其中，k_1，k_2 为下垂曲线的斜率，f 和 E 分别为电网频率和 PCC 节点电压，S_n 为 PCS 的额定视在功率。PCS 的调频调压控制框图如图 2-46 所示。

$$
\begin{aligned}
P^* &= P_0 + k_1\left(f - f_{\mathrm{nom}}\right) \\
Q^* &= Q_0 + k_2\left(E - E_{\mathrm{nom}}\right) \\
\sqrt{P^{*2} + Q^{*2}} &\leqslant S_{\mathrm{n}}
\end{aligned}
\qquad (2\text{-}46)
$$

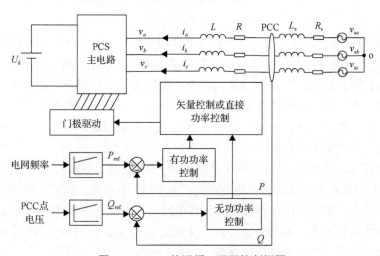

图 2-46　PCS 的调频、调压控制框图

2)孤岛检测技术

在 PCS 并网工作时，除了需要对自身的软硬件故障进行各种保护外，还需对电网故障具有一定的辨识和处理能力，其中非常重要的一种电网故障即为孤岛效应。所谓孤岛效应，是指当公共电网停电后，由于储能系统内部带有电源，若未能及时切除，可使局部电网仍然带电，最终由储能系统和本地负载形成一个孤岛

发电系统的现象。

孤岛效应会给人身和财产安全带来极大隐患。①人身安全问题。当电网断电后，上级断路器打开，维护人员可能会对线路进行操作，此时如果存在孤岛效应，易造成触电事故。②设备安全问题。当电网恢复供电时，如果孤岛电网与公共电网之间存在相位差，则会产生大的冲击电流，损坏电网设备。另外，孤岛运行时，孤岛电网的频率和电压稳定性较差，如果超过本地负载用电器的可承受范围，会导致本地负载的损坏。

因此，电力系统要求参与并网的储能系统能够及时检测出孤岛运行状态，并在规定时间内从电网切除。孤岛检测方法主要分为两类，一类是被动式孤岛检测，是指通过监控 PCS 的端电压以及输出电流来判定孤岛，此类方法简单易于实现，但具有较大的不可检测区；另一类是主动式孤岛检测，该方法通过向电网注入扰动检测孤岛现象。

(1) 频率电压检测法。频率电压检测属于被动式孤岛检测方法，其原理是通过检测电网电压与频率是否在正常范围内来判定孤岛现象是否发生。当连接公共电网的断路器发生跳闸时，PCS 的输出功率与负载不匹配，则孤岛电网的电压和频率将发生异常波动，通过检测 PCC 节点的电压和频率可判断孤岛效应。但是在新的稳态下，如果 PCC 节点的电压和频率仍处于保护阈值之内，则此种检测方法失效。

(2) 相位跳变检测法。相位跳变检测属于被动式孤岛检测方法。其原理是通过检测 PCC 节点端电压与电流之间相位差的跳变来进行判定。通常情况下，PCS 将电压电流控制为同相，或是根据无功指令，控制为一固定相角。而脱离公共电网的暂态过程中，会产生电压与电流相位差的跳变。基于相位跳变检测孤岛效应的优点在于无须外加硬件，易于实现，该方法最大的问题是难以确定保护阈值，且在电网电压发生暂态波动时容易产生误动作。

(3) 电压谐波检测法。电压谐波检测法属于被动式孤岛检测方法，其原理是通过检测 PCC 节点的电压谐波来进行判定。储能 PCS 正常工作时，电网电压必然符合相关标准，谐波很小。一般脱离公共电网后，由于 PCS 的输出电压谐波与孤网中非线性负载造成的畸变叠加，会使得 PCC 点电压谐波增加。该方法的问题与相位跳变检测法一样，难以确定阈值。

(4) 主动移频检测法。主动移频检测法是主动式孤岛检测方法，在工程中应用较多。其基本原理为，通过向电网注入微调的正弦波电流，迫使孤网频率崩溃，以此作为判定依据。经过微调处理的正弦波电流如图 2-47 所示，在前半工频周期，将电流控制为略高于电网频率的正弦半波，在提前到达过零点后保持为零，后半周重复这一过程。当孤岛发生时，电流频率的增加必然导致电压频率增加，从而引发正反馈使得频率崩溃。该方法的主要优点在于检测盲区小，易于实现，但在负载品质因数较高时存在失效的可能。另外，非正弦电流会使 PCS 的输出谐波增加。

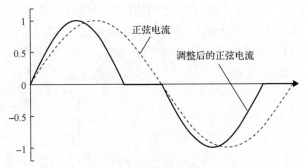

图 2-47 微调前后正弦波电流

(5)电网阻抗检测。电网阻抗检测属于主动式孤岛检测方法，其基本原理是通过周期性的注入冲击电流扰动，测量 PCC 节点的电压响应，之后计算电网阻抗的变化作为判定依据。此种方法的优点在于可以快速反应，精确度高，基本不存在检测盲区。但对控制器的采样精度和运算速度提出了非常高的要求，运算量较单纯的 PCS 矢量控制策略增长了几个数量级。

2.2.4 储能 PCS 离网运行控制策略

PCS 的并网控制目标是维持并网功率精确跟随给定，这是以 PCS 接入电网，接受统一调度为前提的，其控制策略是电流源型控制。然而，储能 PCS 的离网应用场合完全不同，此时储能系统负责支撑孤网的电压和频率恒定，其控制策略是电压源型控制，作为电压源型控制的一个特例，虚拟同步控制将在第 5 章详细介绍，本节介绍普遍意义上的电压源型控制方法。

根据图 2-48，可得负载电压 v_o 对 PCS 调制电压 v_i 的传递函数：

$$G(s) = \frac{v_o(s)}{v_i(s)} = \frac{1}{LCs^2 + \dfrac{L}{R}s + 1} \tag{2-47}$$

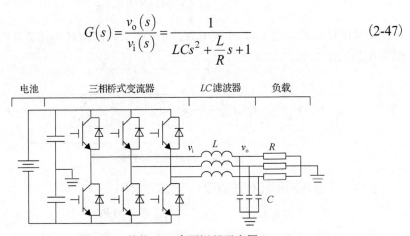

图 2-48 储能 PCS 离网运行示意图

　　储能 PCS 离网控制策略一般采用双环或者三环控制。双环控制的外环为电压环，内环为电流环；而三环控制的外环为电压有效值环，内环为电流环，中间级为瞬时电压环。以三环控制为例，根据电路结构和式(2-47)，可以得到储能 PCS 离网控制框图 2-49，电流内环采用 P 调节器，G_{PWM} 为三相桥变换器的传递函数，此处为 1。电压环均采用 PI 调节器。下面介绍各调节器的参数设计方法。

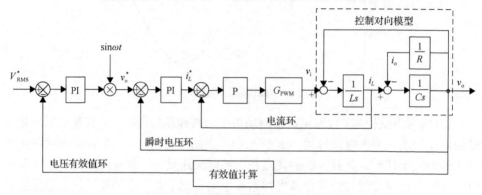

图 2-49　储能 PCS 离网运行控制框图

　　电流环控制器采用 P 调节器，设计其穿越频率 f_{ic} 为开关频率 f_s 的 1/10，设 P 调节器的参数为 K_{ip}，可知电流环补偿前的开环传递函数：

$$G_i(s) = G_{PWM} \frac{RCs+1}{LCRs^2 + Ls + R} \tag{2-48}$$

则，求解下列方程可以确定电流环控制器的参数 K_{ip}：

$$\left| K_{ip} G_{PWM} \frac{RCs+1}{LCRs^2 + Ls + R} \right|_{s=j2\pi f_{ic}} = 1 \tag{2-49}$$

　　瞬时电压环控制器采用 PI 调节器，设电流内环的闭环传递函数为 Φ_i，控制框图可化简为图 2-50。

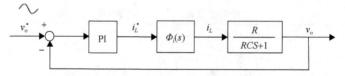

图 2-50　瞬时电压环控制框图

　　其中，电流环的闭环传递函数：

$$\Phi_i(s) = \frac{G_i(s)}{1 + G_i(s)} = \frac{K_{ip} G_{PWM}(RCs+1)}{LCRs^2 + (L + K_{ip} G_{PWM} RC)s + R + K_{ip} G_{PWM}} \tag{2-50}$$

可得瞬时电压环补偿前的开环传递函数：

$$G_v(s) = \frac{R\Phi_1(s)}{RCs+1} = \frac{K_{ip}G_{PWM}R}{LCRs^2 + (L + K_{ip}G_{PWM}RC)s + R + K_{ip}G_{PWM}} \qquad (2\text{-}51)$$

可见，被控对象是一个二阶系统，其转折角频率为

$$\omega_c = \sqrt{\frac{R + K_{ip}G_{PWM}}{LCR}} \qquad (2\text{-}52)$$

设瞬时电压环 PI 调节器的转折频率 f_{vn} 在上述震荡环节的转折频率处，将补偿后瞬时电压环的穿越频率 f_{vc} 设置在 PI 调节器转折频率的 1/5，即有

$$\begin{cases} f_{vn} = \dfrac{\omega_c}{2\pi} \\ f_{vc} = \dfrac{f_{vn}}{5} \end{cases}$$

设瞬时电压环 PI 调节器的比例参数和积分参数分别为 K_{vp} 和 K_{vi}，通过求解下列方程组可以确定瞬时电压环控制器的参数。

$$\begin{cases} \dfrac{K_{vi}}{K_{vp}} = \omega_c \\ \left| \dfrac{K_{vp}S + K_{vi}}{S} \cdot \dfrac{K_{ip}G_{PWM}R}{LCRS^2 + (L + K_{ip}G_{PWM}RC)S + R + K_{ip}G_{PWM}} \right|_{s=j2\pi f_{vc}} = 1 \end{cases} \qquad (2\text{-}53)$$

电压有效值环采用 PI 调节器。补偿后瞬时电压环的闭环传递函数为

$$\Phi_v(s) = \frac{G_v(s)}{1 + G_v(s)}$$

$$= \frac{(K_{vp}s + K_{vi})K_{ip}G_{PWM}R}{LCRs^3 + (L + K_{ip}G_{PWM}RC)s^2 + (R + K_{ip}G_{PWM} + K_{vp}K_{ip}G_{PWM}R)s + K_{vi}K_{ip}G_{PWM}R}$$

$$(2\text{-}54)$$

将瞬时电压环作为被控对象，控制框图可化简为图 2-51(a)。从控制的角度上来说，被控对象的输入是 50Hz 正弦波的幅值，输出也是 50Hz 正弦波的幅值，实际上被控对象的传递函数就是瞬时电压环闭环传递函数幅频特性曲线上 50Hz 频率对应的增益 $K_W = |\Phi_v(s)|_{s=j2\pi\cdot50}$，控制框图可进一步简化为图 2-51(b)。

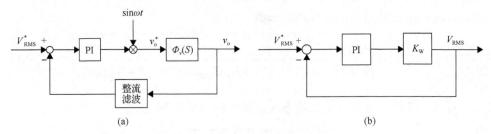

图 2-51　简化后的有效值电压环

将有效值电压环 PI 调节器的转折频率 f_{wn} 设置在瞬时电压环穿越频率 f_{vc} 的 1/5，将补偿后有效值电压环的穿越频率 f_{wc} 设置在转折频率 f_{wn} 的 1/5，即

$$f_{wn} = \frac{f_{vc}}{5}, \quad f_{wc} = \frac{f_{wn}}{5}$$

设有效值电压环 PI 调节器的比例和积分参数分别为 K_{wp} 和 K_{wi}，通过以下方程组可确定有效值电压环控制器的参数。

$$\begin{cases} \dfrac{K_{wi}}{K_{wp}} = 2\pi f_{wn} \\[3mm] \left| \dfrac{(K_{wp}s + K_{wi})K_W}{s} \right|_{s = \text{j}2\pi f_{wc}} = 1 \end{cases} \tag{2-55}$$

2.3　双级式储能 PCS

由于多样性电池介质的特性差异、梯次利用电池的一致性差异以及用户对储能系统的灵活性和易用性的更高需求，储能 PCS 向模块化可拓展方向发展。将双向 Buck-Boost 电路引入储能 PCS 中，对电池电压进行前级变换，实现电池端与并网变换器电压之间的匹配，形成双级式储能功率转换系。相比于 Buck-Boost 电路等非隔离型电路，隔离型 DC/DC 变换器通过调整变压器匝比实现电压的匹配，适用范围更广，其硬件配置和控制方式更为灵活，易于实现串并联拓展和不同种类和参数的电池接入。本节重点介绍基于隔离型 DC/DC 变换器的双级储能 PCS 的运行控制及效率优化问题。

2.3.1　双向隔离型 DC/DC 变换器

双向 DC/DC 变换器是实现储能变换器直流母线与电池间电压匹配和功率流动的元件，是双级式储能 PCS 中不可或缺的组成部分。双向隔离型 DC/DC 变换器既可实现大变比，又可替代体积庞大的工频变压器，有助于提升功率密度，在储能应用中正得到越来越多的关注[10,11]。

双向隔离型 DC/DC 变换器主要由直流中高频交流变换器、无源网络和中高频变压器组成，如图 2-52 所示。适合于储能应用的主电路拓扑有：双移相桥拓扑、三相双移相桥拓扑、串联谐振型双移相桥拓扑、电流馈电型全桥拓扑以及 Z 源变换器拓扑等。

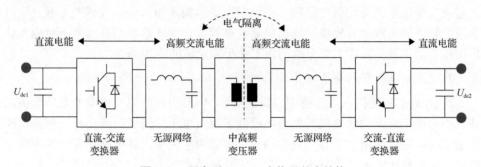

图 2-52　隔离型 DC-DC 变换器基本结构

1) 双移相桥拓扑

图 2-53(a) 所示的单相双移相桥电路(dual active bridge，DAB)由两个完全对称的 H 桥电路和一个单相高频变压器组成，该拓扑可利用变压器固有的漏感作为主电感，如有需要也可外接电感。此种拓扑最主要的优点在于元件数量少，易控制，磁芯利用率高，功率流向可无缝切换。将 H 桥电路替换为半桥电路即为半桥式双移相桥电路，其优点是使用的开关器件变少，但由于输出电压的峰值减小为全桥电路的一半，电流则增加一倍，因此对器件而言，其电压电流应力的乘积以及导通损耗并未减小，一般仅在高电压小电流场合采用半桥式 DAB 以节约硬件成本。

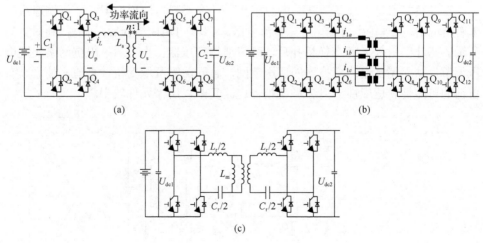

图 2-53　DAB 拓扑结构

图 2-53(b)所示的三相 DAB 直流变换器由 2 个完全对称的三相 DC/AC 变换器和一个三相高频变压器组成,适合于更高容量的使用场合。将 LC 谐振电路引入到无源网络部分,可得到图 2-53(c)的串联谐振型双移相桥 DC/DC 变换器。该电路中,当开关频率略小于谐振频率的一半时,变换器处于电流临界断续模式,可实现开关管的零电流关断,从而大幅降低开关损耗。另外,电容器的隔直作用也避免了变压器的直流偏磁问题。但当变换器的输入输出电压偏离变压器变比时会造成软开关失败,且轻载时输出电流纹波较大,因此这种拓扑适合于对输入输出调压要求不高,且在大部分时间均工作于额定值的应用场合。

2) 电流馈电型双向全桥拓扑

将 DAB 的副边接入大电感即可得到图 2-54 (a)所示的电流馈电型双向全桥拓扑。当功率正向流动时变换器副边电压低于原边电压,当逆向流动时,变换器转化为 Boost 型,大电感的存在使得副边可等效为电流源。此电路还有一种变种,增加一个电感而省去 2 个开关管,适用于较低功率场合,称为双电感型双向全桥变换器,如图 2-54 (b)所示。

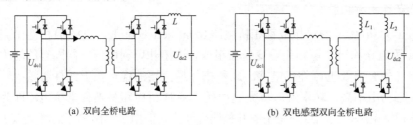

(a) 双向全桥电路   (b) 双电感型双向全桥电路

图 2-54   电流馈电型双向全桥拓扑

3) 隔离型 Z 源变换器拓扑

Z 源变换器是一种新型开关电源拓扑[12],在燃料电池逆变器,电机调速系统中有所应用,在理论上可输出任意直流电压。将其与 DAB 结合后,可以得到图 2-55 所示的拓扑。引入 Z 源变换拓扑后,既可通过变压器,也可通过阻抗网络实现电压调节,从而拓宽直流变换器的调压范围,且开关管可承受桥臂直通,使之具有更佳的可靠性和适应性。但 Z 源变换器电路复杂,所需元件较多。

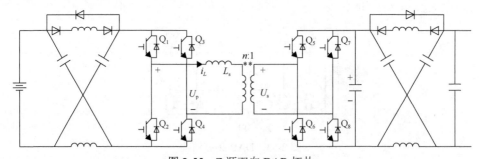

图 2-55   Z 源双向 DAB 拓扑

在电池储能领域，单个直流变换器的功率一般为 kW 级到 10kW 级，且需在全功率范围内实现能量的双向传输。对上述各种拓扑进行横向比较，DAB 拓扑因其简单高效较为适合于这一应用场合[11,13,14]。DAB 的效率提升是追求的重要目标之一，众多学者及技术人员从拓扑优化、软开关技术和调制算法等多方面研究了其效率优化问题。其中，对调制算法的优化无须更改已有硬件，不会带来额外成本，是提升其性能的优先考虑途径。文献[15]中提出一种 PWM 加移相控制的 DAB 调制策略，可扩大 DAB 的软开关工作区间。文献[16]提出一种双移相调制策略，可消除 DAB 中的功率环流，文献[17]，[18]对其损耗特性和死区效应进行了深入研究。文献[19]，[20]分析了一种应用于电动汽车中的高升压比 DAB 电路，基于解析法建立了损耗模型，以效率最优为目标对该变换器进行控制。

2.3.1.1　DAB 的基本调制模式

为便于分析，假定图 2-53(a) 的 DAB 中均为理想器件，且母线电容 C_1，C_2 足够大，直流电压在一个开关周期内不突变。一般变压器变比 n 与直流电压 U_{dc1} 与 U_{dc2} 的额定值之比相匹配，但为便于分析，设直流电压 U_{dc1} 与 U_{dc2} 相等，变压器变比取为 1，对于变比不为 1 的情况，可通过变压器折算规律对相应的物理量进行折算。

1) 移相模式

在移相(phase shift mode, PSM)模式下，U_p 和 U_s 的占空比始终为 0.5，幅值等于各自的直流母线电压，通过调整移相角实现功率控制。在该模式下的主要电压、电流波形如图 2-56 所示，图(a)为功率正向流动工况，此工况下 U_p 相位超前于 U_s，电池放电；图(b)为功率逆向流动工况，此时 U_p 相位滞后于 U_s，电池充电。

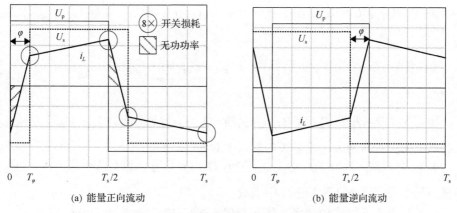

（a）能量正向流动　　　　　　　　　　（b）能量逆向流动

图 2-56　移相模式下 DAB 电压电流波形

以功率正向流动为例，PSM 下 DAB 共有四种工作模态，如图 2-57 所示。

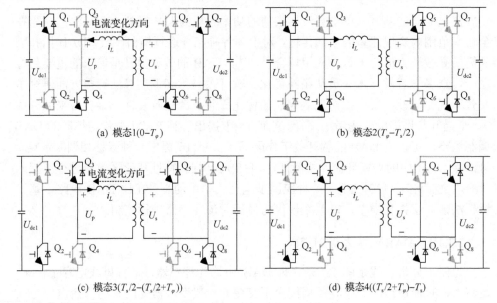

(a) 模态1(0–T_φ)　　　　　　　　　　　(b) 模态2(T_φ–T_s/2)

(c) 模态3(T_s/2–(T_s/2+T_φ))　　　　　(d) 模态4((T_s/2+T_φ)–T_s)

图 2-57　PSM 下 DAB 的四种工作模态

模态 1(0–T_φ)：Q_1，Q_4，Q_6，Q_7 管同时导通，Q_2，Q_3，Q_5，Q_8 管关断，此时 $U_p=U_{dc1}$，$U_s=-U_{dc2}$，加在漏感 L_s 上的电压为正，电流 i_L 朝正方向增大。此模态下电压电流会出现反向，产生无功功率(图中以阴影部分表示)，电感电流 $i_L(t)$ 为

$$i_L(t) = i_L(0) + \frac{(U_{dc1} + U_{dc2})t}{L_s} \tag{2-56}$$

模态 2(T_φ–T_s/2)：在 T_φ 时刻，Q_6，Q_7 关断，Q_5，Q_8 导通，DAB 切换为模态 2，此时 $U_p=U_{dc1}$，$U_s=U_{dc2}$，由于直流电压 U_{dc1} 与 U_{dc2} 相等，电感电流 i_L 基本保持不变：

$$i_L(t) = i_L(T_\varphi) + \frac{(U_{dc1} - U_{dc2})(t - T_\varphi)}{L_s} \tag{2-57}$$

模态 3(T_s/2–(T_s/2+T_φ))：Q_1，Q_4 关断，Q_2，Q_3 导通，此时 $U_p=-U_{dc1}$，$U_s=U_{dc2}$，电感电流向负方向增大，模态 3 与模态 1 对偶。

模态 4((T_s/2+T_φ)–T_s)：Q_5，Q_8 关断，Q_6，Q_7 导通，此时 $U_p=-U_{dc1}$，$U_s=-U_{dc2}$，能量传递主要在模态 2 和模态 4 中完成。

为得到稳态下的传输功率，将 $t=T_s$ 代入式(2-57)，并根据对称性有

$$i_L(0) = -i_L\left(\frac{T_s}{2}\right) \tag{2-58}$$

联立式 (2-56)～(2-58)，可解得稳态下，DAB 工作于 PSM 时的传输功率 P_{PSM} 和切换点电流 $i_L(0)$，$i_L(T_\varphi)$，其中 φ 表示移相角，可见，通过调节移相角的大小与方向可控制 DAB 的功率。

$$P_{PSM} = \frac{2}{T_s}\int_0^{T_s/2} U_{dc1}i_L(t)\mathrm{d}t = \frac{U_{dc1}U_{dc2}\varphi(\pi - |\varphi|)}{2\pi^2 L_s f_s} \tag{2-59}$$

$$i_L(0) = \frac{\pi(U_{dc2} - U_{dc1}) - 2\varphi U_{dc2}}{4 f_s L_s} \tag{2-60}$$

$$i_L(T_\varphi) = \frac{\pi(U_{dc2} - U_{dc1}) + 2\varphi U_{dc1}}{4\pi f_s L_s} \tag{2-61}$$

令 $\partial P / \partial \varphi = 0$，可解得 $\varphi = \pm\pi/2$ 是 P_{PSM} 的极值点，将其代入式 (2-59) 后可得 DAB 工作于 PSM 时所能传输的最大功率 P_{PSmax} 为

$$P_{PSMmax} = P_{PSM}\bigg|_{\varphi=\pm\frac{\pi}{2}} = \pm\frac{U_{dc1}U_{dc2}}{8 f_s L_s} \tag{2-62}$$

采用该调制算法 DAB 在一个开关周期内共产生 8 次关断损耗，并且在变压器中形成无功功率，使得电流有效值增大。

2) 梯形电流模式

梯形电流调制模式 (trapezoidal current mode，TCM) 因其电流形状类似于梯形而得名，与 PSM 的主要区别在于 U_p 与 U_s 的占空比与移相角根据功率不同而同时变化，而非固定占空比为 0.5 的方波，从而将电流调制为梯形，不存在无功功率，同时可实现部分开关管的软开关。TCM 调制下 DAB 的电压、电流波形如图 2-58 所示，其中，图 (a) 为功率正向流动工况，电池放电，图 (b) 为功率逆向流动工况，电池充电。PSM 的控制变量只有移相角 φ，而 TCM 可供选择的变量较多，可选取 T_1，T_2，T_3 等变量作为控制量，它们之间相互依存，并非独立存在。为保持与前文的统一，定义 U_p 与 U_s 之间的中心距离相对于 2π 的比值为移相角 φ，其余变量均可表示为 φ 的函数。

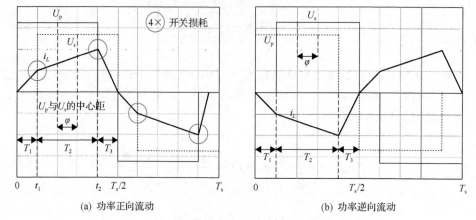

(a) 功率正向流动　　　　　　　　　　　　　　(b) 功率逆向流动

图 2-58　梯形电流模式典型波形

仍以功率正向流动为例，TCM 下 DAB 有六种工作模态，如图 2-59 所示。

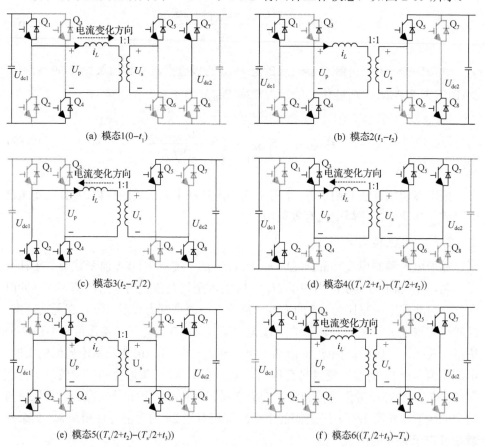

(a) 模态1(0−t_1)　　　　　　　　　　　　　　(b) 模态2(t_1−t_2)

(c) 模态3(t_2−T_s/2)　　　　　　　　　　　(d) 模态4((T_s/2+t_1)−(T_s/2+t_2))

(e) 模态5((T_s/2+t_2)−(T_s/2+t_3))　　　　　　(f) 模态6((T_s/2+t_3)−T_s)

图 2-59　TCM 的六种工作模态

模态 1 $(0\text{–}t_1)$：Q_1、Q_4、Q_5、Q_7 管同时导通，与之互补的 Q_2、Q_3、Q_6、Q_8 管关断，此时 $U_p=U_{dc1}$，$U_s=0$，加在漏感上的电压为正，电流 i_L 朝正方向增大，其表达式为

$$i_L(t) = \frac{U_{dc1}t}{L_s} \tag{2-63}$$

模态 2 $(t_1\text{–}t_2)$：在 t_1 时刻，Q_7 关断，Q_8 导通，电路切换至模态 2。此时 $U_p=U_{dc1}$，$U_s=U_{dc2}$，电流 i_L 基本不变：

$$i_L(t) = i_L(t_1) - \frac{(U_{dc1} - U_{dc2})(t - t_1)}{L_s} \tag{2-64}$$

模态 3 $(t_2\text{–}T_s/2)$：在 t_2 时刻，Q_1 关断，Q_2 导通，电路切换到模态 3。此时 $U_p=0$，$U_s=U_{dc2}$，电流 i_L 朝负方向变化，表达式为

$$i_L(t) = i_L(t_2) - \frac{U_{dc2}(t - t_2)}{L_s} \tag{2-65}$$

模态 4 $((T_s/2+t_1)\text{–}(T_s/2+t_2))$：$Q_4$、$Q_8$ 关断，Q_3、Q_7 开通，由于在 $T_s/2$ 时刻电流为零，因此几乎不产生开关损耗。模态 4 与模态 1 对偶。

模态 5 $((T_s/2+t_2)\text{–}(T_s/2+t_3))$：$Q_5$ 关断，Q_6 开通。模态 5 与模态 2 对偶。

模态 6 $((T_s/2+t_3)\text{–}T_s)$：Q_2 关断，Q_1 导通。由于在 T_s 时刻电流为零，几乎不产生开关损耗。模态 6 与模态 3 对偶。

联立式 (2-63)～(2-65)，并将 $i_L(T_s/2)=0$ 代入，可解得三个阶段的作用时间 T_1、T_2、T_3 和模态切换点处的电流 $i_L(t_1)$、$i_L(t_2)$ 分别为

$$\begin{cases} T_1 = \dfrac{U_{dc2} - U_{dc1} + 2U_{dc1}\varphi/\pi}{2f_s(U_{dc1} + U_{dc2})} \\[3mm] T_2 = \dfrac{1 - 2\varphi/\pi}{2f_s} \\[3mm] T_3 = T_s - T_1 - T_2 \end{cases} \tag{2-66}$$

$$i_L(t_1) = \frac{U_{dc1}(U_{dc2} - U_{dc1} + 2U_{dc1}\varphi/\pi)}{2f_sL_s(U_{dc1} + U_{dc2})} \tag{2-67}$$

$$i_L(t_2) = \frac{U_{dc2}(U_{dc1} - U_{dc2} + 2U_{dc2}\varphi/\pi)}{2f_sL_s(U_{dc1} + U_{dc2})} \tag{2-68}$$

由此可得 DAB 工作于 TCM 时的功率 P_{TCM} 为

$$P_{\text{TCM}} = \frac{\text{sgn}(\varphi)U_{\text{dc1}}U_{\text{dc2}}}{4\pi^2 f_s L_s (U_{\text{dc1}} + U_{\text{dc2}})^2}\left[4\pi\left(U_{\text{dc1}}^2 + U_{\text{dc2}}^2\right)\varphi - \right.$$
$$\left. 4\left(U_{\text{dc1}}^2 + U_{\text{dc1}}U_{\text{dc2}} + U_{\text{dc2}}^2\right)\varphi^2 - \pi^2\left(U_{\text{dc1}} - U_{\text{dc2}}\right)^2\right] \tag{2-69}$$

则，TCM 下 DAB 最大可传输功率 P_{TCMmax} 及其对应的移相角 φ 分别为

$$\varphi = \pm\frac{\pi}{2}\left(1 - \frac{U_{\text{dc1}}U_{\text{dc2}}}{U_{\text{dc1}}^2 + U_{\text{dc1}}U_{\text{dc2}} + U_{\text{dc2}}^2}\right)$$
$$P_{\text{TCMmax}} = \pm\frac{U_{\text{dc1}}^2 U_{\text{dc2}}^2}{4f_s L_s\left(U_{\text{dc1}}^2 + U_{\text{dc2}}^2 + U_{\text{dc1}}U_{\text{dc2}}\right)} \tag{2-70}$$

2.3.1.2　不同调制模式下的损耗分析

当 DAB 采用 PSM 调制时，在 0，T_φ，$T_s/2$ 和 $T_s/2 + T_\varphi$ 时刻，均有两个开关管同时动作，关断时承受的电流应力为 $i_L(T_\varphi)$ 或 $i_L(0)$，因而产生多次开关损耗。当 DAB 采用 TCM 调制时，开关管动作时间和承受应力均发生变化，需分情况进行讨论。根据图 2-59 对应的模态分析，在 0 时刻和 $T_s/2$ 时刻，各有两次开关管动作，但这两个时刻电感电流为 0，可实现 ZCS 软开关。在 t_1 和 t_2 时刻，DAB 有两次开关管动作，对应的电流应力分别等于 $i_L(t_1)$ 和 $i_L(t_2)$，因此会产生一定的开关损耗。在一个周期内，PSM 承受的开关电流应力为 8 次，TCM 承受的开关电流应力为 4 次（另外 4 次为零电流动作），TCM 在损耗特性方面会有更好的表现。

DAB 的损耗包括功率半导体器件损耗和无源器件损耗。前者主要包括导通损耗和开关损耗，后者主要是变压器磁芯损耗和绕组损耗。

1）开关器件损耗分析

采用 IGBT 作为开关器件。根据器件资料中给出的曲线，IGBT 及其反并联二极管的导通压降可近似为两条一次曲线：

$$U_{\text{ce}}(i) = U_{\text{ce0}} + r_{\text{ce}}i \tag{2-71}$$

$$U_{\text{f}}(i) = U_{\text{f0}} + r_{\text{f}}i \tag{2-72}$$

式中，U_{ce0} 和 U_{f0} 分别为 IGBT 和二极管的初始压降，r_{ce} 和 r_{f} 为压降的斜率。根据前节 DAB 的电压电流波形分析，可分别得到 PSM 下的导通损耗 $P_{\text{con-PSM}}$ 和 TCM 下的导通损耗 $P_{\text{con-TCM}}$：

$$P_{\text{con-PSM}} = \frac{2}{T_s} \left[\int_0^{T_\varphi/2} 4U_f(i)i(t)\,dt + \int_{T_\varphi/2}^{T_\varphi} 4U_{ce}(i)i(t)\,dt + \int_{T_\varphi}^{T_s} 2(U_{ce}(i) + U_f(i))i(t)\,dt \right]$$

$$= \frac{2i_L(0)}{T_s} \left[2T_s(U_{ce0} + U_{f0}) + 2i_L(0)T_s(r_{ce} + r_f) - T_\varphi(U_{ce0} + U_{f0}) - \frac{4}{3}i_L(0)T_\varphi(r_{ce} + r_f) \right]$$

$$\text{(2-73)}$$

$$P_{\text{con-TCM}} = \frac{2i_L(t_1)}{T_s} \cdot \left[2(U_{ce0} + U_{f0})(T_1 + T_2) + i_L(t_1)(r_{ce} + r_f)\left(\frac{4}{3}T_1 + T_2\right) \right] \quad \text{(2-74)}$$

IGBT 的开关损耗与电压、电流、温度、驱动电路、吸收电路和寄生电感等诸多因素有关,然而元器件资料中只给出了特定条件下开关损耗与电流的关系,因此实际损耗需通过测量开关过程中 IGBT 两端的电压、电流来测定。图 2-60 给出了日本富士 2MBI300VN-120-50 IGBT 的开关损耗测量结果。不同曲线对应的测试条件标示于图中,曲线纵轴表示单个半桥桥臂在一次开关过程中产生的总损耗,单位为 mJ,横轴表示开关切换点的电流,电流为正表示电流 i_L 与参考方向一致(对应关断损耗),反之则表示电流方向与参考方向相反(对应开通损耗和二极管反向恢复损耗之和)。

DAB 的开关损耗 $P_{\text{sw-PSM}}$ 和 $P_{\text{sw-TCM}}$ 可分别表示为式(2-75)和式(2-76)。其中,E_{sw} 在式中表示将上图所示曲线拟合后所得的开关损耗函数。

$$P_{\text{sw-PSM}} = 8f_s E_{\text{sw}}\big|_{C_s=0}\left(U_{dc}, i_L(0)\right) \quad \text{(2-75)}$$

$$P_{\text{sw-TCM}} = 4f_s E_{\text{sw}}\big|_{C_s=0}\left(U_{dc}, i_L(t_1)\right) \quad \text{(2-76)}$$

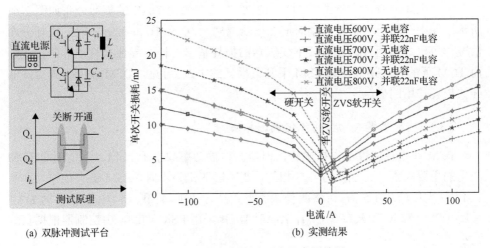

(a) 双脉冲测试平台　　　　　　　(b) 实测结果

图 2-60　开关损耗测试平台及实测结果

2) 中频变压器损耗分析

中频变压器的损耗主要包括磁芯损耗 P_c 和绕组损耗 P_w。其中磁芯损耗又包括磁滞损耗和涡流损耗，所谓磁滞损耗是指磁体等在反复磁化过程中因磁滞现象而消耗的能量，而涡流损耗是指磁体在时变磁场中时因内部感应电流导致的能量损耗，如果磁体自身导电，那么在中高频应用中将产生大量涡流损耗。

随着磁材料技术的进步，近年来，新型磁材不断涌现，大功率中频变压器可选用超薄硅钢片，非晶合金或纳米晶合金等作为磁芯材料，以减小频率提高带来的涡流损耗。根据相关文献，变压器的磁芯损耗 P_c 可由工作频率下磁芯单位损耗 p_c 与磁芯总重 $V_c\rho_c$ 相乘求得，其中 p_c 可以根据 Steinmetz 公式得到

$$P_c = p_c V_c \rho_c = k f^\alpha B_m^\beta V_c \rho_c \tag{2-77}$$

中频变压器的铜损计算需要考虑绕组的集肤效应与邻近效应，二者均与频率有密切联系。另外，由于流过变压器的电流包含大量的高次谐波，使得其分析更加复杂。文献给出了一种变压器绕组交流电阻的近似计算方法，变压器绕组直流电阻记为 R_{dc}，通过推导可得中频变压器铜损 P_{cu} 为

$$P_{cu} = I_{rms}^2 R_{dc} \left[1 + \frac{5p^2-1}{45} \left(\frac{d}{\delta}\right)^4 \left(\frac{I'_{rms}}{\omega I_{rms}}\right)^2 \right] \tag{2-78}$$

式中，I_{rms} 表示绕组电流有效值；I'_{rms} 表示电流导数的有效值；p 表示绕组层数；d 与 δ 分别表示铜箔厚度与集肤深度。

3) DAB 的整体损耗分布

综合上述分析，结合式(2-71)~(2-78)，可计算出 DAB 的损耗分布如图 2-61 所示，图中，两组柱状图分别对应变压器漏感为 0.15mH 和 0.5mH 时的损耗分布情况。可以看出两种调制方式下变压器的损耗基本一样，导通损耗也非常接近，而 TCM 下的开关损耗约为 PSM 下开关损耗的 1/2。可见，TCM 调制方式对降低开关损耗作用明显。

2.3.1.3 基于模式切换的优化调制算法

TCM 在损耗特性上占据优势，但最大传输功率却小于 PSM，这是制约 TCM 应用的主要因素。当 U_{dc1} 与 U_{dc2} 相等，变压器变比为 1 时，PSM 最大传输功率是 TCM 最大传输的 1.5 倍。可将两种调制方式结合使用，轻载($P < P_{TCM\text{-}MAX}$)时 DAB 采用 TCM 调制，重载($P \geqslant P_{TCM\text{-}MAX}$)时 DAB 采用 PSM 调制，由控制器根据负载大小自动切换。

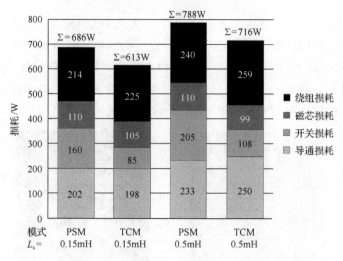

图 2-61　不同调制模式下 DAB 的损耗分布图

在实际使用中，为防止模式切换造成的震荡现象，需加入一定的滞环，如选取滞环的环宽为 $0.1P_{\text{TCM-MAX}}$，即当 DAB 功率大于 $P_{\text{TCM-MAX}}$ 后，直接切换为 PSM，此时当 DAB 功率小于 $P_{\text{TCM-MAX}}$ 且大于 $0.9P_{\text{TCM-MAX}}$，保持当前 PSM 方式不变，若功率小于 $0.9P_{\text{TCM-MAX}}$，再切换回 TCM。图 2-62(b)给出 DAB 的控制框图，给定电压与输出电压做差，经调节器 G_c 后生成功率参考，然后进入调制模式选择环节，再由式(2-59)或式(2-69)的反函数求得不同模式下的移相角 φ，最后将 φ 写入FPGA，生成脉冲实现对 DAB 的控制。

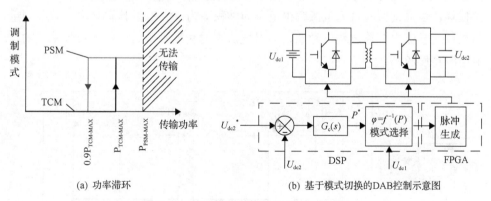

(a) 功率滞环　　　　　　　　　　(b) 基于模式切换的DAB控制示意图

图 2-62　基于模式切换的 DAB 优化调制

2.3.1.4　DAB 实验与测试

为验证上述损耗分析结果及 DAB 调制优化策略的有效性，构建了基于 DAB电路的实验系统，图 2-63 为实验系统的照片。实验条件为：额定输入电压为 672V，额定输出电压为 672V；额定功率为 35kW，最大功率为 45kW；开关频率为 2kHz；日本富士型号 2MBI300VN-120-50 IGBT；直流母线电容容值 6.6mF，耐压 900V；变压器采用壳式，匝比 78 匝，磁芯材料为 JFE 生产的超薄硅钢片，以 U 型磁芯配合铜箔绕制，励磁电感等于 37.8mH，绕组寄生电阻约 23mΩ；控制器采用 DSP+FPGA 架构，由 FPGA 实现 PSM 和 TCM 的脉冲生成。

(a) DAB样机　　　　　　　　　(b) 中频变压器

图 2-63　DAB 实验系统照片

　　大多数情况下效率的测量受设备及传感器精度的限制，较难得到准确的结果。本实验中针对样机所取原副边电压相等这一特点，采用一种能量内循环的方法进行测试，实验接线如图 2-64 所示。采用这种方法后，直流电源输出功率即为 DAB 总损耗，电流读数与直流电源输出电压的乘积即为 DAB 的传输功率。效率测量结果仅对直流电源输出精度敏感，而对电流表的精度不敏感，而本实验系统的直流电源精度较高。

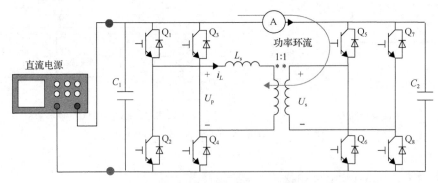

图 2-64　实验系统接线图

　　用 L_s 模拟变压器，针对 L_s=0.15mH 和 L_s=0.5mH 两种情况进行实验，图 2-65 为对应的电压电流波形。当 L_s=0.15mH 时，$P_{\text{TCM-MAX}}$ 大于 DAB 的最大功率，因此，

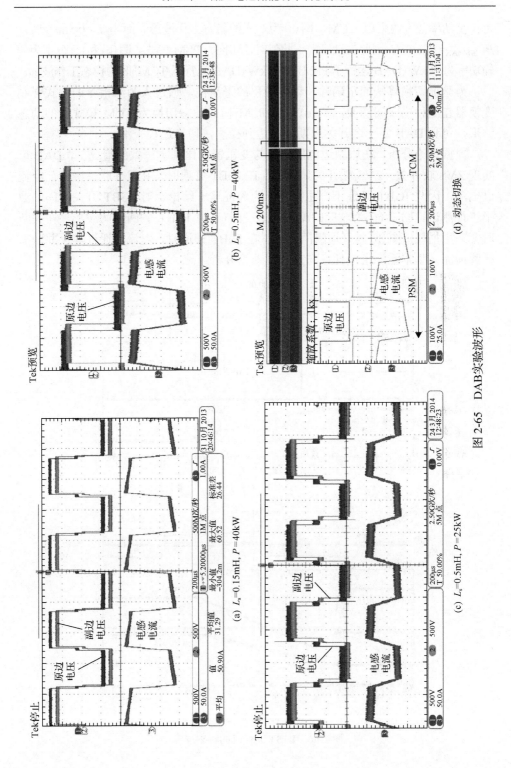

图 2-65 DAB实验波形

可在全功率范围内采用 TCM，图(a)为对应的稳态工作波形。而当 L_s=0.5mH 时，$P_{TCM-MAX}$=37.6kW，因此当功率大于此值时，切换为 PSM 模式。图(b)和(c)分别为传输功率为 40kW(DAB 运行于 PSM)和 25kW(DAB 运行于 TCM)时的稳态工作波形。

为验证切换算法的正确性和动态过程的平滑性，通过人为给指令的方式强制变换器在两种模式间切换，图(d)为从 PSM 模式动态切换为 TCM 模式时的动态波形，可见 DAB 经一个开关周期后即达到稳态，切换过程平滑。

根据理论分析，在原副边电压比值与变压器匝比基本一致的情况下，DAB 可实现 ZVS 软开关。ZVS 软开关体现为：在 IGBT 开通时，其反并联二极管已经流过电流，因此 IGBT 开通不产生损耗。为验证这一结论，对 IGBT 开关瞬间的波形进行测试。图 2-66 为对应的测试波形，图(a)为 IGBT 关断瞬间波形，在关断时会产生损耗。图(b)为开通瞬间波形，在 IGBT 开通时，电流已通过其反并联二极管续流，基本不产生损耗，与前文的理论分析一致。

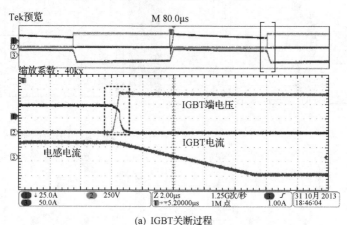

(a) IGBT 关断过程

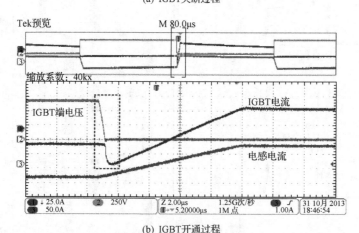

(b) IGBT 开通过程

图 2-66　IGBT 动作时的瞬态波形

为验证模式切换对变换器效率的优化作用,测定了 DAB 在不同负载条件下的效率,结果如图 2-67 所示。图中,横坐标表示功率大小,每 10% 为一个测量点,纵轴表示不同功率对应的效率。图中的实线表示引入 TCM 及切换控制后的整机效率曲线,虚线作为参考,为假设不切换时的效率。

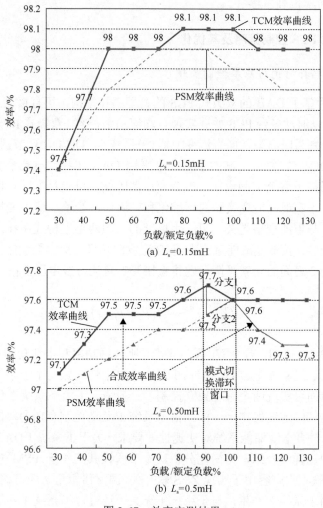

(a) L_s=0.15mH

(b) L_s=0.5mH

图 2-67　效率实测结果

图 2-67(a)中,由于漏感较小,$P_{TCM-MAX}$ 大于 DAB 的最大功率,DAB 始终工作于 TCM 模式,合成效率曲线即为 TCM 效率曲线,额定功率时 DAB 的效率(环境温度 T_a=298K)达到 98.1%。图 2-67(b)为大漏感条件下的实测结果,$P_{TCM-MAX}$ 小于 DAB 的最大功率,在轻载时采用 TCM 以优化效率,重载时则切换为 PSM,DAB 的合成效率曲线以实线标示。需要说明的是,当功率介于滞环的带间时,根

据功率变化方向的不同，效率曲线出现了两个分支，额定点效率(环境温度 $T_a=298K$)约为 97.6%，低于漏感小时的值，与理论分析一致。由于在理论计算中未考虑直流母线电容损耗、变压器漏磁通涡流损耗等难以计算的附加损耗，实测效率比理论效率要低 0.1～0.3 个百分点。可见，引入 TCM 及动态切换控制后，DAB 的整体效率得到了提升。

2.3.2 双级式 PCS 控制策略及其优化

2.3.2.1 拓扑结构与基本控制原理

图 2-68 为基于 DAB 的双级式 PCS 的典型拓扑结构，可直接接入 380V 低压配电网，并可以通过多台 PCS 并联实现自均流功率扩容。双级式 PCS 可分解为两大子系统，分别为隔离型双向直流变换器(子系统 1，DC/DC 环节)和并网逆变器(子系统 2，DC/AC 环节)。其中子系统 1 采用 DAB 拓扑，电池系统接入直流变换器，通过调整子系统 1 的设计，改变变压器匝比，可满足不同规格电池的统一接入，因而易于实现储能变换器的标准化和模块化。经子系统 1 变换后，子系统 2 的参数设计与电池规格无关，可采用标准的三相两电平桥式拓扑，与常规并网逆变器完全一样，负责完成能量的直流-交流双向转换。根据能量守恒定律，子系统 1 与子系统 2 之间的功率平衡问题将直接影响直流母线电压 U_{dc}：

$$C_{dc}\frac{\mathrm{d}U_{dc}{}^2}{\mathrm{d}t} = 2\left(P_g - P_{DAB}\right) \tag{2-79}$$

根据式(2-79)可知，若令 U_{dc} 保持不变，则并网功率和电池功率相等。如在两个子系统之间通过直流电容 C_{dc} 缓冲，只需控制 U_{dc} 恒定则两个子系统之间就可以相互解耦，从而可实现两个系统独立控制。一般情况下由子系统 2 负责稳定 U_{dc}，控制策略与传统的逆变器完全一样。由子系统 1 负责控制有功功率，具有时间常数小的优势，符合电池储能系统对快速性的要求。关于子系统 1 DAB 变换器的分析在上一节中已详细介绍，为简化分析，本节假设其工作于 PSM 模式，并且在 IGBT 两端并联吸收电容用于实现 ZVS 软开关，调整移相角 φ 即可调整 P_{DAB}。PCS 的无功功率由子系统 2 产生，与子系统 1 无关。通过对子系统 1 和子系统 2 的综合控制即可实现双级 PCS 的四象限运行。

2.3.2.2 效率优化控制策略

1)子系统 1 的损耗模型

子系统 1 由两个完全相同的 H 桥构成，$Q_1～Q_4$，$Q_5～Q_8$ 分别将两侧直流电压(U_{dc1} 和 U_{dc2})转换为一定频率的方波电压(U_p 和 U_s)，通过中频变压器实现能量传递。改变 U_p 和 U_s 间的移相角 φ，可在变压器中产生正负对称，幅值可调的交变电流，从而达到调整有功功率的目的。认为开关管均为理想器件，且电容足够大，电池电压 U_b 与直流母线电压 U_{dc} 在一个开关周期内保持恒定不突变。根据工况的不同，子系统 1 稳态工作波形如图 2-69 所示。

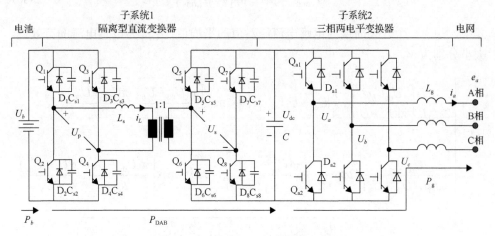

图 2-68 双级式 PCS 拓扑结构示意图

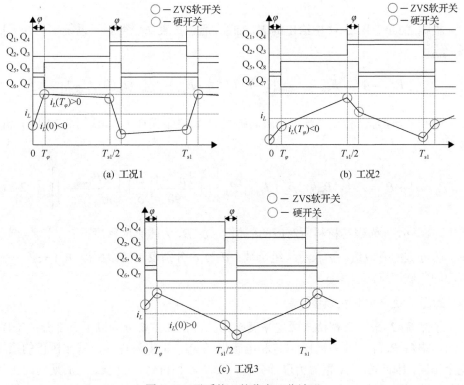

(a) 工况1

(b) 工况2

(c) 工况3

图 2-69 子系统 1 的稳态工作波形

可见，子系统 1 无论工作于何种工况，电流只存在两种类型的路径，一是流过 2 个 IGBT 和 2 个二极管，二是流过 4 个 IGBT。根据 2.3.1 节的分析，子系统 1 的通态损耗 P_{cond1} 为

$$P_{\text{cond1}} = 4\left(U_0\left|i_L\right| + r_0 I_{L\text{rms}}^2\right) \tag{2-80}$$

式中，$\left|i_L\right|$ 为一个开关周期内电感电流绝对值的平均值；$I_{L\text{rms}}$ 为电感电流的有效值，大小分别为

$$\left|i_L\right| = \begin{cases} \dfrac{1}{2\pi f_{s1}L_s}\left(\dfrac{U_{\text{dc}}U_b\varphi^2}{\pi\left|U_{\text{dc}}-U_b\right|} + \dfrac{\pi}{4}\left|U_{\text{dc}}-U_b\right|\right), & \forall\left|\varphi\right| \leqslant \max\left[\dfrac{\pi\left(U_{\text{dc}}-U_b\right)}{2U_{\text{dc}}}, \dfrac{\pi\left(U_b-U_{\text{dc}}\right)}{2U_b}\right] \\[4mm] \dfrac{U_{\text{dc}}U_b}{2\pi f_{s1}L_s\left(U_{\text{dc}}+U_b\right)}\left[2\varphi - \dfrac{\varphi^2}{\pi} + \dfrac{\pi}{4}\dfrac{\left(U_{\text{dc}}-U_b\right)^2}{U_{\text{dc}}U_b}\right], & \forall\left|\varphi\right| > \max\left[\dfrac{\pi\left(U_{\text{dc}}-U_b\right)}{2U_{\text{dc}}}, \dfrac{\pi\left(U_b-U_{\text{dc}}\right)}{2U_b}\right] \end{cases}$$

$$I_{L\text{rms}} = \frac{1}{2f_{s1}L_s}\sqrt{\frac{U_b^2 + U_{\text{dc}}^2}{12} + \frac{U_bU_{\text{dc}}}{3}\left(1 - \frac{2\left|\varphi\right|}{\pi}\right)\left(\frac{\varphi^2}{\pi} - 0.5 - \frac{\left|\varphi\right|}{\pi}\right)}$$

根据 2.3.1 节图 2-62 中给出的 E_{sw} 曲线，通过查表法可得到子系统 1 的开关损耗 P_{sw1}：

$$P_{\text{sw1}} = 4f_{s1}\left[E_{\text{sw}}\big|_{C=22\text{nF}}\left(i_L\left(T_\varphi\right), U_b\right) + E_{\text{sw}}\big|_{C=22\text{nF}}\left(i_L\left(0\right), U_{\text{dc}}\right)\right]$$

中频变压器损耗 P_B 主要包括磁芯损耗 P_c 和绕组损耗 P_w，依据 2.3.1 的分析，可得

$$P_B = P_c + P_w = k_c f_{s1}{}^\alpha B_m{}^\beta V_c \rho_c + I_{L\text{rms}}{}^2 R_{\text{dc}}\left[1 + \frac{5p^2-1}{90}\left(\frac{d}{\delta}\right)^4\left(\frac{I'_{L\text{rms}}}{\pi f_{s1}I_{L\text{rms}}}\right)\right] \tag{2-81}$$

式中，k_c、α、β 为磁芯材料所对应的磁损系数；B_m 为磁感应密度；$I'_{L\text{rms}}$ 为电感电流一阶导数的有效值；p 表示绕组层数；d 与 δ 分别表示绕组层厚和开关频率 f_{s1} 对应的集肤深度。

2) 子系统 2 的损耗模型

子系统 2 采用三相桥式两电平变换拓扑，损耗主要分为以下三部分：IGBT 的通态损耗 P_{cond2}，开关损耗 P_{sw2} 和电感损耗 P_L。根据对称性，三相桥臂的损耗完全相同，因此可以 A 相为例进行分析：假设 A 相桥臂在一个工频周期内的工作波形如图 2-70 所示。

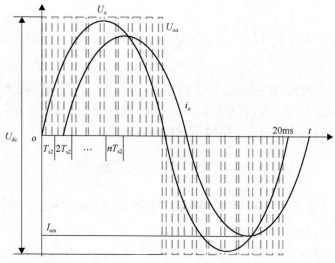

图 2-70　子系统 2 的工作波形

图中，U_{oa} 为桥臂输出的 PWM 电压，其幅值等于直流电压 U_{dc}。设子系统 2 的开关周期为 T_{s2}，对应的开关频率为 f_{s2}。U_{oa} 经开关周期平均后可得到瞬时输出电压 U_a：

$$U_a = \int_0^{T_{s2}} U_{oa}(t)\,\mathrm{d}t$$

忽略电感压降，U_a 与电网电压 e_a 基本相等。设 φ_g 为电压 U_a 与电流 i_a 之间的相位差，忽略电感电流纹波，则第 n 个开关周期内流过开关管的电流为

$$i_a(n) = \sqrt{2}\,\frac{P_g/3}{U_a \cos\varphi_g}\sin\left(2pf_0 T_{s2}n - \varphi_g\right) = I_{am}\sin\left(2\pi f_0 T_{s2}n - \varphi_g\right) \tag{2-82}$$

无论子系统 2 工作于何种工况，其电流路径只有两种，即流过 1 个 IGBT 或 1 个二极管，因此 A 相桥臂的导通损耗可以根据并网电流的幅值直接得到。考虑到三相对称性，可得子系统 2 的导通损耗 P_{cond2} 为

$$P_{cond2} = \frac{6U_0 I_{am}}{\pi} + 3r_0\frac{I_{am}^2}{2} \tag{2-83}$$

无论 i_a 的流向如何，单个桥臂在一个开关周期内总会产生一次关断损耗，一次二极管反向恢复损耗和一次开通损耗。根据 2.3.1 节图 2-60 中给出的无并联电容对应的 E_{sw} 曲线子系统 2 的开关损耗 P_{sw2} 可表示为

$$P_{\text{sw2}} = 3f_{\text{s2}} \left[\sum_{n=1}^{f_{\text{s2}}/f_0} \left(E_{\text{sw}} \mid_{C=0\text{nF}} \left(i_a(n), U_{\text{dc}} \right) + E_{\text{sw}} \mid_{C=0\text{nF}} \left(-i_a(n), U_{\text{dc}} \right) \right) \right] \quad (2\text{-}84)$$

子系统 2 中的网侧电感也会产生损耗，记为 P_{L}，与变压器等磁性元件的损耗类似，P_{L} 也由磁芯损耗和绕组损耗构成，磁芯损耗随 U_{dc} 增大会有所上升，绕组损耗则与电流有效值成正比，可根据下式近似计算：

$$P_L = \left(p_{f_{\text{s2}}} + p_{f_0} \right) m_{L\text{-core}} + \frac{3 I_{\text{am}}^{\;2} R_{Lg}}{2} \quad (2\text{-}85)$$

式中，$p_{f_{\text{s2}}}$，p_{f_0} 分别为高频和工频电流对应的比损耗值；$m_{L\text{-core}}$ 为电感磁芯的质量；R_{Lg} 为电感的寄生电阻值。

根据上述分析，子系统 1 的损耗由传输功率 P_{DAB}、电压 U_{b} 和 U_{dc} 共同决定。子系统 2 的损耗与电流幅值 I_{am} 和母线电压 U_{dc} 相关，而 I_{am} 又由 P_{g}、φ_{g} 所确定，即子系统 2 的损耗由 P_{g}、φ_{g} 和 U_{dc} 共同决定。可见，双级 PCS 的总损耗与 U_{b}、U_{dc}、P_{g}(认为与 P_{DAB} 相等，下文统一用指令功率 P_{ref} 表示)以及 φ_{g} 相关。在这四个量中，电池电压 U_{b} 是不受控制的，只由电池特性及其荷电状态决定，传输 P_{g}、φ_{g} 来自于上级指令。而母线电压 U_{dc} 作为一个可控的中间量，该值在一定范围内均可保证系统正常运行，因此根据可对 U_{dc} 进行优化控制，提升双级 PCS 系统的整体效率。

3) 基于直流母线电压可变的效率优化控制

为保证系统 2 变换器的正常并网，理论上 U_{dc} 的下限应该是电网相电压峰值的 2 倍，因死区影响还应留有裕量。同时 U_{dc} 不得高于 IGBT 的安全工作电压上限，标称电压为 1200V 的 IGBT 对应的直流母线电压一般不高于 820V，综上可知 U_{dc} 的约束条件为 $650\text{V} \leqslant U_{\text{dc}} \leqslant 820\text{V}$。

设子系统 1 与子系统 2 的效率分别为 η_1 和 η_2，则双级 PCS 的整机效率 $\eta = \eta_1 \eta_2$。

$$\eta_1 = \left(1 - \frac{P_{\text{cond1}} + P_{\text{sw1}} + P_{\text{c}} + P_{\text{w}}}{P_{\text{ref}}} \right) \times 100\%$$

$$\eta_2 = \left(1 - \frac{P_{\text{cond2}} + P_{\text{sw2}} + P_L}{P_{\text{ref}}} \right) \times 100\% \quad (2\text{-}86)$$

变换器总损耗随 U_{dc} 变化而变化，损耗最低点即为效率最高点对应的电压定义为直流电压最优值，记作 $U_{\text{dc-opt}}$。按照式(2-79)～(2-85)将整机效率 η 进行循环参数扫描计算，得到分别对应变换器满载和半载运行时、不同电池电压下 η 的曲线如图 2-71 所示。可见，当 U_b 较低时，η 随 U_{dc} 上升而单调下降，此时 $U_{\text{dc-opt}}$ 位于约束条件边界点，而当 U_b 维持于额定电压附近时，η 曲线先降后升，最优点位

于 η 曲线的极值点。

对于一组给定的 U_b，P_{ref}，φ_g，PCS 的效率 η 与 U_{dc} 之间存在一一对应的映射关系，且存在 $U_{dc\text{-}opt}$ 使 η 取到最大值。由于 $U_{dc\text{-}opt}$ 的计算过程繁杂，在控制器中在线实时运算对控制器的资源要求较高，可采用离线计算，以在线查表的方式实施效率的优化控制。

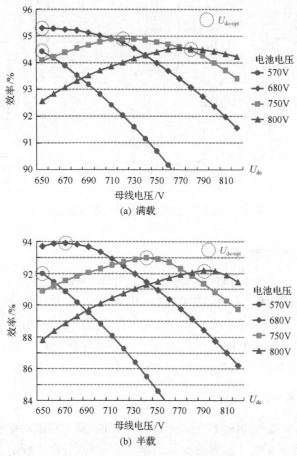

图 2-71 η 与 U_{dc} 的关系曲线

图 2-72 为双级 PCS 效率优化控制示意图。为缓解电压变化对并网功率的影响，可对直流母线电压的变化率限定，限定值设定为 50V/s，即每个电网周波电压最多变化 1V。在此限制下因优化算法导致的功率总扰动 P_{dist} 可根据下式计算，每相输出的功率扰动约为 100W。

$$P_{dist} = \frac{dE_c}{dt} = C\frac{dU_{dc}}{dt} \approx 100(W) \tag{2-87}$$

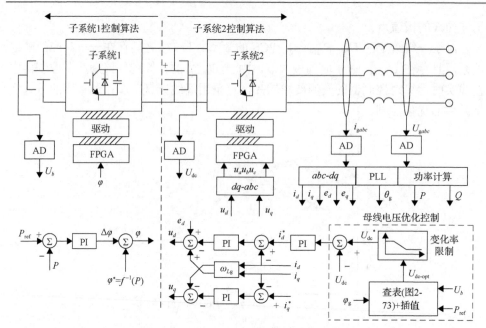

图 2-72 双级 PCS 的效率优化控制算法示意图

2.3.3 双级式 PCS 实验与测试

实验系统中子系统 1 DAB 的参数与 2.3.2.1 节一致，其余部分 IGBT 为富士型号 2MBI300VN-120-50；变换器功率定值 30kW/最大值 35kW；开关频率 f_{s1}/f_{s2}：2kHz/10kHz；电网电压/频率为 380V(线电压有效值)/50Hz；电池端电压额定值为 750V，变化范围 570~800V，容量 20Ah；变压器漏感/励磁电感/匝比为 0.15mH/37.8mH/78:78；直流母线电容 9.6mF/900V；网侧电感为 510μH。

2.3.3.1 稳态运行实验

稳态运行测试波形如图 2-73 所示，其中，图(a)为额定功率放电时子系统 1 的波形，图(b)为子系统 2 对应的波形。图(c)和图(d)分别为额定功率充电时两个子系统相应的波形。可见稳态运行时 PCS 电流波形正弦度好、直流电压稳定，控制策略有效。

2.3.3.2 效率测试

样机的动态性能测试波形如图 2-74 所示，其中，(a)为 PCS 满载充电切换为满载放电时电压、电流波形，在切换瞬间受限于 PI 调节器的响应速度，子系统 1 和子系统 2 共同向直流母线注入能量，因此电容电压出现波动，切换过程结束后电池电流反向，达到新的稳态。(b)图为电池电压突变时 U_{dc} 的响应实验波形，使用程控直流电源模拟电池电压突变 100V 进行测试，直流母线电压在 2s 内总计变化约 100V，并缓慢跟踪至新的 $U_{dc\text{-}opt}$，从而避免了网侧功率的剧烈波动。验证了 U_b 波动时 U_{dc} 变化率限制算法的有效性。

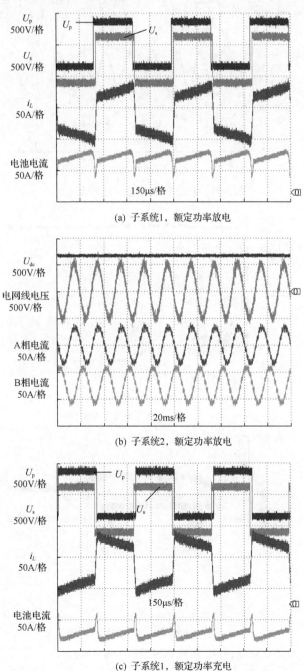

(a) 子系统1，额定功率放电

(b) 子系统2，额定功率放电

(c) 子系统1，额定功率充电

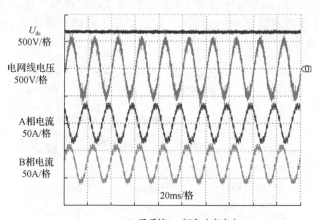

(d) 子系统2，额定功率充电

图 2-73　双级 PCS 稳态运行实验波形

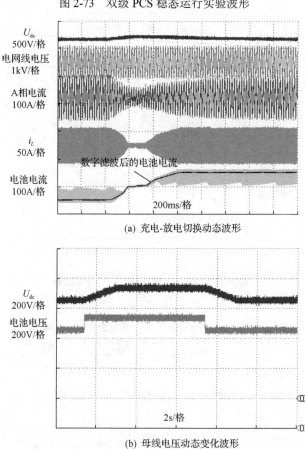

(a) 充电-放电切换动态波形

(b) 母线电压动态变化波形

图 2-74　双级 PCS 动态电压电流波形

为验证效率优化控制策略对 PCS 效率的影响，采用如图 2-75 所示系统进行样机的效率测试，测试中未计散热风扇和控制器功耗，所用仪器为 YokogawaWT1600 功率分析仪，该仪器用于测量效率时，绝对误差约为 ±0.25%。首先，令 PCS 工作于单位功率因数工况，选取 U_b=750V 和 U_b=680V 两组电池电压，对不同 U_{dc} 下的整机效率曲线进行测试，测试结

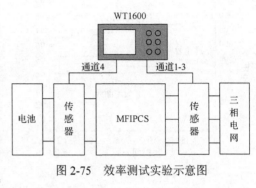

图 2-75　效率测试实验示意图

果如图 2-76 所示，由于样机电路中存在损耗模型外的附加损耗，与理论计算结果相比实测效率略低于理论效率，但整体趋势基本一致，可见本节效率计算方法有效可用。

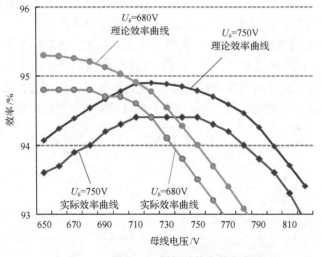

图 2-76　样机的静态效率曲线

图 2-77 为双级 PCS 的动态效率测试结果，展示出在一个完整放电周期内 PCS 的运行效率的变化。其中横轴表示电池放电时间，纵轴表示电池电压/直流母线电压和对应工况下 PCS 效率的计算值、测量值。同时也标出了如采用常规控制策略，维持 U_{dc} 恒定为 700V 时的效率测量值。可见，与维持 U_{dc} 恒定 700V 的传统控制方法相比，效率优化算法可以进一步提升整机效率。在曲线的中段，对应的 U_{dc-opt} 约等于 700V，因此两条曲线基本重合。

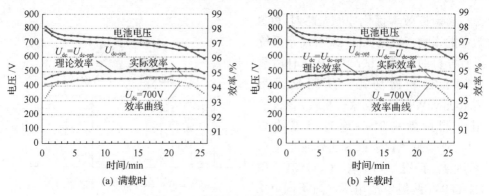

(a) 满载时　　　　　　　　　　　(b) 半载时

图 2-77　双级 PCS 的动态效率曲线

2.4　低压储能 PCS 的大容量化

在 2.1.3 节介绍了基于低压储能 PCS 构建大容量储能系统的拓扑扩展方法，图 2-78 和图 2-79 分别给出了交流汇集和直流汇集两种容量扩展方案。在交流汇集方案中，多个 PCS 将多组电池单元汇集到公共交流母线，然后经工频变压器接入交流大电网；在直流汇集方案中，多个双向 DC/DC 变换器将多组电池单元汇聚到公共直流母线，再经一个大容量的逆变器-工频变压器组并入交流大电网。大型储能电站由多个交流汇集的系统并联运行实现，也可以由多个直流汇集的系统并联

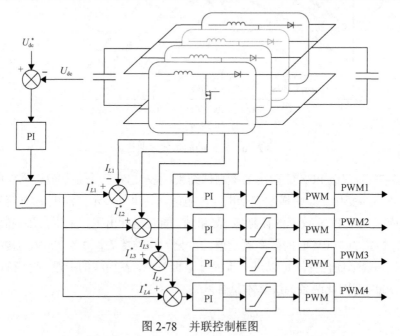

图 2-78　并联控制框图

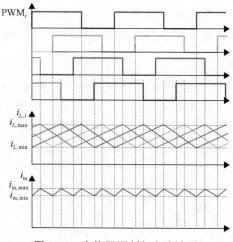

图 2-79 变换器调制与电流波形

运行实现，也可以由多个交流汇集系统和直流汇集系统混合并联运行实现。涉及的核心技术是多个 PCS（AC/DC）的交流侧并联运行问题或多个双向 DC/DC 变换器单侧直流并联运行问题。

2.4.1 储能 PCS 并联扩容技术

2.4.1.1 储能 PCS 交流侧并联运行

面向大容量储能系统，通常需要将多个 PCS 并联来扩容。图 2-78 示出的大容量电池储能 PCS 中，前级双向直流变换器由多个变换器并联组成。面向变换器并联情况，由于变换器内部元件存在参数误差和控制误差等情况，如果不专门进行变换器并联控制，可能出现各个直流变换器分担的功率不一致的情况，因此需要进行并联控制。

图 2-78 给出了多个双向直流变换器的并联控制框图，图 2-78 中外环是直流电压环，用来控制 DC/DC 变换器与 DC/AC 变换器的中间直流母线电压；电压环输出作为双向直流变换器的电感电流基准，控制各个直流变换器的电感电流；图中 PWM_i 表示第 i 路的驱动信号，$I_{L,i}^*$ 表示第 i 路的给定电感电流，$I_{L,i}$ 表示第 i 路的实际电感电流，V_o^* 表示给定输出电压，V_o 表示实际输出电压。

需要指出，图 2-78 所示的控制框图是面向 DC/DC 变换器控制中间母线电压的工况，如果 DC/DC 变换器负责控制中间母线，就无法控制电池侧的充放电功率大小，此时电池侧充放电功率由 DA/AC 变换器的功率决定；如果 DC/DC 变换器需要负责控制电池侧充放电电流，就无法控制中间直流母线电压，此时直流母线电压需要由 DC/AC 变换器控制，图 2-78 中只有电流内环起作用，电压外环应该删除。当多个双向直流变换器并联运行是，可以采用交错的调制策略，有利于减小电池侧充放电电流中的高频纹波成分，具体调制方法与电流波形如图 2-80 所示。

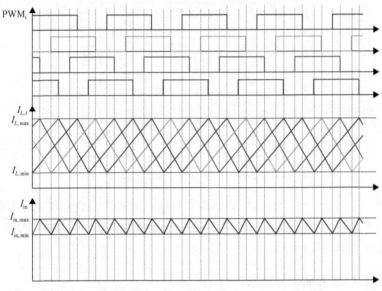

图 2-80　共输入输出母线直流变换器调制与电流波形图

2.4.1.2　DC/DC 双向直流变换器单侧并联运行

随着电池储能系统容量增加，储能 PCS 的交流侧也需要并联运行，完成并网工况和独立运行工况。并网工况下，在电网阻抗较小时，由于存在电网侧交流电压作为电压源支撑，在多 PCS 的直流侧储能电池不并联的前提下，多 PCS 并联控制策略与单 PCS 并网策略类似；如果多 PCS 的直流侧储能电池共直流母线，并联 PCS 在涉网控制上仍与单 PCS 并网策略类似，除此之外需要通过开关调制解决 PCS 间谐波环流，在此不再赘述。

针对并联 PCS 独立运行工况，由于 PCS 内部元件存在参数差异等情况，如果不专门进行并联控制，可能出现功率不均分的情况，因此需要进行并联均流控制，此时 PCS 并联控制方法与独立逆变器并联控制策略类似，可以分为集中控制、主从控制、分散式控制三种方案。

集中控制的特点是存在一个集中控制器，集中控制器给每个并联 PCS 提供统一的基准信号，由各个 PCS 的锁相电路保证其输出电压的频率和相位与基准信号保持一致。由集中控制器检测出总负载电流，然后将总负载电流除以并联台数作为各台逆变电源的电流指令，各逆变电源检测出各自的实际输出电流后，求出电流偏差，将电流偏差作为电压输出指令的补偿量，用于消除电流的不平衡。由于集中控制器的作用，这种控制方式比较简单，且均流的效果也较好。但是，集中控制器的存在使得系统的可靠性有所下降，一旦控制器发生故障将导致整个供电系统的崩溃，所以，集中控制式并联的可靠性不高。

在主从控制的 PCS 并联系统中，正常运行时只有主机的内部存在电压环，从机内部没有电压环，从机接收主机的电压环输出作为电流环的电流指令。主从控制解决了集中控制器故障的问题，但是由于存在主从切换的问题，其可靠性也就打了一定的折扣。一旦主从切换失败，必将导致系统的瘫痪。

由于主从并联控制系统存在主机和从机切换失败的危险，所以很多研究者研究了并联系统的分散控制方式，以解决了集中控制和主从控制中存在的单台 PCS 故障导致整个系统瘫痪的缺点，提高系统可靠性。分散控制中又分为瞬时电流均分控制，下垂控制和有功功率无功功率均分控制三种控制方式。

图 2-81 所示为并联 PCS 平均电流控制框图，图 2-82 所示为并联 PCS 最大电流控制框图。系统中有一条同步总线和一条电流总线，同步总线实现锁相功能，

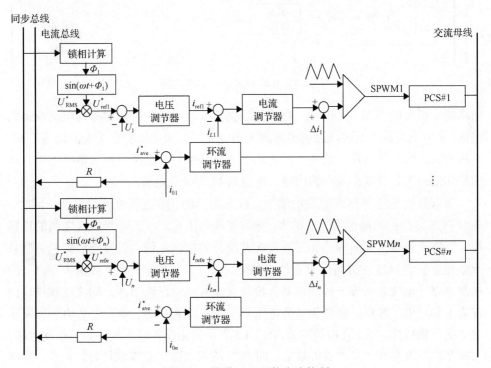

图 2-81 并联 PCS 平均电流控制

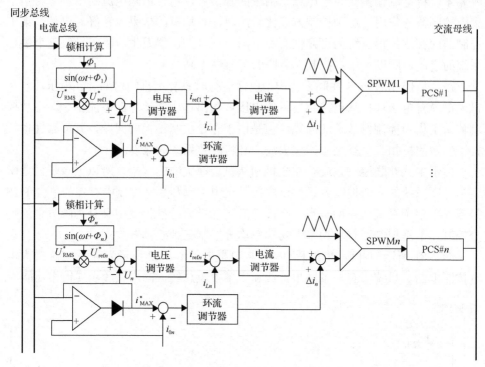

图 2-82　并联 PCS 最大电流控制

使系统中所有的 PCS 跟踪市电。电流总线提供并联系统中的瞬时平均电流或最大电流,将电流的偏差经过环流调节器加入到电流环的输出以实现系统的均流控制。两种方式的唯一区别在于前者电流总线上的信号是并联系统中 PCS 输出电流总和的平均值后者是并联系统中输出最大电流的 PCS 负载电流。

随着并联系统中 PCS 数量的增加,PCS 之间的相互连线将变得复杂,同时,各台 PCS 之间的距离也将随之扩大,导致连线的困难。为了减少 PCS 之间的连接线,近年来很多学者研究了无互连线式并联分散控制系统。无互连线式的并联系统原理是基于 PCS 的外特性下垂法,模块间没有控制信号连线,各模块有自己的控制电路,模块之间唯一的连接是各模块交流并联功率输出线。均流依靠模块内部输出基波电压频率、幅值和谐波电压分别随输出的有功功率、无功功率和失真功率呈下垂特性,实现同步和均流。图 2-83 所示为无线并联系统的整体控制框图。无线并联系统存在一个严重的缺陷,即 PCS 的输出特性必须设计为软特性,均流控制和输出电压的幅值和频率调节是矛盾的,必须进行折中考虑。

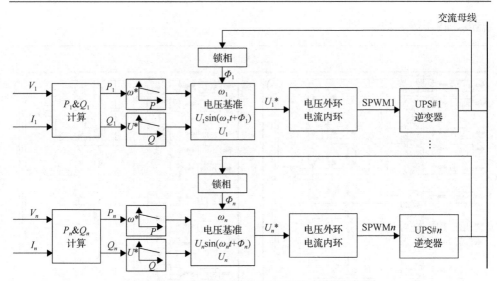

图 2-83 无互连通讯线式 PCS 并联系统控制框图

2.4.2 基于低压 PCS 的大容量储能系统

前文中分析了 PCS 的交流汇集扩容方案和直流汇集扩容方案。交流汇集方案是指多个 PCS 在交流侧互联,通过交流侧电压实现相位同步,能量在交流侧汇聚,多个 PCS 间的能量分配与协调通过下垂控制、虚拟同步控制等策略实现。多个扩容后的 PCS 分别经变压器升压与隔离后接入高压电网,实现储能系统的大容量化应用,图 2-84 是这种扩容方案的示意图。直流汇集方案是指通过多个双向 DC/DC 变换器将多组电池单元(电池单元可以是不同种类、不同容量)汇聚到公共直流母线上,不同电池单元的能量分配与协调由多 DC/DC 的上层控制策略实现,再经一个大容量的逆变器并入交流电网,其特点是采用公共直流母线汇聚能量,易于实现不同电池储能介质的混合应用。同理,多个扩容后的 PCS 分别经变压器升压与隔离后接入高压电网,实现储能系统的大容量化应用。

图 2-84 示出了交直流混合汇集的大型储能电站方案,交直流混合汇集方案中,电池模组先通过直流 PCS 汇集后,再分别经交流 PCS 汇集到交流母线。每个电池模组的状态经过电池管理单元(BMU)分析计算后汇集到电池管理系统(BMS),BMS 与储能监控系统经过通讯传递信息。

电池管理系统主要功能包括对电池状态参数实时检测、电池荷电状态(SOC)估算、单体电池间的均衡管理、电池组的热平衡管理等。电池荷电状态 SOC 是描述电池状态的一个重要参数,指电池剩余电量与电池额定电量的比值,通常把一定温度下蓄电池充电到不能再吸收的状态定义为 SOC 100%;而蓄电池不能再放出能量的状态定义为 SOC 0%。一般通过电池的外特性,比如电池的电压、电流、温度、内阻等参数来估算。

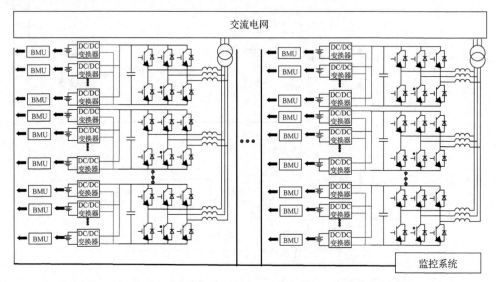

图 2-84　基于交流侧汇聚扩容 PCS 的大容量储能系统接线示意图

　　电池 SOC 的准确估算是电池管理系统中的核心问题，SOC 估算准确与否，将直接影响到电池管理系统的控制决策，进而影响到电池组性能的充分利用。当蓄电池的负载电流发生变化时，其电化学特性变化是非常复杂的，因此想精确地算出电池的剩余容量是非常困难的，而且蓄电池的额定容量也会随电池的使用情况，循环次数等因素而发生变化，这就给 SOC 值的估算带来很大不便。目前国内外常用的估算电池 SOC 的方法主要包括：放电实验法、AH 计量法、开路电压法、内阻法、线性模型法、卡尔曼滤波法等。

　　放电实验法采用恒定电流进行连续放电，通过放电电流与时间的乘积得到剩余电量，该方法只适合于实验检验，无法在线测量。AH 计量法的基本思想是把不同放电电流下的放电容量等效为某个特定电流下的放电容量。AH 计量法主要是采用积分实时测量充入电池和从电池放出的能量，通过对电池长时间的记录和监测得到任意时刻的剩余电量和荷电状态。如果充放电起始状态为 SOC_0，那么当前状态的 SOC 为

$$SOC = SOC_0 + \frac{1}{C_N} \int_0^t \eta I \, d\tau \tag{2-88}$$

式中，C_N 为额定容量；I 为电池电流；η 为充放电效率，不是常数。

　　AH 计量法的基本思想是把不同放电电流下的放电容量等效为某个特定电流下的放电容量，其计算准确性取决于测量精度，并受到电池充放电效率影响，若电流测量不准确，将会造成 SOC 计算误差，长期积累，误差会逐渐增加。

　　部分电池在性能稳定时，其开路电压与剩余电量存在很明显的线性关系，而且这种线性关系受环境温度以及蓄电池的老化因素影响小，此时可以根据电池开路电压与剩余容量的关系曲线，拟合电池荷电状态，这种方法被称为开路电压法。开路电压法在充电初期和末期 SOC 估算效果较好，常与 AH 计量法结合使用，其主要缺点是需要电池长时间静置，以达到电压稳定，这给测量造成困难。

　　1960 年，卡尔曼将状态空间概念引入滤波理论，并相继提出了便于在计算机上递归实现的卡尔曼滤波法。随着数字计算技术的进步，卡尔曼滤波已经成为控制、信号处理与通信等领域最基本最重要的计算方法和工具之一，并已成功的应用到航空、航天、工业过程及社会经济等不同领域。在 SOC 估算技术方面，很多研究者研究了基于卡尔曼滤波的电池 SOC 估算方法。

　　卡尔曼滤波理论的核心思想是用状态方程来描述白噪声作用下的一个线性系统的信号过程，用输出方程描述与系统状态相关的观测信息，并将前一时刻的状态估计值与当前时刻的系统观测值相结合，通过迭代循环来对系统的状态做出最小方差意义上的最优估计。电池模型的状态方程为

$$x_{k+1} = A_k x_k + B_k u_k + w_k = f(x_k, u_k) + w_k \tag{2-89}$$

观测方程：

$$y_k = c_k x_k + v_k = g(x_k, u_k) + v_k \tag{2-90}$$

　　系统的输入向量 u_k 中，通常包含电池电流、温度、剩余容量和内阻等变量，系统的输出 y_k 通常为电池的工作电压，电池 SOC 包含在系统的状态量 x_k，$f(x_k, u_k)$ 中 $g(x_k, u_k)$ 都是由电池模型确定的非线性方程，在计算过程中要进行线性化。估计 SOC 算法的核心，是一套包括 SOC 估计值和反映估计误差的、协方差矩阵的递归方程，协方差矩阵用来给出估计误差范围。这一方程是在电池模型状态方程中，将 SOC 描述为状态矢量的依据：

$$SOC_{k+1} = SOC_k - \frac{\eta(i_k) i_k \Delta t}{C} \tag{2-91}$$

　　与其他方法相比，卡尔曼滤波法适合于电流波动比较剧烈的电池 SOC 的估计，目前比较常用。

　　储能监控是整个储能系统的高级控制中枢，负责监控整个储能系统的运行状态，保证储能系统处于最优的工作状态。储能监控系统由监控主机、通信网络、测控设备共 3 个层次组成，典型的储能监控系统组成结构如图 2-85 所示。

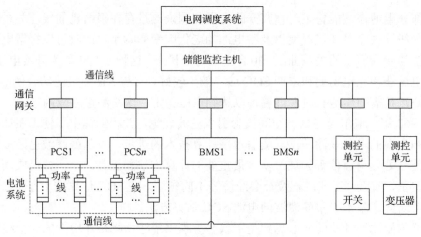

图 2-85 储能监控系统组成

参 考 文 献

[1] Li M, Wang Y, Fang X, et al. Active gate control for high power IGBTs with separated gains[C]. Power Electronics Conference, 2010: 197-200.

[2] 耿乙文, 伍小杰, 周德佳, 等. 基于改进型比例谐振控制器的三相四线制光伏发电和有源滤波器系统[J]. 电工技术学报, 2013, 28(8):142-148.

[3] 高宁, 罗悦华, 王勇, 等. 基于 FPGA 的三电平风电变流器三维空间矢量调制算法[J]. 电工技术学报, 2013, 28(5): 227-232.

[4] 何登, 李春茂, 华秀洁, 等. 一种简化三电平 SVPWM 方法研究[J]. 电力电子技术, 2014, 48(5): 74-76.

[5] 江智军, 王伟. 一种从两电平拓展到三电平的 SVPWM 的优化调制策略[J]. 南昌大学学报:理科版, 2014(6): 553-558.

[6] 姜卫东, 赵德勇, 汪磊, 等. 一种以降低逆变器开关损耗为目标并考虑中点电位平衡的适用于中点钳位式三电平逆变器的调制方法[J]. 中国电机工程学报, 2016, 36(5): 1376-1386.

[7] 高宁. 三电平中压风电变流器的研究[D]. 上海: 上海交通大学, 2011.

[8] 吕永灿, 林桦, 杨化承, 等. 基于多谐振控制器和电容电流反馈有源阻尼的 PWM 变换器电流环参数解耦设计[J]. 中国电机工程学报, 2013(27): 44-51.

[9] 杭丽君, 李宾, 黄龙,等. 一种可再生能源并网逆变器的多谐振 PR 电流控制技术[J]. 中国电机工程学报, 2012, 32(12): 51-58.

[10] 张勋, 王广柱, 商秀娟, 等. 双向全桥 DC-DC 变换器回流功率优化的双重移相控制[J]. 中国电机工程学报, 2016, 36(4): 1090-1097.

[11] Krismer F. Modeling and optimization of bidirectional dual active bridge DC-DC converter topologies[D]. Zurich: ETH Zurich, 2011.

[12] Peng F Z. Z-Source Inverter[J]. IEEE Transactions on Industry Applications, 2003, 39(2): 504-510.

[13] 赵彪, 宋强, 刘文华, 等. 用于柔性直流配电的高频链直流固态变压器[J]. 中国电机工程学报, 2014(25): 4295-4303.

[14] Inoue S, Akagi H. A Bidirectional Isolated DC–DC Converter as a Core Circuit of the Next-Generation Medium-Voltage Power Conversion System[J]. IEEE Transactions on Power Electronics, 2007, 22(2): 535-542.

[15] 孙丽萍. PWM 加相移(PPS)控制的双向 DC-DC 变换器的动态建模[D]. 杭州: 浙江大学, 2006.

[16] Bai H, Mi C. Eliminate Reactive Power and Increase System Efficiency of Isolated Bidirectional Dual-Active-Bridge DC–DC Converters Using Novel Dual-Phase-Shift Control[J]. IEEE Transactions on Power Electronics, 2008, 23(6): 2905-2914.

[17] Zhao B, Song Q, Liu W. Efficiency Characterization and Optimization of Isolated Bidirectional DC–DC Converter Based on Dual-Phase-Shift Control for DC Distribution Application[J]. Power Electronics IEEE Transactions on, 2013, 28(4): 1711-1727.

[18] Zhao B, Song Q, Liu W, et al. Dead-Time Effect of the High-Frequency Isolated Bidirectional Full-Bridge DC–DC Converter: Comprehensive Theoretical Analysis and Experimental Verification[J]. IEEE Transactions on Power Electronics, 2014, 29(4): 1667-1680.

[19] Krismer F, Kolar J W. Efficiency-Optimized High Current Dual Active Bridge Converter for Automotive Applications[J]. IEEE Transactions on Industrial Electronics, 2012, 59(7): 2745-2760.

[20] Krismer F, Kolar J W. Accurate Power Loss Model Derivation of a High-Current Dual Active Bridge Converter for an Automotive Application[J]. IEEE Transactions on Industrial Electronics, 2010, 57(3): 881-891.

第3章 高压直挂链式储能功率转换系统

随着风光可再生能源的快速发展，风光发电功率的不确定性给电力生产与消费实时平衡带来巨大挑战，促使储能的需求向规模化和大容量化方向快速发展，电池储能已经进入百 MW 和 GM 级时代。电池芯的不一致性使得电池储能系统的安全性随电池芯串并联个数增加而急剧下降，该问题严重制约了电池堆容量的提升。目前，通常采用多个经变压器隔离的多低压储能子系统并联的方法实现扩容，工频变压器的大量使用，造成系统效率低下，同时并联子系统过多也易引发并联稳定性问题[1]。

H 桥链式储能 PCS 具有高效、可靠、模块化等优点，广泛应用于高压电机驱动及大功率无功功率补偿等领域[2]。将储能电池组并入链式变换器的直流电容上，形成高压直挂链式储能 PCS，可以直接实现对巨量电池的"分割管控"，避免电池环流，解决安全性问题，大幅降低 BMS 的复杂性、缩短电池组间均流路径，同时可省去变压器，有效提升系统的效率，降低成本。

链式储能 PCS 最早被提出用作电动汽车的驱动[3]，电池组电压为 48V。随后2008 年，赤木泰文教授课题组提出将链式储能 PCS 用于大容量储能系统，并对其功率控制、SOC 均衡与故障处理等进行了深入的研究，设计了可接入中压电网的 NiMH 电池储能系统，构建了 500kW/238kWh 的锂电池储能实验系统[4,5]，该实验系统的链式储能 PCS 电压为 1.5kV，经工频变压器接入 6.6kV 电网，由于储能 PCS 电压较低及变压器的隔离作用，技术问题没有得到充分暴露。2010 年上海交通大学蔡旭教授课题组基于国家 863 计划课题，系统地研究了无变压器直挂链式储能 PCS 设计的关键技术[6-11]，于 2014 年 9 月在南方电网深圳宝清储能电站 11#储能分系统实现了 2MW/2MWh 储能系统无变压器直挂 10kV 电网的应用，这是世界上首个高压直挂大容量电池储能示范工程。

本章论述链式储能 PCS 的最新研究进展，介绍链式储能 PCS 的优化设计、控制策略、脉动和共模电流抑制及其用于动力电池梯次利用等关键技术，从理论研究到工程应用，全面阐述无变压器直挂链式储能 PCS 的研究成果和工程应用经验。

3.1 链式储能 PCS 的控制策略及其优化

链式储能 PCS 的控制策略主要分为功率控制、均衡控制以及故障控制三个方面。功率控制即对储能系统的充、放电功率进行控制，均衡控制指对分散布置的电池模块进行 SOC 均衡，而故障控制指当储能 PCS 内部某些元件或功率模块故障时，仍能通过相应的冗余策略使储能 PCS 继续工作。功率控制方法主要有传统解耦控制、幅相控制、预测控制、直接功率控制、无差拍控制等。解耦控制是指通过对电网侧 dq 轴电流的控制，实现有功和无功功率控制目标。均衡控制分为相间均衡与相内均衡。相间均衡的方法主要有零序电压与负序电流注入法[4]。负序电流法是在参考电流里注入少量的负序电流，从而调节三相功率[12, 13]。这种方法要向电网注入负序电流，因此具有一定的局限性。文献[14]提出了一种零序电压与负序电流结合的方法。相内均衡主要有轮换法、排序法以及参考电压幅值调节法等。文献[15]提出载波层叠轮换的调制策略，在不同的载波周期内依次进行轮换，来平滑各模块的功率。文献[16]采用阶梯波调制策略，在不同的参考波周期内进行脉冲轮换。排序算法与轮换算法类似，使用范围更加广泛，也较灵活，但当级联个数较多时，排序的计算时间较长。文献[17]采用特定谐波消除的 PWM 调制策略，通过排序完成均衡，从而大大减小了开关损耗。文献[12],[18]采用参考电压幅值调节法，通过改变各功率模块的参考电压分量来重新分配其功率。文献[19]则通过改变各功率模块参考电压的幅值和相位来增加均衡的范围，进一步提高了相内的均衡能力。文献[20]提出了一种独立电压控制策略，该策略只改变有功而不改变无功，其叠加的参考电压信号仅为有功信号。以上三种方法均能有效均衡相内各模块的功率，但需要结合子模块数量以及所使用的调制策略进行选择。

调制策略直接影响着 PCS 的开关损耗及输出电压的谐波性能。调制策略主要有载波移相 PWM（phase shifted PWM，PSPWM）、载波层叠 PWM（level shifted PWM，LSPWM）、空间矢量调制（space vector modulation，SVM）、特定谐波消除（selective harmonic elimination，SHE）、最近电平调制（nearest level modulation，NLM）等。PSPWM 与 LSPWM 实现简单、输出特性好，能够消除低频谐波，提高等效开关频率；SVM 能够优化输出电压的谐波，提高直流电压利用率，但子模块数多时应用有一定的难度；SHE 能够消除特定频率的低次谐波，同时具有开关损耗低等优点，但在实时计算、多电平应用以及闭环控制方面仍需要进一步研究；而 NLM 实现最为简单，主要适合电平数多的应用场景。NLM 与 PSPWM 相比，除损耗外，最大的区别即在输出电压的谐波特性。NLM 的低频率谐波较大，且当电平数小于 20 时，输出电流的响应速度相对较慢，不利于 PCS 的控制器设计。而 PSPWM 由于等效开关频率的提升，其输出电压谐波多集中在高频，容易消除，且较高的带宽也易于控制系统的设计，虽然其开关损耗较大，但在高压直挂储能应用场景，其导通损耗远远大于开关损耗，因此 PSPWM 下 PCS 的整体效率并不差，因此，高压直挂链式储能 PCS 仅考虑 PSPWM 作为其调制策略。

故障控制包括故障检测与旁路控制两部分。故障检测的方法主要分为三种类型：输出电压波形分析法、智能分析法和输出电压频谱分析法。文献[21]，[22]基于空间矢量调制策略，给出了一种输出电压波形分析的方法，仅需几个开关周期即可确定故障单元。文献[23]提出了一种基于神经网络的故障诊断方式，需要在线下完成神经网络的训练，且计算量较大。文献[24]给出了一种基于输出电压频谱计算的方法。故障单元被检测出后，有两种旁路控制方法，一是仅旁路故障单元，此时需要特殊的控制策略；二是旁路故障单元的同时，将非故障相对应的单元同时旁路，从而保证三相一致。

3.1.1 无变压器高压直挂链式储能系统

图 3-1 为无变压器高压直挂链式储能系统的结构示意图。储能 PCS 为三相星形联结，每一相由 N 个功率子模块级联而成，功率子模块由 H 桥功率器件及其驱动电路、母线电容、直流熔断器和电池侧预充电装置组成。在功率子模块的交流侧并联一个双向开关，其作用是旁路故障的功率模块，在功率子模块的直流侧，电池模块并联接入电容器的两端。

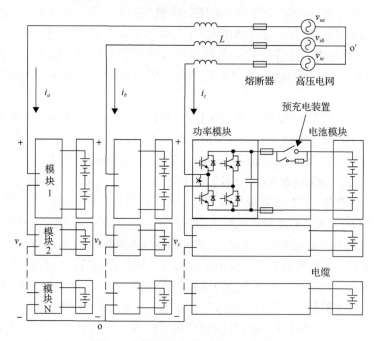

图 3-1 链式电池储能系统主电路结构

当链节数为 N 时，储能 PCS 的输出电压为

$$v_k = \sum_{j=1}^{N} d_{kj} E_{kj}, (k = a, b, c) \tag{3-1}$$

式中，d_{kj} 为 k 相第 j 个功率模块的开关占空比；E_{kj} 为该模块的直流母线电压，即电池模块电压。由基尔霍夫电压定律可以得到链式储能 PCS 的网侧电压电流关系如式 (3-2) 所示：

$$\begin{cases} v_{sk} - v_k - v_{oo'} = L\dfrac{\mathrm{d}i_k}{\mathrm{d}t}, (k = a, b, c) \\ v_{oo'} = \dfrac{1}{3}(v_{sa} + v_{sb} + v_{sc} - v_a - v_b - v_c) \end{cases} \tag{3-2}$$

式中，v_{sk} 为电网 k 相电压；i_k 为 k 相电流，方向如图 3-1 所示；v_k 为变换器 k 相输出电压；$v_{oo'}$ 为系统的零序电压分量，由链式储能 PCS 的输出电压以及电网电压确定。

对于 k 相第 j 个功率模块，其对应电池模块的充放电电流 i_{kj} 为

$$i_{kj} = d_{kj} i_k \tag{3-3}$$

则电池模块的 SOC 为

$$\mathrm{SOC}_{kj}(t) = \mathrm{SOC}_{kj}(0) + \frac{\eta}{Q_{\mathrm{nom}}} \int_0^t i_{kj} \mathrm{d}t \tag{3-4}$$

式中，$\mathrm{SOC}_{kj}(0)$ 为该电池模块 SOC 初始值；η 为电池模块的充放电效率；Q_{nom} 为该电池模块的额定容量。

3.1.2　PCS 控制策略

用于有功功率的充放电控制及无功功率控制的功率解耦控制是储能系统最基本的控制目标，而 $3N$ 个电池组间的荷电状态均衡是提高电池使用寿命的关键。此外，当电网电压不平衡或个别功率模块故障时，需要通过平衡和子模块旁路控制，使储能系统正常运行。图 3-2 是针对上述目标综合实现的控制策略框图，它由功率解耦控制、相内电池组间的荷电状态均衡控制、相间电池组的荷电状态均衡控制、电网电压不对称控制和功率子模块故障控制等组成。而相间均衡、电网不对称和功率模块故障控制均通过零序电压注入的方法实现，可见，注入零序电压的算法是技术的核心之一。

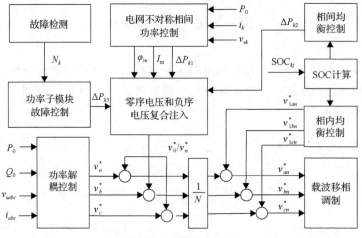

图 3-2　控制策略框图

3.1.2.1　功率解耦控制

文献[25]在 dq 旋转坐标系下使用 PI 控制器对功率进行控制,而文献[7]则在 $\alpha\beta$ 静止坐标系下使用 PR 控制器对功率进行控制,均可实现有功与无功功率的无静差控制。而在电网电压不平衡时,除了对功率进行解耦控制外,链式储能 PCS 还需要控制电网电流平衡。根据瞬时无功理论,此时参考电流如式(3-5)所示[26]:

$$
\begin{cases}
i_{d\mathrm{ref}}^{+} = \dfrac{2(v_{sd}^{+}P_0 + v_{sq}^{+}Q_0)}{3\left(v_{sd}^{+}\right)^2 + \left(v_{sq}^{+}\right)^2} \\[4mm]
i_{q\mathrm{ref}}^{+} = \dfrac{2(v_{sq}^{+}P_0 - v_{sd}^{+}Q_0)}{3\left[\left(v_{sd}^{+}\right)^2 + \left(v_{sq}^{+}\right)^2\right]} \\[4mm]
i_{d\mathrm{ref}}^{-} = 0 \\[2mm]
i_{q\mathrm{ref}}^{-} = 0
\end{cases}
\tag{3-5}
$$

式中,v_{sd}^{+1},v_{sq}^{+1},v_{sd}^{-1},v_{sq}^{-1} 为电网电压正负序的 d 轴与 q 轴分量,而 i_d^{+1},i_q^{+1},i_d^{-1},i_q^{-1} 为网侧电流正负序的 d 轴与 q 轴分量,P_0,Q_0 为有功与无功功率给定。

图 3-3 给出了链式储能 PCS 的功率控制框图,通过负序电网电压前馈来抑制负序电流。采用基于解耦双同步坐标系(decouple double synchronous reference frames, DDSRF)的锁相环对电网电压进行锁相,同时得到电网电压的正负序分量,电流指令由式(3-5)计算得到,进而经 d,q 解耦控制得到链式储能 PCS 交流侧输出电压指令。

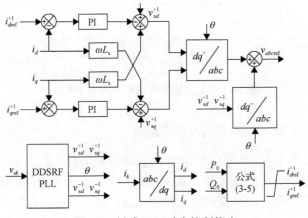

图 3-3　链式 PCS 功率控制策略

3.1.2.2　相内电池模块的 SOC 均衡控制

链式储能 PCS 的 SOC 均衡分为相内和相间均衡两种。定义：

$$
\begin{cases}
\mathrm{SOC}_k = \dfrac{1}{N_k}\displaystyle\sum_{j=1}^{N_k}\mathrm{SOC}_{kj},(k=a,b,c) \\[4mm]
\mathrm{SOC}_{\mathrm{BESS}} = \dfrac{1}{\displaystyle\sum_{k=a,b,c} N_k}\left(\displaystyle\sum_{k=a,b,c}\sum_{j=1}^{N_j}\mathrm{SOC}_{kj}\right)
\end{cases}
\tag{3-6}
$$

式中，SOC_k 为 k 相电池组的荷电状态；SOC_{kj} 为 k 相第 j 个电池组的荷电状态；N_k 是 k 相正常工作的功率模块个数，$N_k \leqslant N$；$\mathrm{SOC}_{\mathrm{BESS}}$ 为储能系统的荷电状态。针对相内电池模块间的 SOC 均衡控制，以该相的 SOC_k 为参考值，通过在对应的功率子模块参考电压上叠加一个电压分量来实现。

$$
v_{kj\_\mathrm{ref}} = \frac{v_{k\mathrm{ref}}}{N_k} + \gamma E_{\mathrm{nom}}(\mathrm{SOC}_k - \mathrm{SOC}_{kj})\cos(\omega t + \varphi_{ik})
\tag{3-7}
$$

式中，$v_{k\mathrm{ref}}$ 是 k 相的参考电压；γ 是相内均衡系数；E_{nom} 是电池模块额定电压；W_{nom} 是储能系统的额定能量（MWh）。图 3-4 给出了相内均衡的控制框图，该均衡策略在储能 PCS 充、放电工况下均有效，均衡速度受储能 PCS 电流幅值大小影响，可适当改变均衡系数 γ 调节。由于各功率模块上叠加的电压分量之和为零，因此不影响储能 PCS 的输出相电压，但需要根据式(3-7)判断以防止单个模块出现超调。

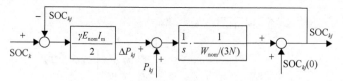

图 3-4　链式储能 k 相 SOC 均衡控制框图

3.1.2.3　相间 SOC 均衡控制与故障控制

当相间电池组 SOC 出现不均衡时，可以通过调节各相的功率对相间电池组进行 SOC 均衡。相间均衡是以整个储能系统的 $\mathrm{SOC_{BESS}}$ 为参考值，通过零序电压注入调节三相的功率分配，从而对三相间的 SOC 进行均衡。各相需要调节的功率 ΔP_{k2} 为

$$\Delta P_{k2} = \frac{\lambda P_{\mathrm{nom}}}{3}(\mathrm{SOC_{BESS}} - \mathrm{SOC}_k), \quad k = a,b,c \tag{3-8}$$

式中，P_{nom} 是储能系统的额定功率；λ 是相间 SOC 均衡系数。

功率解耦控制使电网电流平衡，但当电网电压不对称时，由于 PCS 三相有功功率不相同，会引发相间电池组 SOC 不均衡。为抵消其影响，每相需要调节的功率 ΔP_{k1} 为

$$\begin{cases} \Delta P_{a1} = P_0/3 - 1/2V_{sa}I_{\mathrm{m}}\cos(\varphi_{sa} - \varphi_{\mathrm{ia}}) \\ \Delta P_{b1} = P_0/3 - 1/2V_{sb}I_{\mathrm{m}}\cos(\varphi_{sb} - \varphi_{\mathrm{ia}} + 2\pi/3) \\ \Delta P_{c1} = P_0/3 - 1/2V_{sc}I_{\mathrm{m}}\cos(\varphi_{sc} - \varphi_{\mathrm{ia}} + 4\pi/3) \end{cases} \tag{3-9}$$

式中，P_0 为储能系统的充放电功率；V_{sk} 与 φ_{sk} 为 k 相电网电压幅值与相位；I_{m} 为网侧电流的幅值；φ_{ia} 为网侧 A 相电流的相位。

同理，当 k 相功率子模块发生故障时，旁路开关动作，故障子模块及其相连的电池模块被切除，为使故障相与非故障相的电池组 SOC 均衡，每相需要调节的功率 ΔP_{k3} 为

$$\Delta P_{k3} = \left(\frac{N_k}{\sum\limits_{k=a,b,c} N_k} - \frac{1}{3} \right) P_0, \quad k = a,b,c \tag{3-10}$$

式中，N_k 为每一相正常工作的模块数。

确定了需要调节的功率后，可以通过注入零序电压的方法调整各相的充放电功率，从而达到均衡各相电池组 SOC 的目的。则对于各相来讲，需要注入零序电

压改变的功率等于式(3-8)～(3-10)之和：

$$\Delta P_k = \Delta P_{k1} + \Delta P_{k2} + \Delta P_{k3} \tag{3-11}$$

设零序电压为 $v_0 = V_0 \cos(\omega t + \theta_0)$，需要注入的零序电压为

$$\begin{cases} V_0 = \dfrac{2}{I_m}\sqrt{\dfrac{2(\Delta P_a^{\ 2} + \Delta P_b^{\ 2} + \Delta P_c^{\ 2})}{3}} \\[4mm] \theta_0 = \arctan 2\left(\dfrac{\Delta P_c - \Delta P_b}{\sqrt{3}\Delta P_a}\right) + \varphi_{ia} \end{cases} \tag{3-12}$$

为保证不出现超调，注入零序电压后的相电压必须小于该相各电池组允许电压之和。忽略电感压降，则零序电压幅值必须满足下述条件：

$$V_{0\max} = \min\left(\sqrt{(N_k E)^2 - V_{sk}^2 \sin^2(\varphi_{sk} - \theta_0)} - V_{sk}\cos(\varphi_{sk} - \theta_0)\right), \quad k = a,b,c \tag{3-13}$$

上述控制策略使链式储能 PCS 能够抵消由于电网电压不平衡、功率模块故障等对电池组 SOC 一致性的影响，并与相间均衡控制环节综合集成，统一体现为零序电压的注入。

3.1.3　控制策略的优化

3.1.3.1　基于零序和负序复合注入的相间均衡控制

链式 BESS 相间 SOC 均衡控制大多通过注入与各相 SOC 状态相关的零序电压实现[4, 6-7]。零序电压注入法在三相星型连接的链式 BESS 中不会产生零序电流，不影响系统的输出性能。此方式属于软件均衡方式，虽然其易于实现，且不需增加额外硬件和系统成本，但其均衡能力受到功率模块直流侧电压限制，仅适用于相间 SOC 不均衡度 ΔSOC 较小的情况，在 ΔSOC 较大时，所需注入零序电压幅值较大，容易引起功率模块输出电压超调，失去均衡作用。ΔSOC 的定义如式(3-14)所示，其中 ΔSOC_k 为各相 SOC 偏差。

$$\begin{aligned} \Delta SOC &= \sqrt{\Delta SOC_a^{\ 2} + \Delta SOC_b^{\ 2} + \Delta SOC_c^{\ 2}} \\ &= \sqrt{(SOC_{BESS} - SOC_a)^2 + (SOC_{BESS} - SOC_b)^2 + (SOC_{BESS} - SOC_c)^2} \end{aligned} \tag{3-14}$$

文献[27], [28]通过注入负序电流的方式来均衡链式 STATCOM 直流侧母线电压，均衡能力较强，此方法同样可应用于链式 BESS 相间 SOC 均衡，但是负序电

流注入会影响电能质量和装置输出性能。负序电压注入法与负序电流注入法本质上相同，也具有同样的问题。文献[29]对比分析了零序电压与负序电压注入均衡能力的大小，当要调节的功率相同时，需注入的负序电压分量相比于零序电压值小得多。因此，在直流电压或者 SOC 差异较大的情况下，使用负序电压分量注入法更加合适。文中同时给出了一种混合注入方法，在相间电压不均衡程度较小时使用零序电压注入，反之则使用负序电压注入，并给出了切换条件。此种方法同样存在负序电流对电能质量影响较大的问题，且两种均衡模式不能平滑过渡，来回切换会对系统造成较大扰动，不利于装置稳定运行。针对上述问题，本节提出一种基于零序和负序电压复合注入的相间 SOC 均衡控制策略，通过引入零序电压和负序电压注入系数 m, n，将与各相 SOC 相关的零序电压和负序电压结合注入，既解决了不同均衡策略模式切换的平滑过渡问题，也很好地兼顾了储能系统的输出性能、相间 SOC 均衡能力及电能质量。

均衡过程中所需注入的零序和负序电压的幅值和相位均可根据各相所需均衡功率计算得到，零序电压的计算过程在上节中已经体现，此处不再赘述。负序电压的计算过程与文献[29]中计算负序电压的过程类似，不同的是，此处计算负序电压所需的偏差功率是根据各相 SOC 偏差得到，如式(3-8)所示。零序电压和负序电压注入系数 m, n 可根据式(3-15)确定，然后将计算后的零序电压和负序电压分别与各自注入系数相乘后同时注入，叠加在各相调制波上，然后与载波信号进行比较，产生功率器件的开关信号。为保证均衡过程中所产生的偏差功率与单独注入负序或零序电压时相同，则 m, n 需满足 $m+n=1$。引入负序电流后，系统电流要小于装置的额定电流，此外由于引入负序电流在电网中所产生的不平衡度要小于 2%。

$$
\begin{cases}
m = 1, & V_{0\max} \geqslant V_0 \\
m = \dfrac{V_{0\max}}{V_0}, & V_{0\max} < V_0
\end{cases}
\qquad (3\text{-}15)
$$
$$
\begin{cases}
n = 0, & V_{0\max} \geqslant V_0 \\
n = 1 - \dfrac{V_{0\max}}{V_0}, & V_{0\max} < V_0
\end{cases}
$$

3.1.3.2 适用于电池梯次利用的链式储能 PCS 控制

储能电池成本高是制约电池储能系统在电网中规模化应用的重要因素，近年来随着国内外电动汽车的推广和应用，未来几年将有大批车用动力电池达到使用寿命而退役，退役动力电池的荷电能力一般为原始容量的 80%左右，仍具有可观的利用价值。退役动力电池的梯次利用，即能缓解大量退役动力电池回收处理的压力，也能降低储能系统的初始成本。

目前关于退役动力电池梯次利用的研究大多集中在如何进行退役电池单元的拆解、测试及筛选上，在筛选出一致性较好的电池单元后，将其重新组合为电池模组，并通过适当的接口变换器与外部进行能量交换。之所以要进行退役动力电池组的拆解、筛选、重组等一系列过程，在于不同退役动力电池组参数的一致性较差，若直接将其串并联，则会引发较大电池环流、低可靠性、容量利用率低等一系列问题。若能通过选用适当的变换器拓扑来根据各退役动力电池组特性对其进行独立的功率控制，则可避免退役动力电池单元的拆解、筛选、重组。通过对链式变换器原有控制策略进行相应改进则可实现对各功率模块单元进行独立的功率控制。因此可选择外观完好、没有破损、各功能元件有效的退役动力电池模组将其直接接入链式变换器 H 桥直流侧，不仅避免了复杂的筛选重组过程，而且对各模组电压要求不高，模组内要求串并联的电池单元数量少，可极大提高各级联功率单元的可靠性。

在基于退役动力电池的链式储能系统中，可根据各功率单元所接退役动力电池组参数，如退役电池组有效容量、当前 SOC、电压等决定其在运行过程中所承担的充放电功率。由于各退役电池组在电动汽车应用环节电池的串并联方式、位置差异、温度差异、震动强度以及衰退轨迹等因素各不相同，导致电池参数的衰退速率差异较大，最终加速放大了电池组的不一致性，最终体现在各电池模组有效容量及内阻等参数的不一致性。已有的电池组 SOC 的定义方法是根据额定容量定义，电池组的实际有效容量会随循环次数和使用时间的增加逐渐减少，如不定期对其更新，则 SOC 的估算精度无法保证。例如，额定容量为 10Ah 的电池组使用一段时间后，实际有效容量下降 8Ah 为，那么充满电的电池放电 8Ah 后，SOC 应变为 0。但是如果忽略老化问题，SOC 显示为 20%，从而产生很大的估算误差，这将导致电池的过放电。因此将退役电池组的 SOC 根据其有效容量进行重新定义，如式 (3-16) 所示，其中 Q_r 为电池组剩余容量，Q_a 为有效容量，退役动力电池的有效容量为电池在满电状态下所能放出的最大电量。

$$\text{SOC} = \frac{Q_r}{Q_a} \times 100\% \tag{3-16}$$

根据预先测量得到的退役动力电池组的 OCV-SOC 曲线，可在线估计退役动力电池组的有效容量，实时 SOC 等参数，根据上述参数可在线分配各功率单元所承担功率，其功率分配系数及各功率模块承担功率分别如式 (3-17) 和式 (3-18) 所示，其中 Q_{akj}，SOC_{kj}，V_{bkj} 分别为第 k 相第 j 个功率模块的有效容量、当前 SOC、电池组电压周期平均值。

$$\omega_{kj} = \begin{cases} \dfrac{Q_{akj} \cdot \mathrm{SOC}_{kj} \cdot V_{bkj}}{Q_{ak1} \cdot \mathrm{SOC}_{k1} \cdot V_{bk1} + Q_{ak2} \cdot \mathrm{SOC}_{k2} \cdot V_{bk2} + \cdots + Q_{akn} \cdot \mathrm{SOC}_{kn} \cdot V_{bkn}} & (\text{放电}) \\[4mm] \dfrac{Q_{akj} \cdot (1-\mathrm{SOC}_{kj}) \cdot V_{bkj}}{Q_{ak1} \cdot (1-\mathrm{SOC}_{k1}) \cdot V_{bk1} + Q_{ak2} \cdot (1-\mathrm{SOC}_{k2}) \cdot V_{bk2} + \cdots + Q_{akn} \cdot (1-\mathrm{SOC}_{kn}) \cdot V_{bkn}} & (\text{充电}) \end{cases}$$

$$\tag{3-17}$$

$$P_{kj}^* = \frac{\omega_{kj} P^*}{3} \tag{3-18}$$

在基于退役动力电池的链式储能系统中，各退役动力电池组的有效容量、内阻等参数差异较大，为了能够充分利用各电池组的有效容量，系统中各功率单元需根据退役动力电池组特性，工作在不同的充放电倍率下，即各功率单元的功率能够独立控制。独立的模块功率控制对于退役动力电池应用于链式储能系统具有重要意义，然而在链式变换器中各模块的独立功率控制较难实现，原因在于流经每相功率模块交流侧的电流相同，各功率单元的功率并不真正独立。且实现功率单元独立的功率控制较易引发稳定性问题，原因在于每相 N 个功率单元的 N 个开关函数要控制 $N+1$ 个功率变量，即 N 个功率单元的功率和交流侧电流。

为解决上述问题，本节提出了一种适用于电池梯次利用的链式储能 PCS 控制策略，其整体控制框图如图 3-5 所示，整个控制策略主要由四部分组成：①根据预先得到的 OCV-SOC 曲线在线进行退役动力电池组的参数估计；②根据估计得到的电池组参数计算各模块功率分配系数，实时分配各功率模块承担功率；③链式变换器功率解耦控制；④各相功率子模块功率闭环控制。

变换器各相交流侧输出电压的参考量 v_k 由电流解耦控制产生，除以各相电池组的平均电压 $\overline{V_{bk}}$ 得到各相总的调制波 S_{totalk}。在各相第 $2 \sim n$ 个功率模块中引入 $n-1$ 个功率闭环控制模块功率，各功率闭环控制器输出为功率模块的调制波幅值 $\overset{\Lambda}{S}_{kj}$，为防止超调，其取值范围为 $[-1,1]$，由积分限幅器来保证调制信号不出现超调，为了简便，在图 3-5 中并未体现。模块调制波相位与各相参考电压相同。各相第一个模块的调制波由总调制波减去 $2 \sim n$ 个模块调制波之和得到。此种适用于电池梯次利用的链式储能 PCS 控制策略不仅能够实现各相内 H 桥子模块的独立功率控制，且可以避免系统出现不稳定问题。

3.1.4　链式储能 PCS 控制策略仿真分析

为了验证链式储能系统控制策略的有效性，在 Matlab/Simulink 中构建 2MW/2MWh 的仿真模型，其主要仿真参数如表 3-1 所示。

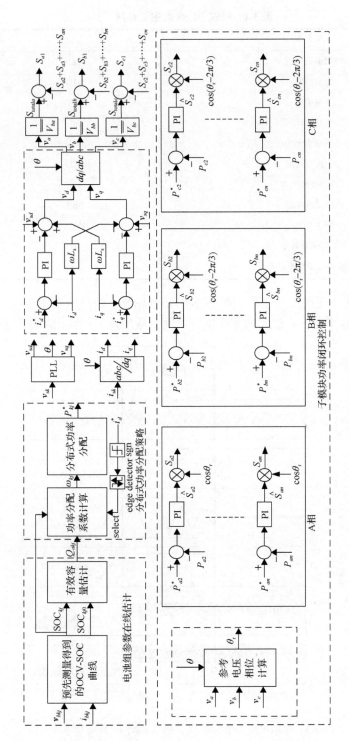

图3-5　适用于电池梯次利用的链式PCS控制策略框图

表 3-1　链式 BESS 的主要参数

参数名称	取值
电网额定电压	10kV
额定功率	2MW
额定能量	2MWh
功率模块级联数	20
电池模块额定电压	676V
电池模块内阻	0.1Ω
电池侧滤波电容	10mF
网侧滤波电感	8mH
开关频率	1kHz
相间均衡系数 λ	10
相内均衡系数 γ	10

　　图 3-6 给出了电网电压不平衡时 PCS 的仿真结果，包括电网侧电压、PCS 输入电流、PCS 输出电压、注入的零序电压以及测量值、三相输出功率和三相第一

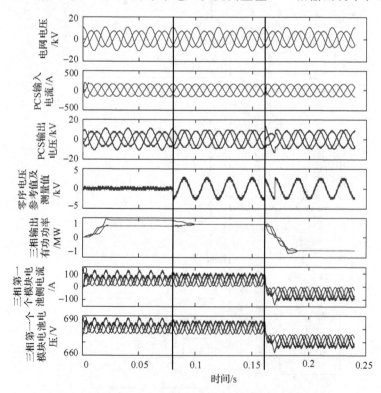

图 3-6　电网电压不平衡时 PCS 的仿真结果(额定功率)

个电池模块的电流与电压。整个仿真过程在 0.08s 时启动零序电压，而在 0.16s 时由充电切换为放电。首先可以看出，在电网电压含有负序分量的情况下，PCS 能够控制输出电流完全平衡；同时充放电切换的过程也较为迅速，基本在 5ms 以内。其次，在未注入零序电压前，PCS 三相的输出电压跟随电网电压，导致三相的充电功率有较大的差别，进而影响每个电池模块充放电功率；而在注入零序电压之后，PCS 的输出电压趋于一致，其输出功率也立刻相同，每个电池模块的充电电流也基本相同。以上可以得到结论，电网电压不平衡会导致 PCS 三相的充放电功率不同，从而影响 SOC 的相间均衡；零序电压注入能够重新使 PCS 三相功率相等，避免对相间 SOC 均衡的影响。

功率模块故障时 PCS 的仿真结果与图 3-6 类似。在未注入零序电压前，PCS 三相的充电功率完全相同，由于功率模块故障后被切除，造成每相的模块数不同，如每相仍然承担相同的出力，则会导致各电池模块 SOC 的差异。注入零序电压之后，使 PCS 每相的输出电压不同，使每个电池模块承担的功率基本相同，从而实现电池组的相间均衡控制。

3.2　电池侧二次脉动电流的抑制

链式储能 PCS 正常工作时电池侧存在二次电流脉动，一般情况下电池内阻很小，直流侧电压会被电池电压钳位，二次脉动功率以脉动电流的形式进入电池。一方面，该二次脉动电流增加系统损耗，可能影响电池寿命和系统的循环效率；另一方面，该二次脉动电流会影响 BMS 对电池 SOC 的估算，从而危害电池模块的安全。为了抑制电池侧的二次脉动电流，文献[30]提出在电池端插入 LC 滤波器，并给出了滤波器的设计方法。文献[12]，[31]提出在电池与功率子模块间插入双向 buck/boost 变换器来完成对二次脉动电流的抑制。文献[32]，[33]提出插入 DAB（dual active bridge），既可解决绝缘与共模电流问题，又能抑制电池侧二次脉动电流，然而，DAB 中的中高频隔离变压器需要承受电网级的电压，无疑增加了实现的难度。

3.2.1　电池侧电流谐波分析

以如图 3-7 所示 A 相子模块电压电流示意图为例，其电流为

$$i_a(t) = I_m \cos(\omega t + \varphi_{ia}) \tag{3-19}$$

则全桥在不同的开关状态下，直流侧将会有不同的电流脉动。全桥的输出可以表示为

$$S(t) = s_{12}(t) - s_{34}(t) \tag{3-20}$$

式中，s_{12} 与 s_{34} 为两个桥臂的开关函数。为方便计算，将全桥的两个桥臂输出电压之差写成如式 (3-21) 的形式，A_{mn} 与 B_{mn} 为全桥 PWM 输出波形的双傅里叶变换系数，ω_c 是载波角频率。

$$S(t) = \frac{A_{00}}{2} + \sum_{n=1}^{\infty}\left[A_{0n}\cos(n\omega t) + B_{0n}\sin(n\omega t)\right]$$
$$+ \sum_{m=1}^{\infty}\sum_{n=-\infty}^{\infty}\left[A_{mn}\cos(m\omega_c t + n\omega t) + B_{mn}\sin(m\omega_c t + n\omega t)\right] \tag{3-21}$$

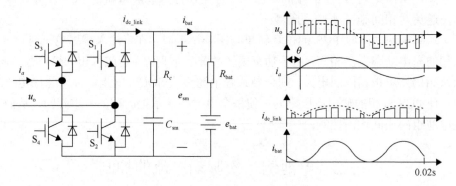

图 3-7　A 相子模块电压电流示意图

直流侧电流

$$i_{\text{dc\_link}}(t) = i_a(t) \times S(t) \tag{3-22}$$

代入式 (3-19)，(3-21) 可得直流侧电流的傅里叶分解为

$$i_{\text{dc\_link}}(t) = \frac{\hat{A}_{00}}{2} + \sum_{n=1}^{\infty}\left[\hat{A}_{0n}\cos(n\omega t) + \hat{B}_{0n}\sin(n\omega t)\right]$$
$$+ \sum_{m=1}^{\infty}\sum_{n=-\infty}^{\infty}\left[\hat{A}_{mn}\cos(m\omega_c t + n\omega t) + \hat{B}_{mn}\sin(m\omega_c t + n\omega t)\right] \tag{3-23}$$

其中

$$\begin{cases}\hat{A}_{00} = \dfrac{I_m}{2}[A_{01}\cos\varphi_{\text{ia}} + B_{01}\sin\varphi_{\text{ia}}] \\[2mm] \hat{A}_{mn} = \dfrac{I_m}{2}[(A_{m,n-1} + A_{m,n+1})\cos\varphi_{\text{ia}} + (B_{m,n-1} - B_{m,n+1})\sin\varphi_{\text{ia}}] \\[2mm] \hat{B}_{mn} = \dfrac{I_m}{2}[(B_{m,n-1} + B_{m,n+1})\cos\varphi_{\text{ia}} - (A_{m,n-1} - A_{m,n+1})\sin\varphi_{\text{ia}}]\end{cases} \tag{3-24}$$

对于载波移相调制策略，式 (3-21) 中的系数如式 (3-25) 所示，其中 M 为单个全桥模块的调制比。

$$\begin{cases} A_{01} = M, B_{01} = 0 \\ A_{0n} = B_{0n} = 0, & n \neq 1 \\ A_{mn} = \dfrac{4}{m\pi} J_n \left(\dfrac{mM\pi}{2} \right) \sin\left(\dfrac{m+n}{2}\pi \right)(1-\cos(n\pi)), & m \neq 0, n \neq 0 \\ B_{mn} = 0, & m \neq 0, n \neq 0 \end{cases} \tag{3-25}$$

将式 (3-25) 代入式 (3-24) 可得

$$\begin{cases} \hat{A}_{00} = \hat{A}_{02} = \dfrac{MI_{\mathrm{m}}}{2}\cos\varphi_{\mathrm{ia}}, \hat{B}_{02} = -\dfrac{MI_{\mathrm{m}}}{2}\sin\varphi_{\mathrm{ia}} \\ \hat{A}_{0n} = \hat{B}_{0n} = 0, & n \neq 0, 2 \\ \hat{A}_{mn} = \dfrac{2I_{\mathrm{m}}\cos\varphi_{\mathrm{ia}}}{m\pi}\sin\left(\dfrac{m+n-1}{2}\pi \right)(1+\cos n\pi)\left[J_{n-1}\left(\dfrac{mM\pi}{2} \right) - J_{n+1}\left(\dfrac{mM\pi}{2} \right) \right], & m \neq 0, n \neq 0, 2 \\ \hat{B}_{mn} = \dfrac{2I_{\mathrm{m}}\sin\varphi_{\mathrm{ia}}}{m\pi}\sin\left(\dfrac{m+n-1}{2}\pi \right)(1+\cos n\pi)\left[-J_{n-1}\left(\dfrac{mM\pi}{2} \right) - J_{n+1}\left(\dfrac{mM\pi}{2} \right) \right], & m \neq 0, n \neq 0, 2 \end{cases} \tag{3-26}$$

由式 (3-26) 可以看出，直流侧电流除直流分量外，还有二次及高次谐波。在高次谐波中，当 n 为奇数时，后两项谐波系数均为 0，因此高次以上谐波主要是偶次谐波分量。对于单个全桥模块，其有功功率为

$$P_{\mathrm{sm}} = ME_{\mathrm{sm}}I_{\mathrm{m}}\cos\varphi_{\mathrm{ia}} \tag{3-27}$$

则直流侧电流 $i_{\mathrm{dc\_link}}$ 的直流分量为

$$I_{\mathrm{dc\_0}} = \overline{i_{\mathrm{dc\_link}}(t)} = \dfrac{MI_{\mathrm{m}}}{2}\cos\varphi_{\mathrm{ia}} \tag{3-28}$$

二次谐波分量为

$$i_{\mathrm{dc\_2}}(t) = \dfrac{MI_{\mathrm{m}}}{2}\left[\cos\varphi_{\mathrm{ia}}\cos(2\omega t) - \sin\varphi_{\mathrm{ia}}\sin(2\omega t) \right] = \dfrac{MI_{\mathrm{m}}}{2}\cos(2\omega t + \varphi_{\mathrm{ia}}) \tag{3-29}$$

可以看出，二次谐波分量的幅值仅与全桥模块的调制比和相电流有关。进入电池的电流即可以确定为

$$i_{\mathrm{bat}}(s) = \dfrac{R_c C_{\mathrm{sm}}s + 1}{(R_{\mathrm{bat}} + R_c)C_{\mathrm{sm}}s + 1}i_{\mathrm{dc\_link}}(s) \tag{3-30}$$

3.2.2 采用滤波电感抑制电流谐波

由于电池模块内阻小，电容仅能够滤除开关频率次的谐波电流，而二次谐波电流基本进入电池模块。为抑制该二次脉动电流，一种方法是在电池模块与功率模块间增加滤波电感，与直流侧电容一起构成无源滤波器。如图 3-8 所示，此时进入电池的电流由式 (3-31) 确定：

$$i_{\text{bat}}(s) = \frac{R_c C_{\text{sm}} s + 1}{L_{\text{sm}} C_{\text{sm}} s^2 + (R_{\text{bat}} + R_c) C_{\text{sm}} s + 1} i_{\text{dc\_link}}(s) \tag{3-31}$$

文献[26]分析了电池内阻与母线电容等效电阻对无源滤波器设计的影响，由于滤波器的设计需要考虑阻抗匹配，以保证串联系统的稳定性，因此需要满足

$$\frac{C_{\text{sm}}}{L_{\text{sm}}} > \frac{1}{R_{\text{bat}}} \left(\frac{E_{\text{bat}}^2}{P_{\text{sm}}} - \frac{1}{R_c} \right) \tag{3-32}$$

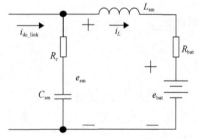

显然，母线电容的 ESR 越小时，电池模块及电感的寄生电阻越小时，整个系统越容易不稳定。在式 (3-31) 中，当给定了电池侧二次脉动电流的最大值，即可结合式 (3-32) 确定无源滤波器的参数。该方法较为简单，能够减小二次脉动电流，但若想取得较好的效果，需要的无源器件参数较大。

图 3-8　二次脉动电流的无源抑制方案

3.2.3 采用双向 DC/DC 抑制电流谐波

为使储能 PCS 与电池模块更友好的匹配，可以将双向 DC/DC 变换器插入链式变换器子模块与电池模块之间组成双极链式变换器，通过功率模块的直流母线电容来缓冲二次脉动功率，从而有效抑制电池侧的二次脉动电流。双级链式变换器子模块及主要波形图如图 3-9 所示，即在电池与单相变换器间增加一个双向升降压电路。此时，直流侧电容不再直接与电池并联，因此可通过增大电容电压脉动幅值来缓冲二次脉动功率。

假设双极链式变换器子模块交流侧输出的基波电压与电流为

$$\begin{cases} u_{\text{ac}} = \sqrt{2} U_{\text{ac}} \cos \omega t \\ i_{\text{ac}} = \sqrt{2} I_{\text{ac}} \cos(\omega t + \theta) \end{cases} \tag{3-33}$$

变换器与电网所交互的瞬时功率如式 (3-34) 所示：

$$P_c = U_{\text{ac}} I_{\text{ac}} \cos(2\omega t + \theta) \tag{3-34}$$

假设二次脉动功率完全由直流侧吸收，则此时在半个功率脉动周期，电容需要缓冲的能量为

$$\Delta w_C = \int_{\frac{\pi - 2\theta}{4\omega}}^{\frac{3\pi - 2\theta}{4\omega}} P_c \mathrm{d}t = \frac{U_{\text{ac}} I_{\text{ac}}}{\omega} \tag{3-35}$$

而根据电容电压与能量关系可以有

$$\Delta w_{c\max} = \frac{1}{2} C \left[(U_c + \Delta u)^2 - (U_c - \Delta u)^2 \right] \tag{3-36}$$

式中，U_c 为电容的电压平均值；Δu 为电容脉动幅值。

联合式(3-35)，(3-36)可以得到直流侧电容电压脉动幅值与电容容值的关系：

$$\Delta u = \frac{U_{\text{ac}} I_{\text{ac}}}{2 C U_c \omega} \tag{3-37}$$

由上式可知，双级单相变换器可以完全吸收二次脉动，此时电池侧仅有功功率通过。链式变换器的单个模块的功率并不是很大，一般仅几十千瓦左右，因此可以在较小电容的前提下抑制电池侧的功率脉动。

双级链式变换器的控制策略与单级相比，主要是在底层控制器中增加了双向升降压变换器的控制。为了使单级链式中的 SOC 均衡等控制策略能够继续使用，链式变换器和双向升降压变换器必须分别独立控制：链式变换器完成功率控制，电池组 SOC 均衡控制；双向升降压变换器控制各 H 桥模块直流侧电容的电压平均值恒定，同时保证电池侧电流无脉动。

链式变换器的功率控制由电流解耦控制实现，在生成输出电压指令后，根据 BMS 所反馈的 SOC 信息，通过注入零序电压调节各 H 桥单元与电网交换的功率，实现相间电池组的均衡控制；通过调节各 H 桥逆变器交流输出电压，实现相内各电池组的 SOC 均衡控制[4,7]，这里不再赘述。

为了抑制电池侧的二次功率脉动，功率模块的直流侧电压有较大的纹波，势必对每个模块的输出有影响。而且在 SOC 均衡时，每个模块的功率并不完全相同，从而每个模块的直流侧电压纹波幅值略不相同。因此主控制器只计算每个模块的输出电压指令，由底层控制器根据其模块直流侧电压计算占空比，生成脉冲信号。详细的控制示意图如图 3-10 所示。

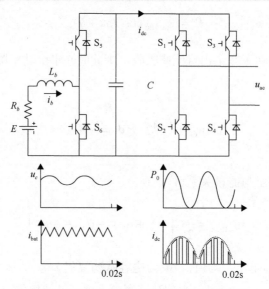

图 3-9　双级链式变换器子模块及主要波形

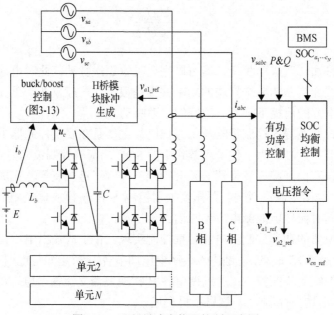

图 3-10　双级链式变换器控制示意图

双向 DC/DC 升降压变换器已有很多文献描述，本场景下的控制目标是直流侧电容的电压平均值，本文选用电压电流双闭环控制的方法，其控制框图如图 3-11 所示。其中 U_{cref} 是直流侧电容电压参考值，u_c 是电容电压，i_b 是电池侧电流，D 是输出占空比信号，经过载波比较后生成最终的 PWM 信号。

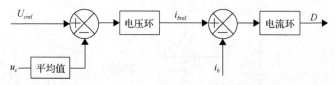

图 3-11　双向 buck/boost 变换器控制框图

虽然给定的电容电压参考值是恒定值，但却存在 100Hz 的脉动纹波。因此需要在直流侧电压反馈时增加平均值环节，从而滤除低频脉动。平均值滤波环节的延时约为 0.01s，基本上可以满足电压环的响应速度，也可减小功率突变时直流侧电压的波动。

3.3　链式 PCS 的共模电流及其抑制

链式储能 PCS 具有高效率的优点，但是其各个功率子模块间必须绝缘，由于电池模块的体积大，电池模块及其连接线缆会引入较大的寄生电容，使 PCS 各功率子模块间存在共模电流通路。电池单元对地绝缘的要求及系统中共模电流的存在给实际工程设计带来挑战。

3.3.1　共模电流产生的机理

全桥子模块是链式储能变换器的基本结构，其直流侧通过电缆与电池模块相连，一起组成一个功率单元，如图 3-12(a) 所示。电池模块和连接电缆为链式变换器引入一定的寄生参数。主要是由两部分组成，一部分是连接电池和功率模块电缆的寄生电感和对地电容，一部分是电池模块的对地电容。由于寄生参数的存在，产生较大的共模电流，需要对其进行抑制。为方便分析整个变换器的共模电压，对单个功率模块进行简化。令功率模块直流侧中点为 0，正负直流母线为 p，n，而其交流侧输出为 1，2。则有

$$V_{12} = V_{10} - V_{20} \tag{3-38}$$

图 3-12(b) 给出了单个功率单元的等效电路，其中 V_{dc} 为直流侧电压，V_{10} 和 V_{20} 是由全桥子模块的两个桥臂分别产生的，在不同的调制策略下其基频电压不同，直流侧电压的变化可由 0 点电压反应。图 3-13 为链式储能 PCS 的等效电路，以 A 相为例，以变换器中性点 o 为参考，可得第 i 个子模块 0 点电压为

$$V_{Ai0o} = -V_{20\_Ai} + \sum_{j=1}^{i-1} V_{12\_Aj}, \quad (i = 1, \cdots, N) \tag{3-39}$$

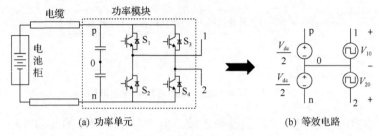

(a) 功率单元　　　　　　　　(b) 等效电路

图 3-12　功率单元示意图

可见，各个模块的 0 点电压均不相同，它不仅与本模块的开关状态有关，也与其他模块相关。在这种情况下，如果各个模块 0 点间有通路，则任意两个 0 点间的电压即为模块间共模电压

$$V_{cm\_m} = V_{ui0o} - V_{vi0o} \quad (u,v = A,B,C) \tag{3-40}$$

除模块间的共模电压外，模块与电网侧中性点也存在共模电压，即

$$V_{cm\_g} = V_{ui0o} + V_{oo'} \quad (u = A,B,C) \tag{3-41}$$

其中

$$V_{oo'} = \frac{1}{3}(V_{Ao'} + V_{Bo'} + V_{Co'}) \tag{3-42}$$

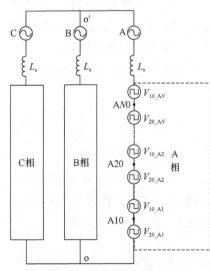

图 3-13　链式储能 PCS 等效电路

式 (3-42) 所示的共模电压可以通过调制策略改进进行消除，而式 (3-40)，(3-41) 表示的共模电压 (其主要成分 V_{ui0o} 是链式储能 PCS 输出电压的一部分) 仅通过调制策略的改进是无法将其消除的。

设 C_g 为电缆和电池模块对地等效电容之和，R_{g2} 为其对地的等效电阻，L_g 为电缆的等效电感，R_{g1} 为电缆的等效电阻。由图 3-14 (a) 可知，级联式变换器中包含 $3N$ 个高频电压源及 3 个工频电压源，在分析共模电流时可忽略工频电压源的影响。而正负母线与 0 点间电压恒定，则两条电缆的等效参数可视为与 0 点连接，为方便分析，先只分析一个高频电压源时的情况，如图 3-14 (b) 所示，其中 R_g

即 R_{g1} 与 R_{g2} 之和，即共模回路等效电阻。

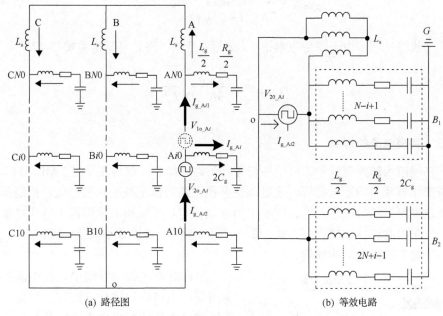

(a) 路径图　　　　　　　　　　(b) 等效电路

图 3-14　链式储能 PCS 共模电流路径图及其等效电路

忽略电网侧电感可得

$$I_{g\_Ai2} = \frac{-2k_2k_1 \cdot V_{20\_Ai}}{3N\left(L_gs + R_g + \dfrac{1}{C_gs}\right)} \tag{3-43}$$

$$I_{g\_Ai1} = \frac{2(k_2+1)(k_1-1) \cdot V_{10\_Ai}}{3N\left(L_gs + R_g + \dfrac{1}{C_gs}\right)} \tag{3-44}$$

则第 i 个功率模块动作时的共模电流为

$$i_g(t) = \frac{E}{\sqrt{(1-\xi^2)}Z_0} \mathrm{e}^{-\xi\omega_n t}\sin(\sqrt{(1-\xi^2)}\omega_n t) \tag{3-45}$$

式中，E 为单个功率模块的直流电压；$\xi = \dfrac{R_g}{2}\sqrt{\dfrac{C_g}{L_g}}$，$Z_0 = \dfrac{3N}{2k_{1i}k_{2i}}\sqrt{\dfrac{L_g}{C_g}}$，$\omega_n = \dfrac{1}{\sqrt{L_gC_g}}$，$k_{1i} = N-i+1$，$k_{2i} = 2N+i-1$。可得共模电流峰值为

$$I_{\mathrm{g\_max}} = \frac{2k_{1i}k_{2i}E}{3N\sqrt{(1-\xi^2)}}\sqrt{\frac{C_{\mathrm{g}}}{L_{\mathrm{g}}}}\mathrm{e}^{-\frac{\pi\xi}{2\sqrt{(1-\xi^2)}}} \tag{3-46}$$

一般情况下，由于寄生电容很小，ξ 远小于 1，因此可简化为式(3-47)

$$I_{\mathrm{g\_max}} = \frac{2k_{2i}k_{1i}E}{3N}\sqrt{\frac{C_{\mathrm{g}}}{L_{\mathrm{g}}}} \tag{3-47}$$

3.3.2 共模电流的抑制

共模电流的抑制通常需要硬件与控制策略相结合。硬件主要是 EMI 滤波器、共模变压器或有源滤波器等，通过改变共模回路阻抗来减小共模电流。控制策略主要是调制方法的改进，通过减小或消除共模电压来减小共模电流。链式储能系统一般采用载波移相的调制方式，降低了开关频率，可以减小共模电流的有效值，但不能抑制共模电流的峰值。

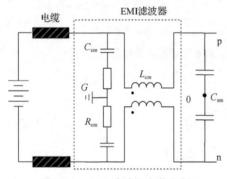

图 3-15　EMI 滤波器安装位置

因此对链式储能系统中共模电流的抑制问题，主要针对硬件方法进行讨论。由于链式储能系统共模电流的特殊性，需要对每个子模块进行考虑，才能有效抑制共模电流。依据共模电流路径，EMI 滤波器可放置在功率模块的交流侧或直流侧两个位置。由于流经两个位置的共模电流完全一样，因此 EMI 滤波器在这两个位置等效。这里选择将其放在功率模块直流侧出口，如图 3-15 所示。

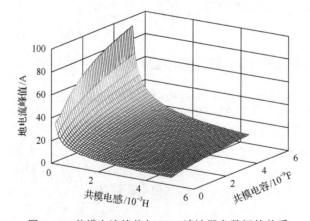

图 3-16　共模电流峰值与 EMI 滤波器参数间的关系

使用 EMI 滤波器的目的是减小共模电流峰值，使其降至可接受范围，保护功率器件。EMI 滤波器中的共模电感用于抑制共模电流峰值，但同时会使得衰减系数变小，使共模电流震荡周期变大。而共模电容及电阻，能够抑制共模电流峰值的同时并使其较快衰减。依据式(3-43)可知插入 EMI 后的共模电流为

$$I_{g\_Ai2} = \cfrac{-2k_2k_1 \cdot V_{20\_Ai}}{3N\left[L_{cm}s + \left(R_{cm} + \cfrac{1}{C_{cm}s}\right) \Big/\Big/ \left(L_g s + R_g + \cfrac{1}{C_g s}\right)\right]} \tag{3-48}$$

一般情况下，由于共模电感较大，共模电阻在一定范围内使得衰减系数仍然相对较小，对共模电流峰值的影响不大，因此可首先选择 EMI 滤波器的共模电感及电容。图 3-16 给出了 R_{cm} 为 50Ω 时，共模电流峰值与共模电感及共模电容的关系曲线。

3.4　模　拟　实　验

3.4.1　实验系统

图 3-17 为级联数为 20 的电池储能低压原理样机及其实验系统，主要包括电池系统、NI 虚拟示波器以及链式储能 PCS 三大系统。电池系统包括电池组和 BMS，如原理图所示，每个电池组由 1 个电池管理单元(battery management unit, BMU)进行管理和 SOC 估算，而每相中 20 个 BMU 由 1 个电池串管理系统(battery cluster management system, BCMS)收集 SOC 信息，最终由 BMS 统一并与经过 CAN 总线传给 PCS 的主控制器。NI 虚拟示波器主要用于各电池模块与 PCS 的相关电压与电流信息的测量与显示，主要包括电压与电流传感器、采样板卡以及 NI 虚拟仪器软件。PCS 包括 60 个功率模块、滤波电感以及一套分布式控制系统。整个系统的主要的参数如表 3-2 所示。

表 3-2　实验样机的主要参数

参数名称	取值
电网额定电压	380V
额定功率	40kW
额定能量	14.4kWh
功率模块级联数	20
电池模块额定电压	24V
功率模块直流侧电容	11mF
网侧滤波电感	0.5mH
控制周期	50μs

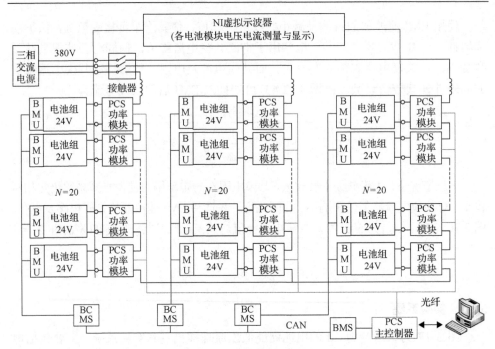

图 3-17　实验样机原理图

　　实验样机中功率器件采用 MOSFET，电池模块采用钛酸锂电池。每个电池模块柜中均含有两个电池模块，每个模块的容量为 24V/10Ah；同样每个功率模块柜中也含有两个功率模块，每个功率模块均由 60V 的低压 MOSFET 组成，整个模块柜仅由一个子控制器用于控制与保护。图 3-18 给出了整个实验样机的实物图，包括电池与 BMS 柜、功率模块机柜、控制与开关柜、NI 数据采集与监控柜等。

　　分布式控制系统如图 3-19 所示，一共包括 1 个主控制器与 60 个子控制器。主控制器选用具有双核 CPU 的 OMAP-L137，其 ARM 核为 ARM926，具有 350MHz 主频，操作系统为 Linux，DSP 核为 300MHz 674+ core，带浮点运行单元。为了增强主控制器的扩展能力，搭载了型号为 XC9500XL-10TQ144 的 CPLD 以及型号为 Xilinx Spartan3A XC3S1400A 的 FPGA。整个主控制器可以使用 100M/10M 全双工和半双工以太网，与上位机进行通讯。此外，主控制器中可扩展 6 块光纤板，最多可有 36 对光纤，用于和子控制器进行通讯。

　　主控制器内部软件架构有慢速、快速以及超快速应用程序三层：①慢速程序部分主要通过上位机以及 OMAP-L137 中 ARM 核来实现，主要处理一些参数设定，以及程序更新，故障数据录取，人机交互，测试等工作；②快速程序部分通过 DSP+FPGA 系统来实现，它主要负责控制算法部分，利于其较强的浮点以及定点计算能力，可以适应比较复杂的控制算法，过热、过流等保护算法也在 DSP 中完成；③超快速程序部分，通过 FPGA 来实现，它主要负责主控与子控制器间的高速通讯， PWM 同步控制以及模块间均衡控制等。

图 3-18 实验系统实物图

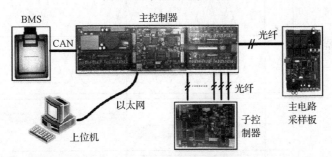

图 3-19 分布式控制系统架构

子控制器选用 DSP 与 FPGA 的硬件架构，其中 DSP 型号为 TMS320F28335，主要用于系统控制、保护及电压电流采样；FPGA 的型号为 Xilinx Spartan3A XC3S200A，一方面与主控制器进行高速通讯，另一方面则完成 PWM 发生及模块类型控制。每块子控制器一共有两对光纤收发器，其中一对与主控制器进行通讯，而另一对则预留备用。除此之外，整个系统中还需要一个采样板对主电路中的电压与电流进行采样，该采样板需要通过光纤与主控制板通讯。

3.4.2　实验研究

3.4.2.1　级联式储能 PCS 的运行与控制

如图 3-18 所示,在进行实验研究时级联式储能 PCS 在交流侧连接至三相交流电源,该电源能够通过分别控制各相电压来模拟电网电压的不平衡以及低电压故障等。同时, 所有的实验结果均由 NI 虚拟示波器进行采集与读取, 并在 matlab 中完成绘制。

图 3-20 给出了 PCS 的启动与充放电切换实验波形,包括电网电压、PCS 输入电流、PCS 输出电压、各相第一个电池模块的电压与电流以及 PCS 的输出功率。整个系统在 0.02s 时启动开始额定功率 40kW 放电,由输出功率可以看出 PCS 的启动非常迅速;同时, 在 0.12s 时指令由放电切换为充电,可以看到在 5ms 左右即可完成功率切换,响应非常迅速。同时, 电池模块的电流包含二次脉动,且由于电池内阻以及模块侧电容的等效串联电阻的原因,电池侧电压也存在波动。

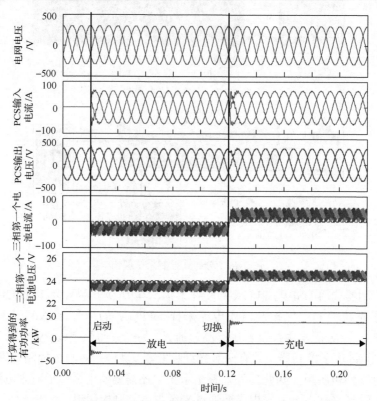

图 3-20　PCS 启动及充放电切换实验波形(额定功率 40kW)

图 3-21～3-23 分别给出了 SOC 均衡、电网电压不平衡以及模块故障时 PCS

的实验波形。在图 3-21 中，相间与相内均衡的系数均取 1，且三相 SOC 分别为 51%，42%，64%。在 SOC 相间均衡前，三相有功功率相同，均为放电 10kW；在 0.1s 时 SOC 相间均衡策略启动，开始注入零序电压，三相分别放电 10kW，7.2kW 与 12.8kW；而在 0.2s 时由放电切换为充电，三相分别充电 10kW，12.8kW 与 7.2kW。图 3-21 也给出了 A 相两个电池模块的平均功率，此时两个电池模块的 SOC 分别为 47%与 57%。与相间均衡相似，在 SOC 相内均衡前，两个电池模块的放电功率均为 500W；在 0.1s 时 SOC 相内均衡策略启动，则两个电池模块的放电功率分别为 440W 与 590W；在 0.2s 时由放电切换为充电，两个电池模块即变为 550W 与 400W。可以看出，所提出的策略能够通过改变各电池模块的充放电功率完成各电池模块 SOC 的均衡。

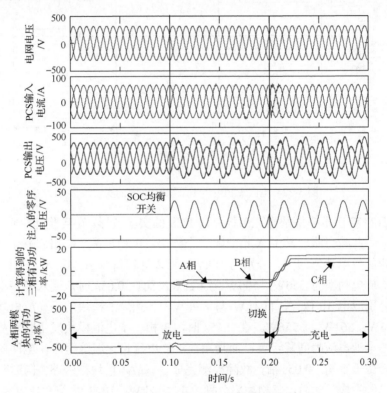

图 3-21　相内与相间 SOC 均衡实验波形

图 3-22 给出了电网电压不平衡时的实验波形。可以看出，功率控制策略能够较好地抑制负序电流，从而保证输出电流均衡。然而，此时整个 PCS 的有功功率中含有二次脉动。同时，在无零序电压注入时，不平衡的电网电压将导致 PCS 三相的输出功率不同；而零序电压注入后，PCS 输出电压趋于相同，即可保证 PCS 三相功率均等。

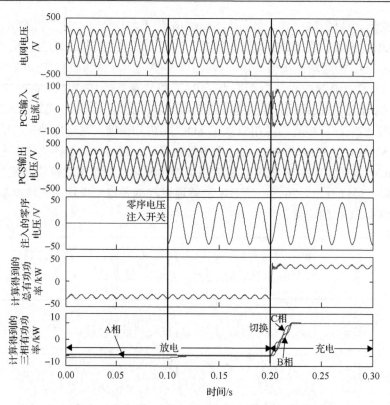

图 3-22 电网三相电压不平衡时 PCS 的实验波形

图 3-23 给出了模块故障冗余控制时 PCS 的实验波形。在实验开始时，已有模块发生故障并被旁路，其中 A 相故障 2 个模块，B 相正常，C 相故障 4 个模块。PCS 三相的放电功率相同，分别为 10kW，可以计算得到 A、B、C 三相中电池模块的平均放电功率为 556W，500W 与 625W；而在 0.05s 时，注入零序电压，三相功率分别放电 10.1kW，11.1kW 与 8.9kW，各相电池模块的平均放电功率为即变为 566W，561W 与 556W。在 0.15s 时，B 相一个电池模块发生断路故障，故障模块的电池电流瞬间降至零，而功率模块的电压也逐渐降至零，电网侧电流同时发生轻微不平衡。0.05s 后，故障检测完成，该故障模块被旁路，同时新的零序电压也已经生成。此后，三相功率分别放电 10.2kW，10.8kW 与 9.1kW，，各相电池模块的平均放电功率为即变为 566W，568W 与 569W。至此，可以看出，零序电压注入能够确保各电池模块的充放电功率基本相同。

图 3-21～3-23 三图表明级联式储能 PCS 在统一均衡控制策略下能够完成相间 *SOC* 均衡、电网电压不平衡与模块故障时的均衡控制，验证了统一均衡控制策略的有效性。

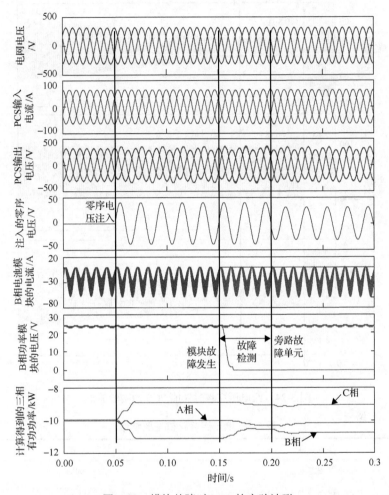

图 3-23　模块故障时 PCS 的实验波形

　　图 3-24 给出了 PCS 低电压穿越的实验波形。在 0.1s 时，电网电压由 1p.u. 突降至 0.2p.u.，并持续 0.2s，之后在 0.7s 内慢慢升至 0.7p.u.。整个过程中 PCS 的功率指令为充电 30kW，电网侧电流幅值为 64A；当电压突降时，为尽量确保输出功率，网侧电流增加至其限值 90A。可以看出，PCS 能够顺利穿越低电压故障。

3.4.2.2　基于零序和负序复合注入的相间均衡控制

　　在表 3-3 所示级联数为 10 的实验样机中验证基于零序和负序复合注入的相间均衡控制策略的有效性。

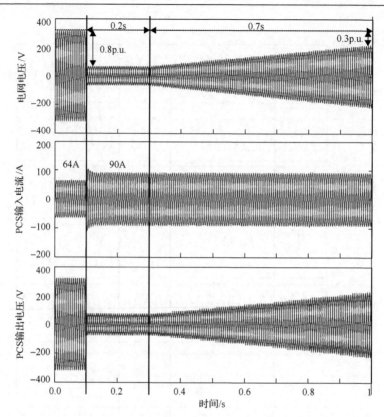

图 3-24　低电压穿越时储能 PCS 的实验波形

表 3-3　低压实验样机主要参数

参数名称	取值
电网额定电压	200V
额定功率	20kW
额定能量	7.2kWh
功率模块级联数	10
电池模块额定电压	24V
电池侧滤波电容	11mF
网侧滤波电感	1.2mH
开关频率	1kHz
相间 SOC 均衡系数 λ	5

　　为验证所提基于零序和负序复合注入的相间均衡控制策略的有效性，在初始时刻三相 SOC 分别为 57%，53%，67% 时启动储能装置，启动 0.15s 后启用所提均衡控制策略，开始时系统放电，0.35s 后将系统切换到充电状态。0.6s 后再切换

到放电状态，然后系统持续放电，6.5min 后再将系统切换到充电状态。在 13min 后装置停止运行。

图 3-25，3-26 分别为系统启动 0.35s 后，充放电状态切换前后链式 BESS 的三相输出电流及电压波形。此时由于相间 SOC 不均衡度 ΔSOC 较大，单独注入零序电压时，其幅值不能满足式(3-13)所示条件，零序电压注入法的均衡能力满足不了要求，因此需同时注入零序和负序电压。此时由于负序电流的引入导致系统输出电流不对称，同时由于零序电压的注入导致系统输出电压不对称。

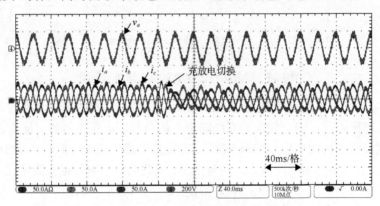

图 3-25 充放电状态切换前后输出三相电流波形

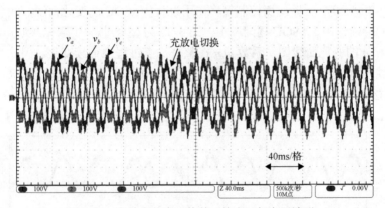

图 3-26 充放电状态切换前后输出三相电压波形

图 3-27 为引入基于零序和负序复合注入的相间均衡控制策略前后以及系统充放电状态切换前后三相间的功率分配，在未引入所提相间 SOC 均衡控制策略前三相的放电功率同为 3.33kW。引入所提相间 SOC 均衡控制策略后，三相放电功率分别变为 2.67kW，1.38kW，5.95kW；切换为充电状态后三相充电功率分别为 3.95kW，5.30kW，0.75kW。因此不论系统工作在何种状态，所提策略都能起到均衡作用，使三相 SOC 趋同，并不会改变系统总功率，只对三相间的功率分配

产生影响。

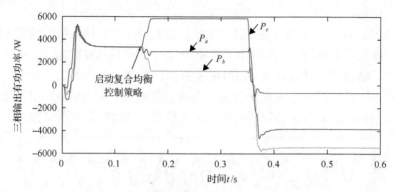

图 3-27　装置运行过程中系统三相功率分配

图 3-28 和图 3-29 为装置运行 6.5min 后，由放电切换为充电状态前后系统输出电流及电压波形。由图知此时系统输出电流对称，电压不对称。原因在于所提均衡控制策略的持续作用，相间 SOC 不均衡程度逐渐减小，此时各相 SOC 变为 43%，42%，47%，则此时需注入的与 SOC 相关的零序电压幅值满足式(3-13)所示条件，此时单独注入零序电压可以满足系统均衡要求，因此出于系统输出性能及电能质量的考虑，此时只需注入零序电压，不需注入负序电压。

图 3-30 为整个所提均衡控制策略作用过程中ΔSOC 的变化曲线，随着均衡控制策略的持续作用，ΔSOC 逐渐减小。图 3-31 为整个过程中零序、负序电压注入系数 m 和 n 的变化曲线图，系数 m,n 在整个均衡过程中连续变化，因此整个过程可平滑过渡，可避免对系统造成的扰动。由图 3-30 和图 3-31 可知在ΔSOC 较大时，需同时注入负序和零序电压，随着ΔSOC 逐渐变小，零序电压注入系数逐渐增大，直至为 1，负序电压注入系数逐渐减小，直至为 0，最后只有零序电压注入。

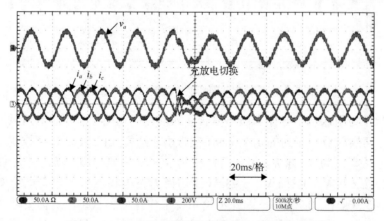

图 3-28　6.5 分钟充放电状态切换前后输出电流波形

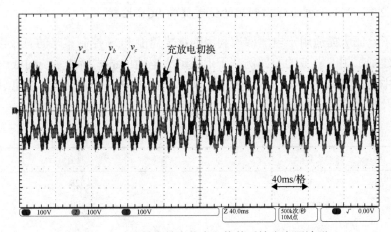

图 3-29　6.5 分钟充放电状态切换前后输出电压波形

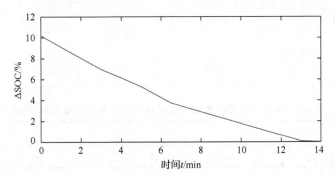

图 3-30　均衡过程 SOC 不均衡度ΔSOC 变化情况

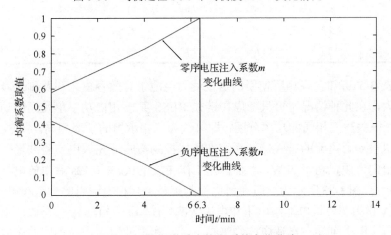

图 3-31　均衡过程中均衡系数变化曲线

3.4.2.3　适用于电池梯次利用的链式储能 PCS 控制

为了验证所提适用于电池梯次利用的链式储能 PCS 控制策略的有效性，在实验室搭建了每相四链节的小比例基于退役动力电池的链式储能系统的低压实验样机。其主要参数如表 3-4 所示。表 3-5 所示为样机中各相退役动力电池组初始有效容量及初始 SOC 信息。

表 3-4　低压实验样机主要参数

参数名称	取值
电网额定电压	92V
额定功率	5kW
每相功率模块级联数	4
电池模块额定电压	23V
电池侧滤波电容	11mF
网侧滤波电感	1.2mH
开关频率	1kHz

表 3-5　各相中退役动力电池组初始有效容量及初始 SOC 信息

编号	A 相 Q_a/Ah	A 相 SOC	B 相 Q_a/Ah	B 相 SOC	C 相 Q_a/Ah	C 相 SOC
1	8.0	82.5%	7.3	83.5%	6.9	83.0%
2	6.5	84.6%	7.6	81.2%	8.1	90.6%
3	7.4	83.8%	8.3	92.6%	7.5	81.3%
4	8.3	91.6%	7.1	83.8%	7.9	85.3%

从表 3-5 可知，各相所使用的退役动力电池组有效容量之和及剩余容量之和相差不大，在此种情况下可只考虑在链式 BESS 某一相内功率单元间的功率分配策略，无需关注三相间的功率分配，即可认为三相承担的功率相同。图 3-32 所示为基于退役动力电池的链式储能系统在所提控制策略下充放电实验波形，充放电功率均给定为额定功率 5kW，系统首先工作在放电状态，0.12s 后由放电状态切换为充电状态。图 3-33 所示为此时在所提控制策略下 A 相电池组的电压和电流波形，此处以 A 相为例分析电池组电压和电流情况，B，C 两相与 A 相类似，不再对其进行分析。图中可知在自适应控制策略下，A 相电池组工作在不同的充放电倍率下，放电时各电池组电流周期平均值为 $I_{ba1}=19.01A$，$I_{ba2}=15.95A$，$I_{ba3}=17.89A$，$I_{ba4}=21.43A$。充电时各电池组电流周期平均值分别为 $I_{ba1}=22.16A$，$I_{ba2}=15.83A$，

$I_{ba3} = 19.08\text{A}$，$I_{ba4} = 11.13\text{A}$。由此可知无论是在充电还是放电状态下，所提控制策略均能根据所用退役动力电池组特性分配其所承担功率。

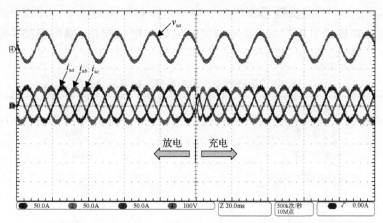

图 3-32　电池梯次利用链式储能 PCS 控制下系统充放电波形

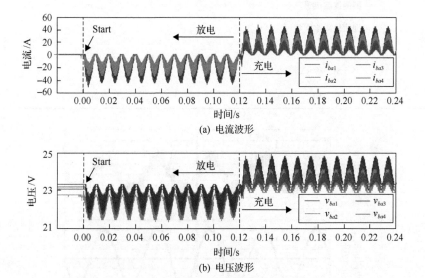

(a) 电流波形

(b) 电压波形

图 3-33　A 相电池组电流及电压波形

3.4.2.4　电池侧二次脉动抑制

为了验证双向 DC/DC 变换器对电池侧二次脉动功率的抑制效果，在表 3-6 所示的级联数为 3 的实验样机进行实验。该实验样机主要基于 IGBT，电池系为磷酸铁锂电池，每个电池模块由 3 个 48V/50Ah 的电池单元串联组成。其中，插入 DC/DC 变换器时电池模块的电压减半，DC/DC 变换器中的功率器件与全桥相同，开关频率为 15kHz，电池侧电感为 1.2mH。而根据直流电容容值和电容电压纹波的关系，取电压纹波幅值为总电压的 5%，即选择电容为 1.65mF。图 3-34 给出级联式 PCS 额定工作时的变换器侧电压、电网电压和电流的波形。可以看到此时变换器的输出电压为五电平波形，电网侧的电压与电流同相，整个 BESS 处于放电状态。

表 3-6   级联数为 3 的实验样机的主要参数

参数名称	取值
电网额定电压	380V
额定功率	30kW
每相功率模块级联数	3
电池模块额定电压	3×48V
功率模块直流侧电容	3300μF
网侧滤波电感	1.2mH
电池模块额定容量	50Ah
系统额定能量	64.8kW·h
开关频率	5kHz
控制周期	50μs

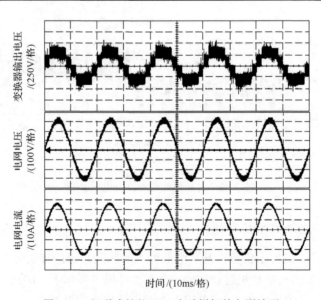

图 3-34   级联式储能 PCS 实验样机的主要波形

图 3-35 给出了插入双向 DC/DC 变换器前后级式变换器全桥侧的电容电压波形和电池电流波形。可以看出，在(a)中没有 DC/DC 变换器，故直流侧电容电压基本没有波动，而电池电流为 100Hz 的脉动，其直流分量为 10A，二次脉动电流的幅值也为 10A。在(b)中则是插入双向 DC/DC 变换器后，级联式变换器全桥的电容电压和电池侧电流的实验波形。其中电容电压的纹波幅值约为 10V。而由傅里叶分析可知，电池电流的直流分量为 22A，而二次脉动电流的幅值仅为 0.85A，从而验证了所提出的二次脉动电流的抑制策略的有效性。而由前后两波形的对比可知，双向 DC/DC 变换器可以通过中间直流母线来缓冲脉动功率，从而有效地抑制电池侧二次脉动电流。

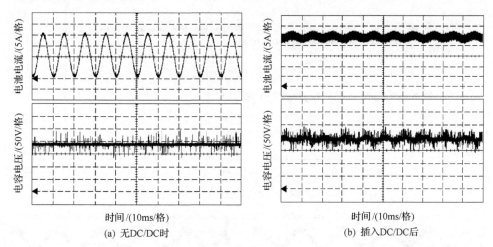

图 3-35　插入 DC/DC 变换器前后级联式储能 PCS 全桥直流侧电容电压及电池电流波形

3.4.2.5　共模电流抑制

为了验证 3.3 中共模电流分析及所提出的抑制方法，在表 3-6 所示的级联数为 3 的实验样机进行实验。其中，EMI 滤波器结构与图 3-15 相同，由于样机中单个电池模块容量小，直流电缆也较短，其寄生参数不显著，为此人为添加了等效电感与电容，如表 3-7 所示。图 3-36 给出了实验样机 A 相各模块直流侧的共模电流波形，同时也给出了 A 相电压波形。可以看到，当 B 或 C 相功率模块发生开关动作时，A 相各模块直流侧电缆的共模电流基本一样；而当 A 相功率模块发生开关动作时，则其中两个模块共模电流基本一样，与另外一个功率模块的共模电流不同。图 3-37 进一步验证了理论分析的正确性。

表 3-7　级联式储能系统的寄生参数

参数名称	符号	取值
直流电缆等效电感	L_g	20μH
直流电缆等效电容	C_g	1nF
共模电感	L_{cm}	2mH
共模电容	C_{cm}	1nF
共模电阻	R_{cm}	30Ω

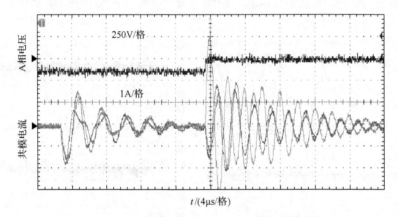

图 3-36　A 相输出电压以及各功率模块共模电流

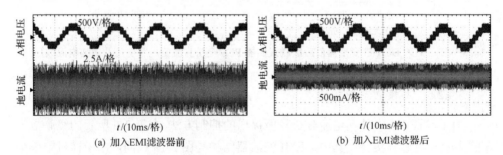

(a) 加入EMI滤波器前　　　　　　　　　　(b) 加入EMI滤波器后

图 3-37　加入 EMI 滤波器前后 A 相中性点的共模电流波形

图 3-37 给出了 EMI 滤波器加入前后的共模电流波形。加入 EMI 滤波器前，共模电流的峰值约为 5.6A 左右，谐振周期为 1.9μs 左右，时间常数约为 15μs，可知等效电阻 R_g 约为 3Ω。依据此对 EMI 滤波器的参数进行设计，加入 EMI 滤波器后的共模电流的峰值约为 500mA。图 3-38 给出了加入 EMI 滤波器前后的共模电流频谱。可以看出，加入 EMI 滤波器前共模电流的频率主要集中在 500kHz 左右，这与观测到的谐振周期相吻合。加入 EMI 滤波器之后，500kHz 附近的主要谐波已经没有，而在 50kHz 附近产生了一些谐波，这是由于增加的 EMI 滤波器与电路

中的寄生参数产生了新的谐振电流。对比加入 EMI 滤波器前后的共模电流频谱，可以明显看出，共模电流得到了抑制。

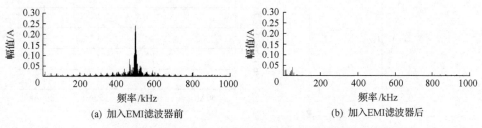

(a) 加入EMI滤波器前　　　　　　　　(b) 加入EMI滤波器后

图 3-38　加入 EMI 滤波器前后共模电流频谱

3.5　高压直挂链式储能的优化设计

3.5.1　电池模块容量及数量的确定

设电池模块的额定电压和容量分别为 E_{cnom} 和 Q_{cnom} ，W_{nom} 为 BESS 的额定能量，则所需电池模块的总数量为

$$n_{\text{c}} = \text{ceil}\left(\frac{W_{\text{nom}}}{E_{\text{cnom}} Q_{\text{cnom}}} \right) \tag{3-49}$$

式中，ceil 为向上取整函数。

设每个 H 桥功率模块下的电池单元由若干个电池模块串联组成，电池单元的电压波动范围为

$$\text{ceil}\left(\frac{n_{\text{c}}}{3N} \right) E_{\text{cnom}} (1 + \delta) \geqslant E_{\text{b}} \geqslant \text{ceil}\left(\frac{n_{\text{c}}}{3N} \right) E_{\text{cnom}} (1 - \delta) \tag{3-50}$$

式中，δ 为电池模块的电压波动系数。

由图 3-39 可知，PCS 输出电压的最大值为电网电压与电感压降之和，而 PCS 输出电压的大小取决于各功率模块电池单元的电压之和，当采用载波移相调制策略时，为保证 PCS 能正常工作，电池单元的电压需满足

$$E_{\text{b}} \geqslant \frac{V_{\text{max}}}{N} = \frac{(1 + \sigma)V_{\text{snom}} + \omega L_{\text{s}} I_{\text{nom}}}{N} \tag{3-51}$$

式中，V_{snom} 为电网额定相电压幅值；σ 为电网电压波动系数；I_{nom} 为网侧额定电流幅值；V_{max} 为 PCS 输出电压幅值。

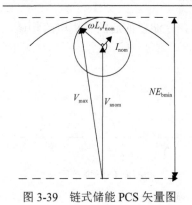

图 3-39　链式储能 PCS 矢量图

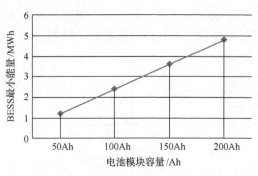

图 3-40　10kV 链式 BESS 的最小能量与
电池单体容量的关系

联立式 (3-50)、(3-51)，可知储能系统的能量与电池模块容量的关系：

$$
W_{\text{nom}} \geqslant \frac{Q_{\text{cnom}}\left[3(1+\sigma)V_{\text{snom}}+3\omega L_{\text{s}} I_{\text{nom}}\right]}{1-\delta} \Rightarrow
$$

$$
W_{\text{nom\_min}} = \frac{Q_{\text{cnom}}\left[3(1+\sigma)V_{\text{snom}}+3\omega L_{\text{s}} I_{\text{nom}}\right]}{1-\delta}
\tag{3-52}
$$

忽略网侧电感压降，在满足系统能量要求的前提下，电池单元只串联不并联时，电池模块容量的选取如式 (3-53) 所示：

$$
Q_{\text{cnom}} \geqslant \frac{W_{\text{nom\_min}}(1-\delta)}{3(1+\sigma)V_{\text{snom}}}
\tag{3-53}
$$

链式 BESS 接入 10kV 电网时，储能系统最小能量与电池模块容量的关系如图 3-40 所示。

3.5.2　H 桥功率模块数的优化设计

由于储能电池价格昂贵，PCS 功率模块数量多少对储能系统总成本的影响不大。因此本文从对储能系统效率和可靠性最优的角度确定 H 桥功率模块的数量。

3.5.2.1　效率评估

首先计算链式储能 PCS 的效率。设 PCS 采用载波移相调制策略，且每个功率模块使用单极倍频调制。则单个 H 桥功率模块的导通损耗 P_{con} 为

$$
\begin{aligned}
P_{\text{con}} = &\frac{1}{\pi}\int_0^\pi I_{\text{m}} \sin\omega t \begin{bmatrix} U_{\text{ce}}\left(I_{\text{m}}\sin\omega t\right) \\ +U_{\text{f}}\left(I_{\text{m}}\sin\omega t\right) \end{bmatrix} \mathrm{d}\omega t \\
&+\frac{1}{\pi}\int_0^\pi \frac{V_{\text{sm}} I_{\text{m}} \sin(\omega t-\varphi_{\text{vi}})\sin\omega t}{E} \begin{bmatrix} U_{\text{ce}}\left(I_{\text{m}}\sin\omega t\right) \\ -U_{\text{f}}\left(I_{\text{m}}\sin\omega t\right) \end{bmatrix} \mathrm{d}\omega t
\end{aligned}
\tag{3-54}
$$

式中，V_{sm} 为电网相电压幅值；I_m 为流过功率器件的电流幅值；φ_{vi} 为电压电流相位差；$U_f(I_m \sin \omega t)$ 与 $U_{ce}(I_m \sin \omega t)$ 为相应电流下二极管与开关管的压降，是电流的非线性函数，可以由芯片制造商提供的数据采用数值方法拟合得到。E 为 H 桥功率模块的直流母线电压。

对于单极倍频调制方法，每个开关周期内功率模块有四次状态切换，共产生两次开通损耗、两次关断损耗和两次二极管反向恢复损耗，则 H 桥功率模块的开关损耗 P_{sw} 为

$$P_{sw} = 2 \times \frac{\omega}{2\pi} \times \sum_{n=0}^{\frac{2\pi f_s}{\omega}} \left\{ \begin{array}{l} E_{on}\left[I_m \sin(n\omega T_s), E\right] + \\ E_{off}\left[I_m \sin(n\omega T_s), E\right] + \\ E_{rr}\left[I_m \sin(n\omega T_s), E\right] \end{array} \right\} \tag{3-55}$$

式中，E_{on}，E_{off} 为 IGBT 开通和关断损耗，E_{rr} 为二极管反向恢复损耗，这三个参数与流过器件的电流有关，可以从产品说明书中查到；f_s 为开关频率。

链式储能 PCS 的损耗为

$$P_{loss} = 3N(P_{con} + P_{sw}) \tag{3-56}$$

3.5.2.2　可靠性评估

设功率器件的故障率 λ_{semi} 为一常数，取 100FIT（$1FIT=1/10^9 h$）。则 H 桥功率模块的故障率为 $\lambda_{cell} = 4\lambda_{semi}$。含 N 个 H 桥功率单元的单相系统的可靠度为

$$R_s(t) = e^{-\lambda_{cell}nt} \tag{3-57}$$

则系统的平均无故障时间 MTTF 为

$$MTTF_s = \int_0^{+\infty} R_s(t)dt = \frac{1}{n\lambda_{cell}} \tag{3-58}$$

功率器件的可靠性取决于器件承受电压的等级和结温 T_J，基准的故障率单位 FIT 是在结温度为 100℃时得到的，在不同的节温下，故障率 FIT 需要按照比例因子 π_T 进行缩放。

$$\pi_T = e^{3480 \cdot \left(\frac{1}{373} - \frac{1}{T_J + 273}\right)} \tag{3-59}$$

大容量链式储能 PCS 的冗余设计一般为热备份。根据公式 (3-50) 和式 (3-51)，可以得到冗余模块数为

$$N_r = N - \text{ceil}\left(\frac{NE'_{b\min}}{E_{b\min}}\right) \tag{3-60}$$

设 i 为一相中的故障模块数，$0 \leqslant i \leqslant n-k$，其中 k 为使系统正常工作每一相中至少存在的正常工作的模块数，$k = N - N_r$。此时与温度相关的故障率 FIT 可以表述为

$$\lambda_i = \lambda_{\text{cell}} \pi_{T,i} \tag{3-61}$$

式中，$\pi_{T,i}$ 为温度相关系数

$$\pi_{T,i} = \mathrm{e}^{3480 \cdot \left(\frac{1}{373} - \frac{1}{T_{J,i}+273}\right)} \tag{3-62}$$

$$T_{J,i} = T_{J,\max} + \left(T_{J,\max} - T_A\right)\left(\frac{1}{n-i} - \frac{1}{k}\right) \tag{3-63}$$

式中，$T_{J,\max}$ 为允许的最大节温度；T_A 为环境温度。则计及冗余设计后，链式储能 PCS 的平均无故障时间为：

$$\text{MTTF}_s = \sum_{i=0}^{n-k} \frac{1}{(n-i)\lambda_{\text{cell}} \pi_{T,i}} \tag{3-64}$$

3.5.2.3　确定最优功率模块数的计算流程

式 (3-65) 为功率模块数与开关频率的关系，其中 F_{nom} 为模块数为 1 时的开关频率。

$$f_n = \frac{F_{\text{nom}}}{N^2} \tag{3-65}$$

确定最优功率模块数的计算流程如图 3-41 所示，首先设定系统参数，然后确定模块个数，并计算此时电池电压是否符合要求，即是否小于电池模块的最大额定电压 $E_{\max\_nom}$，如不符合要求则增加功率模块个数。其次根据电池模块的电压范围，确定相应的 IGBT 型号，在此基础上进行效率和可靠性的计算，最后进行综合评估，确定最优模块个数。

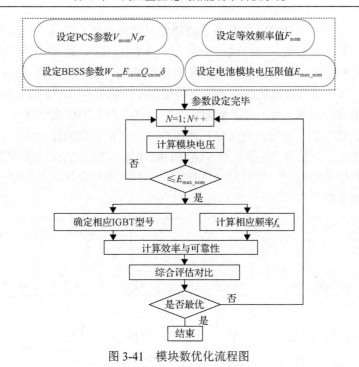

图 3-41 模块数优化流程图

3.6 具有储能功能的静止同步补偿器

静止同步补偿器(static synchronous compensator,STATCOM)是并联型无功补偿装置,既可用于输电网,也可用于配电网。其通过吸收或发出连续可调节的无功功率来稳定连接点处电压、增强系统电压稳定性、提高系统的负荷能力,或对系统关键节点的电压提供支撑以达到增强系统稳定极限的目的。采用链式拓扑结构的 STATCOM 由于等效开关频率高,可以设计更高的控制带宽使其兼具谐波补偿能力[30]。传统 STATCOM 仅具有无功交换能力,而不具有有功交换能力。为了达到更好的效果,有时需要 STATCOM 具备一定的与电网交换有功功率的能力,以达到抑制新能源发电功率脉动、削峰填谷、补偿电路阻性压降、阻尼系统的振荡、延长故障状态下电网的支撑时间等目的。本节将系统地研究在 STATCOM 中集成储能电池组的方法与控制策略,论证含储能的 STATCOM(STATCOM With Battery Energy Storage System, BS-STATCOM)的有功、无功运行区域,并验证其有效性。

3.6.1 BS-STATCOM 的拓扑结构及其演化过程

如图 3-42 所示,将链式 STATCOM 中每相靠近中点处的一个功率模块直流侧接入电池组，则 STATCOM 就具备了储能的可能性。进一步将三相功率模块用一个三相桥式变换器取代，即形成一个混合式链式变换器，这种拓扑结构曾用作电动汽车的电机驱动，其目的是提高系统的输出电压[34]。本文中将该拓扑用于无功功率补偿，即形成具有储能功能的无功补偿器，简称 BS-STATCOM。电池组位于最下部提供有功功率，而上部提供无功功率。BS-STATCOM 集成了无功补偿和储能功能，大幅简化了系统的复杂度；储能电池组可以直挂高压电网，且在电网常态下其对地电位接近 0。但是，与 STATCOM 相比，BS-STATCOM 存在有功与无功功率交互影响的问题，如何减少这种耦合，最大限度发挥无功补偿与储能的作用是问题的关键。

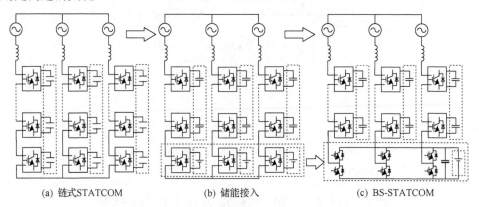

　　　(a) 链式STATCOM　　　　　　　(b) 储能接入　　　　　　　(c) BS-STATCOM

图 3-42　链式 STATCOM 到 BS-STATCOM 的演变过程

3.6.2　BS-STATCOM 的功率特性

图 3-43 给出了 BS-STATCOM 接入电网的等效电路与矢量图，其中 φ 为功率因数角，δ 为补偿器输出电压与电网电压的夹角，V_{s}，V_{com}，V_{ap}，V_{rp} 分别为电网电压有效值、变换器总输出电压有效值、储能变换器变换器输出电压有效值和链式电路部分输出电压有效值。则电网侧有功与无功功率的关系如式 (3-66) 所示：

$$
\left\{
\begin{aligned}
P &= \frac{V_{com}V_{s}\sin\delta}{\omega L_{s}} \\
Q &= \frac{V_{s}(V_{s}-V_{com}\cos\delta)}{\omega L_{s}}
\end{aligned}
\right.
\tag{3-66}
$$

由式 (3-66) 可得到有功功率与无功功率间的关系：

$$
P^{2}+\left(Q-\frac{V_{s}^{2}}{\omega L_{s}}\right)^{2}=\left(\frac{V_{com}V_{s}}{\omega L_{s}}\right)^{2}
\tag{3-67}
$$

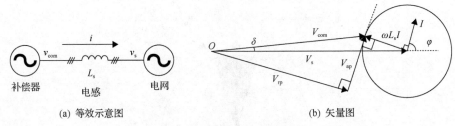

(a) 等效示意图　　　　　　　　　　　(b) 矢量图

图 3-43　补偿器运行矢量图

另外，功率器件的最大电流值也限制着补偿器的有功功率与无功功率输出：

$$P^2 + Q^2 = (3V_s I)^2 \leqslant (3V_s I_{max})^2 \tag{3-68}$$

由图 3-44(b) 可见，为了使有功功率最大化，需要令储能变换器的输出电压与电网电流同相或反相。则

$$\begin{cases} V_s \cos\varphi = V_{ap} \\ V_s \sin\varphi = V_{rp} + \omega L_s I \end{cases} \tag{3-69}$$

$$\begin{cases} P_{max} = 3V_s I \cos\varphi = 3V_{ap} I \\ \sqrt{P_{max}^2 + Q^2} = 3V_s I \end{cases} \tag{3-70}$$

可以推导出

$$|P_{max}| = \frac{Q V_{ap}}{\sqrt{V_s^2 - V_{ap}^2}} \tag{3-71}$$

另外 V_{ap} 与 V_{rp} 需要满足条件：

$$\max((V_{rp} \pm \omega L_s I)^2 + V_{ap}^2) \geqslant V_s^2 \tag{3-72}$$

式(3-71)给出了 BS-STATCOM 的最大有功功率与无功功率的关系，当储能变流器输出电压和电网电压确定后，P_{max} 与 Q 成正比，无功功率输出越大时，其有功功率的调节范围越大。图 3-44 给出了 BS-STATCOM 的功率特性。图 3-44 中阴影部分为 BS-STATCOM 的工作区域。满足该区间的运行条件，BS-STATCOM 的输出电压有效值 V_{com} 应该满足以下关系：

$$V_{rp} - V_{ap} \leqslant V_{com} \leqslant V_{rp} + V_{ap} \tag{3-73}$$

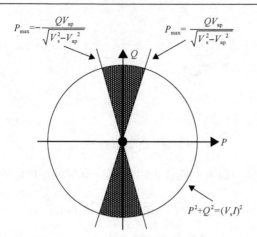

图 3-44　BS-STATCOM 的功率特性

　　给定系统无功功率后，则 BS-STATCOM 能够输出的最大有功范围即确定，在该最大有功功率范围内，可以灵活调节有功功率。

3.6.3　类 STATCOM 控制策略及其功率特性

　　对 BS-STATCOM 的控制，可以采用类似 STATCOM 的控制策略，如图 3-45 所示。主要有两部分组成，一是实现有功与无功功率的控制（包括电流解耦和电池充放功率控制），二是保持各功率模块的直流母线电压恒定。根据瞬时功率理论将给定有功功率 P_0 和无功功率 Q_0 转化为有功和无功电流参考值 i_{dref}，i_{qref}，然后进行电流解耦控制得到 BS-STATCOM 的调制信号 v_{ref}，BS-STATCOM 在 dq 轴上的

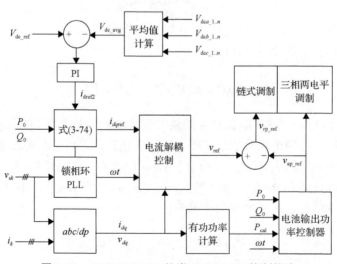

图 3-45　BS-STATCOM 的类 STATCOM 控制策略

电流参考值如式(3-74)所示，其中，i_{dref2} 是链式变换器部分直流侧平均电压控制的输出，用以补偿 BS-STATCOM 中级联部分的损耗。有功功率必须由三相两电平变换器提供。三相两电平输出电压的参考值可以给定为如式(3-74)所示，V_{ap_ref} 是三相两电平部分的参考电压有效值，由电池输出功率控制器确定。

$$\begin{cases} i_{dref} = P_0/v_d + i_{dref2} \\ i_{qref} = Q_0/v_d \end{cases} \tag{3-74}$$

$$v_{ap\_ref} = \begin{cases} \sqrt{2}V_{ap\_ref}\sin(\omega t + \varphi) \\ \sqrt{2}V_{ap\_ref}\sin(\omega t + \varphi - 2\pi/3) \\ \sqrt{2}V_{ap\_ref}\sin(\omega t + \varphi - 4\pi/3) \end{cases} \tag{3-75}$$

电池输出功率控制器详细的控制框图如图 3-46 所示，有功功率闭环以及前馈控制用于产生有功功率给定值，以修正有功功率实际计算值 P_{cal} 和给定值 P_0 之间的偏差。而这种有功偏差是由链式变换器平均电压控制所导致的。则此时由式(3-71)可得

$$V_{ap\_ref} = \sqrt{\frac{2}{3}} \frac{P_{ref2}v_d}{\sqrt{{P_{ref2}}^2 + {Q_0}^2}} \tag{3-76}$$

$$\varphi = \arctan 2\left(-\frac{Q_0}{P_{ref2}}\right) \tag{3-77}$$

三相两电平变换器的输出电压受限于电池组的直流电压以及相应的调制策略。若使用 SPWM 调制策略，则此时：

$$V_{ap\_max} = \frac{1}{2\sqrt{2}} V_{dc\_ap} \tag{3-78}$$

代入式(3-71)，可以得到 BS-STATCOM 的有功功率的范围：

$$|P| \leqslant \frac{|Q|}{\sqrt{\dfrac{8{V_s}^2}{{V_{dc\_ap}}^2} - 1}} \tag{3-79}$$

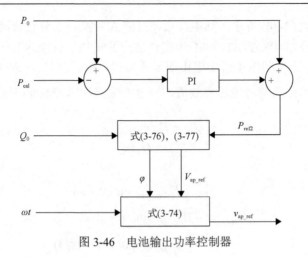

图 3-46　电池输出功率控制器

3.6.4　基于 bang bang 原理的新型控制策略

BS-STATCOM 的类 STATCOM 控制策略增加了一个电池输出功率控制器,平均电压控制与电池输出功率控制器相互耦合,另外,有功功率是通过参考电压的幅值来调节的,在超调后较难达到控制目的,限制了 BS-STATCOM 的有功功率范围。为此,本文提出一种基于 bangbang 原理的新型控制策略。

假设 BS-STATCOM 的有功功率指令在最大范围以内,则直接令电流控制器的参考值如式(3-80)所示:

$$\begin{cases} i_{dref} = P_0 / v_d \\ i_{qref} = Q_0 / v_d \end{cases} \tag{3-80}$$

则各全桥功率模块与三相两电平电池储能系统共同完成功率指令。对于有功功率部分,若全桥功率模块的平均电压低于给定值,则令三相两电平储能系统继续输出有功功率;相反地,若全桥功率模块的平均电压高于给定值,则令三相两电平储能系统吸收有功功率。为此,提出一种基于 bangbang 原理的新型控制策略,控制框图如图 3-47 所示,直接根据三相电流的方向来确定三相两电平变换器的开关信号,具体如下:

$$g_{ap} = \begin{cases} \mathrm{sgn}(i_a, i_b, i_c) \times 0.5 + 0.5, & V_{dc\_avg} > V_{dc\_ref} + \delta_{gap} \\ (0,0,0) & 其他 \\ \mathrm{sgn}(i_a, i_b, i_c) \times 0.5 + 0.5, & V_{dc\_avg} < V_{dc\_ref} - \delta_{gap} \end{cases} \tag{3-81}$$

式中,δ_{gap} 为常数,用于限制全桥功率模块平均电压的范围,同时也可以调节三相两电平变换器的开关频率。

　　与类 STATCOM 的控制策略相比,新型控制策略省去了电池输出功率控制器,也大大减化了平均电压控制,可以直接完成三相两电平变换器的调制。由于有功功率输出仅由电流环控制,控制动态特性更好。

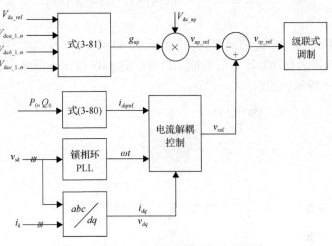

图 3-47　基于 bangbang 原理的控制策略

　　当有功功率输出较小时,三相两电平变换器的输出类似 PWM 波;而当有功功率输出接近极限时,三相两电平变换器的输出电压将近似为方波。电池系统的直流侧电流可以表达为

$$i_{\text{battery}} = g_{\text{ap}} \cdot (i_a, i_b, i_c)^{\text{T}} \tag{3-82}$$

将式(3-81)代入式(3-82)可得

$$i_{\text{battery}\_\max} = \frac{|i_a| + |i_b| + |i_c|}{2} \tag{3-83}$$

则取其周期平均值可得

$$\bar{i}_{\text{battery}\_\max} = \frac{3}{\pi} I_{\text{m}} \tag{3-84}$$

　　结合电流幅值与有功无功的关系,在新型控制策略下,BS-STATCOM 的输出有功功率的范围为

$$|P| \leqslant \frac{|Q|}{\sqrt{\dfrac{\pi^2 V_{\text{s}}^2}{2V_{\text{dc}\_\text{ap}}^2} - 1}} \tag{3-85}$$

　　在一般情况下,电网电压远大于电池模块电压,式(3-79)与式(3-85)中分母项的前项远大于 1,故均可简化为

$$
\begin{cases}
|P| \leqslant \dfrac{\sqrt{2}}{\pi} \dfrac{V_{\text{dc\_ap}}}{V_s} |Q| & \text{(基于bangbang的新型控制策略)} \\[3mm]
|P| \leqslant \dfrac{1}{2\sqrt{2}} \dfrac{V_{\text{dc\_ap}}}{V_s} |Q| & \text{(类STATCOM控制策略)}
\end{cases}
\tag{3-86}
$$

显然，基于 bangbang 的新型控制策略比类 STATCOM 控制策略的有功功率范围大，前者的最大有功功率是后者的 1.27 倍。图 3-48 给出了两种控制策略下有功功率范围的比较示意图。

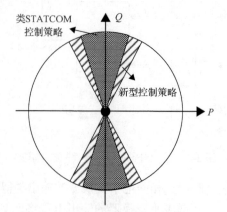

图 3-48　不同控制策略下的功率特性比较

3.6.5　仿真分析

BS-STATCOM 的参数如表 3-8 所示，可以计算出类 STATCOM 的控制策略下有功功率的范围为 $|P| \leqslant 0.068|Q|$，而基于 bangbang 原理的新型控制策略下有功功率的范围为 $|P| \leqslant 0.086|Q|$。因而，当整个系统的额定无功功率定为 2Mvar 时，两种控制策略下有功功率的最大值可根据式 (3-86) 计算出，分别为 136kW 和 172kW。在 Matlab/Simulink 中搭建表 3-8 参数的 BS-STATCOM 系统，针对两种控制策略进行仿真对比分析。

表 3-8　BS-STATCOM 的主要参数

参数	取值
电网额定电压	10kV
额定无功功率	2Mvar
全桥功率模块级联数	12
全桥功率模块电压给定值	1100V
电池系统额定电压	1100V
开关频率	1kHz
网侧电感	8mH

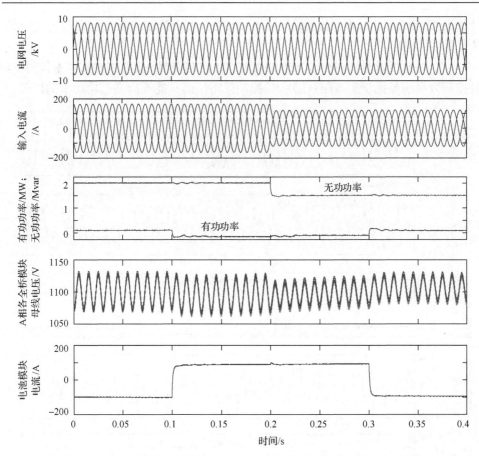

图 3-49　类 STATCOM 控制策略下 BS-STATCOM 的输出功率及子模块直流母线电压波形

　　图 3-49 给出了类 STATCOM 控制策略下 BS-STATCOM 的仿真波形。BS-STATCOM 的无功功率和有功功率指令分别给定为 2Mvar 和 150kW，可以看到实际输出的无功功率达到了 2Mvar，然而有功功率则仅约 130kW 左右，与类 STATCOM 控制策略下的极限功率 136kW 接近。0.1s 时有功功率指令由 150kW 变为–150kW，0.2s 时无功功率指令由 2Mvar 变为 1.5Mvar，此时有功功率极限根据式 (3-86) 可以计算出为 101kW，从仿真结果得到此时系统的有功功率为 100kW 左右，与理论分析相符。同时可以看到在类 STATCOM 控制策略下功率突变时响应较慢，且具有较大的稳态误差，控制效果较差。

　　图 3-50 给出了新型控制策略下 BS-STATCOM 的仿真波形，功率指令与图 3-49相同。可以看出，新型控制策略下 BS-STATCOM 的功率控制效果要好很多，功率突变时响应迅速，且无稳态误差。在 0.2s 前，电网侧无功功率为 2Mvar，由式 (3-85)计算可得，电池储能系统能够输出的最大有功功率极限为 172kW，有功功率能够达到 150kW；而在 0.2s 后，无功功率变为 1.5Mvar，此时的有功功率极限根据式 (3-86)

计算为 128.6kW。此时根据仿真结果可得系统的有功功率为 130kW 左右，与式(3-85)所计算结果相符。

　　以上对比可以看出，相比于类 STATCOM 控制策略，新型控制策略不仅简单，且控制效果明显优于类 STATCOM 的控制策略，而且能够提高有功功率的极限。

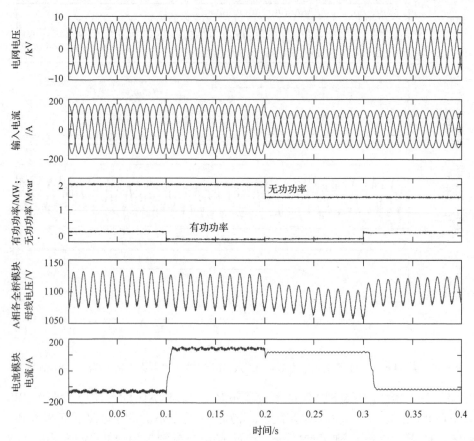

图 3-50　新型控制策略下 BS-STATCOM 的输出功率及全桥模块母线电压波形

3.7　工程示范应用

3.7.1　2MW/2MWh/10kV 系统设计

　　由于钛酸锂电池具有高倍率、长寿命等特点，示范工程选取钛酸锂电池作为储能载体。单体电池参数为 2.3V/50Ah，由 21 节电池单体串联组成电池模块，标称电压为 48.3V，电池模块电压的波动范围为 39.9～56.7V。

首先依据公式 (3-49) 计算出共需要 828 个电池模块，每相 276 个。由式 (3-52) 可知，若使用 48V/50Ah 的电池模块，接入 10kV 电网，取 10kV 电网电压波动系数为 7%[35]，则储能系统的能量需要大于 1.2MWh，此时才能满足系统电压需求，显然 2MWh 的储能系统满足该要求。根据图 3-42 所示的流程，计算不同模块数下链式储能 PCS 的效率与 MTTF，计算结果如表 3-9 所示。其中，F_{nom} 取 200kHz，E_{max_nom} 取 1000V，L_s 取 8mH，即电感压降为 0.05p.u.。

表 3-9 给出了各模块数下链式储能 PCS 的电池模块最大电压、总能量、最大效率、冗余链节数、MTTF 以及相应的 IGBT 型号。链式储能 PCS 模块数越少则电池模块电压越高，而电池模块额定电压最大值限定在 1kV，因此表 3-9 中模块数最小为 14。随着模块数的增加，电池模块电压减小，冗余模块数增加，PCS 的效率先增后减，在模块数为 20 时达到最大。而 MTTF 与模块数及冗余模块数均相关，在冗余模块数相同时，模块数越多，MTTF 越小。当模块数大于 20 时，电池模块最大电压小于 800V，可选用性价比高、通态损耗小的 1200V 的 IGBT，降低成本，提高效率。综合考虑，链式储能 PCS 的模块数取 20。

表 3-9　不同模块数量配置下的储能 PCS 性能比较

N	N_r	直流电压/V	总能量/p.u.	IGBT 型号	最大效率	MTTF/10^5h
14	2	1134	1.01	1700V	98.75%	0.568
16	3	1020	1.04	1700V	98.83%	0.704
18	4	907	1.04	1700V	98.86%	0.800
20	4	793	1.01	1200V	98.86%	0.708
22	4	737	1.04	1200V	98.88%	0.635
24	5	680	1.04	1200V	98.83%	0.710

3.7.2　2MW/2MWh/10kV 系统示范应用

2014 年 9 月直挂 10kV 电网的 2MW/2MWh 链式储能系统在深圳市宝清储能站投入试运行，其主要参数如表 3-10 所示，图 3-51 为示范工程用链式储能 PCS 在不同充放电功率下的效率曲线，可见效率均在 98% 以上。经测试整个 BESS 的循环效率大于 90%。图 3-52 (a)～(d) 为链式储能 PCS 的电网侧电流波形，可以看出无论是启动过程，还是充放电过程，以及无功切换过程，链式储能 PCS 的功率响应时间均小于 2.5ms。图 3-53 为链式储能 PCS 中相内与相间均衡的效果示意图，可以看出电池模块 SOC 的均衡策略非常有效。

表 3-10　2MW/2MWh 示范系统主要参数

项目	参数
拓扑结构	3 相×20 链节
48V 电池模块容量	50Ah
直流侧额定电压	672 V
直流侧电压范围	559 ～794 V
每个链节电池模块数	14 个
电池单元总数量	60 个
标准电池模块数量	840 个(14×60)
单个链节电池组最低功率	33.6kW
单个链节电池组最低容量	33.6kWh
电池堆最低容量	2.016MWh

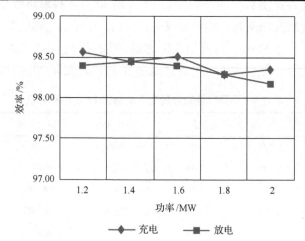

图 3-51　链式储能 PCS 的充放电效率

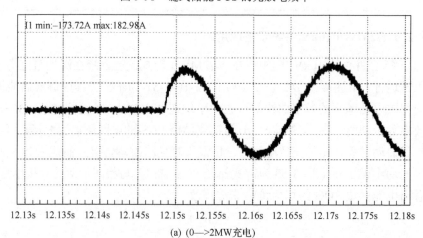

(a) (0—>2MW充电)

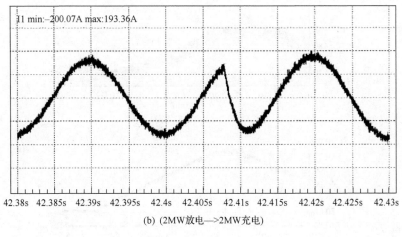

(b) (2MW放电—>2MW充电)

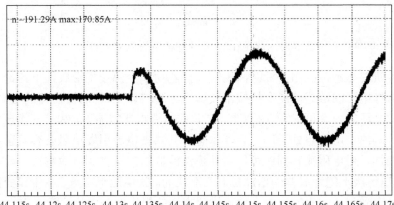

(c) (0—>-2Mvar无功)

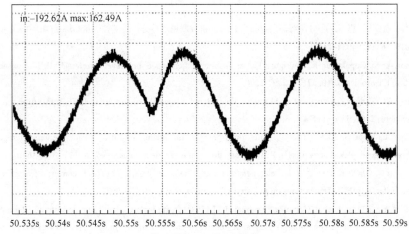

(d) (-2Mvar—>2Mvar无功)

图 3-52　链式储能 PCS 网侧电流波形

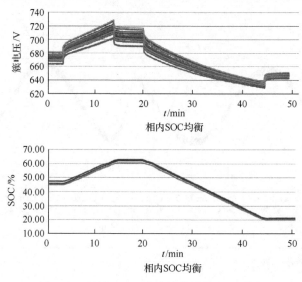

图 3-53　链式 BESS 中电池模块的 SOC 均衡

　　实验研究与示范应用,针对高压链式储能功率变换技术形成如下结论:①无变压器直挂电网的链式储能变换技术效率可达 98% 以上,与有变压器的方案相比,一个充放循环的效率可提升 3% 以上,高效率的特点非常显著。②该变换技术由于无变压器隔离,电池组处于高压悬浮状态,其共模电流引发电磁兼容问题并使绝缘成本增加,对电磁兼容问题可以用共模滤波器的方法得到有效解决,而在 6～10kV 电压等级上绝缘成本的增加是非常有限的。③电池组容量、电压和变换器链接数的确定受到多因素的影响,优化设计方法的提出对技术推广意义重大。

参 考 文 献

[1] 李建林, 徐少华, 惠东. 百 MW 级储能电站用 PCS 多机并联稳定性分析及其控制策略综述[J]. 中国电机工程学报, 2016, 36(15): 4034-4046.

[2] Malinowski M, Gopakumar K, Rodriguez J, et al. A survey on cascaded multilevel inverters[J]. IEEE Transactions on Industrial Electronics, 2010, 57(7): 2197-2206.

[3] Tolbert L M, Peng F Z, Habetler T G. Multilevel converters for large electric drives[J]. IEEE Transactions on Industry Applications, 2002, 35(1): 36-44.

[4] Maharjan L, Inoue S, Akagi H, et al. State-of-charge(SOC)-balancing control of a battery energy storage system based on a cascade PWM converter[J]. IEEE Transactions onPower Electronics, 2009, 24(6): 1628-1636.

[5] Kawakami N, Ota S, Kon H, et al. Development of a 500kW modular multilevel cascade converter for battery energy storage systems[J].IEEE Transactions on Industry Applications, 2014, 50(6): 3902-3910.

[6] Mao S M, Chen Q, Li R,et al. Control of a cascaded STATCOM with battery energy storage system under unbalanced and distorted grid voltage conditions[J]. Journal of Renewable and Sustainable Energy, 2017, 9(4): 044104, 1-15.

[7] 毛苏闽, 蔡旭. 大容量链式电池储能功率调节系统控制策略[J]. 电网技术, 2012, 36(9): 226-231.

[8] Chen Q, Li R, Cai X. Analysis and fault control of hybrid modular multilevel converter with integrated battery energy storage system[J]. Journal of Emerging and Selected Topics in Power Electronics, 2017, 5(1): 64-78.

[9] 陈强, 李睿, 高宁, 等. 链式储能系统共模电流的分析及抑制[J]. 电工技术学报, 2016, 31(14): 104-111.

[10] 陈强, 李睿, 蔡旭. 链式储能系统电池侧二次脉动功率的抑制方法[J]. 电工技术学报, 2015, 30(8): 231-237.

[11] Chen Q, Gao N, Li R, et al. A unified control scheme of battery energy storage system based on cascaded H-bridge converter[C]. 2014 IEEE Energy Conversion Congress and Exposition(ECCE). IEEE, 2014.

[12] Hatano N, Ise T. A configuration and control method of cascade H-bridge STATCOM[C]. Power and Energy Society General Meeting-Conversion and Delivery of Electrical Energy in the 21st Century, 2008: 1-8.

[13] Hatano N, Ise T. Control scheme of cascaded H-bridge STATCOM using zero-sequence voltage and negative-sequence current[J]. IEEE Transactions onPower Delivery, 2010, 25(2): 543-550.

[14] 李睿. 电池储能功率转换系统关键技术研究[D]. 上海: 上海交通大学, 2012.

[15] Angulo M, Lezana P, Kouro S, et al. Level-shifted PWM for Cascaded Multilevel Inverters with Even Power Distribution[C]. Power Electronics Specialists Conference, 2007: 2373-2378.

[16] Hua C C, Wu C W, Chuang C W. A novel dc voltage charge balance control for cascaded inverters[J]. Power Electronics, IET, 2009, 2(2): 147-155.

[17] Neyshabouri Y, Iman-Eini H, Farhangi S. Control of a transformer-less cascaded H-bridge based STATCOM using low-frequency selective harmonic elimination technique[C]. Environment and Electrical Engineering(EEEIC), 2013; 495-500.

[18] Kouro S, Bin W, Moya A, et al. Control of a cascaded H-bridge multilevel converter for grid connection of photovoltaic systems[C]. Industrial Electronics, 2009: 3976-3982.

[19] Sun Y C, Zhao J F, Ji Z D, et al. An improved DC capacitor voltage balancing strategy for PWM cascaded H-bridge converter-based STATCOM[C]. Power Electronics and Drive Systems(PEDS), 2013:1245-1250.

[20] Barrena J A, Marroyo L, Vidal M A R, et al. Individual voltage balancing strategy for PWM cascaded H-bridge converter-based STATCOM[J]. IEEE Transactions onIndustrial Electronics, 2008, 55(1): 21-29.

[21] Brando G, Dannier A, Del Pizzo A, et al. Quick identification technique of fault conditions in cascaded H-Bridge multilevel converters[C]. Electrical Machines and Power Electronics, 2007: 491-497.

[22] Shahbazi M, Zolghadri M R, Poure P, et al. Fast short circuit power switch fault detection in cascaded H-bridge multilevel converter[C]. Power and Energy Society General Meeting(PES), 2013: 1-5.

[23] Khomfoi S, Tolbert L M. Fault detection and reconfiguration technique for cascaded H-bridge 11-level inverter drives operating under faulty condition[C]. Power Electronics and Drive Systems, 2007: 1035-1042.

[24] Lezana P, Aguilera R, Rodríguez J. Fault detection on multicell converter based on output voltage frequency analysis[J]. IEEE Transactions onIndustrial Electronics, 2009, 56(6): 2275-2283.

[25] Maharjan L, Yamagishi T, Akagi H. Active-power control of individual converter cells for a battery energy storage system based on a multilevel cascade PWM converter[J]. IEEE Transactions on Power Electronics, 2012, 27(3): 1099-1107.

[26] 胡家兵, 贺益康, 王宏胜. 不平衡电网电压下双馈感应发电机网侧和转子侧变换器的协同控制[J]. 中国电机工程学报, 2010, 30(9): 97-104.

[27] 赵波, 郭剑波, 周飞. 链式 STATCOM 相间直流电压平衡控制策略[J]. 中国电机工程学报, 2012, 32(34):36-41.

[28] 王志冰, 于坤山, 周孝信. H 桥级多电平变流器的直流母线电压平衡控制策略[J]. 中国电机工程学报, 2012, 32(6): 56-63.

[29] 季振东, 赵剑锋, 孙毅超, 等. 零序和负序电压注入的级联型并网逆变器直流侧电压平衡控制[J]. 中国电机工程学报, 2013, 33 (21) : 9-17.

[30] 史晏君. 级联多电平 STATCOM/BESS 的关键控制技术研究[D]. 武汉: 华中科技大学, 2012.

[31] Mukherjee N, Strickland D. Modular ESS with second life batteries operating in grid independent mode[C]. 2012 3rd IEEE International Symposium on Power Electronics for Distributed Generation Systems, 2012: 653-660.

[32] 金一丁, 宋强, 刘文华. 基于公共直流母线的链式可拓展电池储能系统及控制[J]. 电力系统自动化, 2010, (15) : 66-70.

[33] 金一丁, 宋强, 刘文华. 大容量链式电池储能系统及其充放电均衡控制[J]. 电力自动化设备, 2011, 31 (3) : 6-11.

[34] Zhong D, Ozpineci B, Tolbert L M, et al. Inductorless DC-AC cascaded h-bridge multilevel boost inverter for elec-tric/hybrid electric vehicle applications[A]. Industry Applications Conference, 2007: 603-608.

[35] 国家质量监督检验检疫总局, 国家标准化管理委员会. GB/T12325. 电能质量供电电压允许偏差[S]. 2008.

第 4 章 高压直挂 MMC 储能功率转换系统

基于模块化多电平变换器 MMC 的电池储能 PCS 具有与链式储能 PCS 相同的模块化、高效率优点[1,2]。两个 H 桥链式储能 PCS 并联的拓扑结构即是一个全桥型 MMC 储能 PCS 的拓扑，但 MMC 结构的储能 PCS 控制更加复杂，由于在 MMC 每一相内都存在上、下两个桥臂，除了需要进行相间 SOC 均衡外，还需要上下桥臂间的均衡；另外，MMC 具有公共直流母线，也为 MMC 在电池储能方面的应用带来了更多的可能性。伴随着电网对 GM 级储能系统的需求，呼唤更高容量的储能 PCS 出现。基于 MMC 的储能 PCS 可以解决更高电压、更大容量的储能功率转换与并网问题，大规模可再生能源直流并网的需求也将推动具有有功支撑能力的储能型 MMC 换流器诞生。本章将深入探讨基于 MMC 的储能 PCS 相关问题。

4.1 基于 MMC 的电池储能系统

4.1.1 MMC 的基本控制策略

MMC 变换器每个桥臂的输出电压由 N 个子模块输出电压叠加得到，以半桥子模块为例，则 k 相上、下桥臂子模块的输出电压为

$$\begin{cases} v_{\mathrm{p}k} = \sum_{j=1}^{N} d_{\mathrm{p}kj} e_{\mathrm{p}kj} \\ v_{\mathrm{n}k} = \sum_{j=1}^{N} d_{\mathrm{n}kj} e_{\mathrm{n}kj} \end{cases} \quad (k=a,b,c) \tag{4-1}$$

式中，$d_{\mathrm{p}kj}$ 与 $d_{\mathrm{n}kj}$ 分别是 k 相上、下桥臂中第 j 个功率模块的开关占空比，而 $e_{\mathrm{p}kj}$ 与 $e_{\mathrm{n}kj}$ 则为 k 相上、下桥臂中第 j 个功率模块的直流母线电压。

由基尔霍夫电压定律(KVL)可以得到 MMC 的网侧电压电流关系如式(4-2)所示：

$$\begin{cases} v_{po'} = v_{\mathrm{p}k} + L_{\mathrm{arm}} \dfrac{\mathrm{d}i_{\mathrm{p}k}}{\mathrm{d}t} - L_{\mathrm{s}} \dfrac{\mathrm{d}i_k}{\mathrm{d}t} + v_{\mathrm{s}k} \\ v_{no'} = -v_{\mathrm{n}k} - L_{\mathrm{arm}} \dfrac{\mathrm{d}i_{\mathrm{n}k}}{\mathrm{d}t} - L_{\mathrm{s}} \dfrac{\mathrm{d}i_k}{\mathrm{d}t} + v_{\mathrm{s}k} \end{cases} \quad (k=a,b,c) \tag{4-2}$$

式中，i_{pk} 与 i_{nk} 是 k 相的上、下桥臂电流，i_k 是 k 相网侧电流，所有电流的方向与图 1-1 所示的方向相同。

同样，由基尔霍夫电流定律(KCL)可以得到各电流分量的关系如式(4-3)所示：

$$\begin{cases} i_{dc} = \sum_{k=a,b,c} i_{pk} = \sum_{k=a,b,c} i_{nk} \\ i_k = -i_{pk} + i_{nk}, \qquad (k=a,b,c) \\ \sum_{k=a,b,c} i_k = 0 \end{cases} \tag{4-3}$$

式中，i_{dc} 为 MMC 总直流母线侧电流。为了简化 MMC 中各变量间的关系，定义一些中间变量：

$$\begin{cases} i_{diffk} = \dfrac{i_{pk} + i_{nk}}{2} \\ v_{dck} = v_{pk} + v_{nk} \\ v_k = -\dfrac{v_{pk} - v_{nk}}{2} \\ v_{oo'} = \dfrac{v_{po'} + v_{no'}}{2} \end{cases} \qquad (k=a,b,c) \tag{4-4}$$

式中，i_{diffk} 为 k 相的差分电流，如图 4-1 中所示。v_{dck} 为 k 相上、下桥臂子模块输出电压之和，v_k 为 k 相上、下桥臂等效交流输出电压，而 $v_{oo'}$ 则为 MMC 直流侧虚拟中点与电网中性点间的电压。

由式(4-2)～(4-4)可以得到 MMC 交、直流侧的动态方程：

$$\begin{cases} v_{oo'} = v_{sk} - v_k - \left(\dfrac{L_{arm}}{2} + L_s \right) \dfrac{di_k}{dt} \\ 2L_{arm} \dfrac{di_{diffk}}{dt} = v_{dc} - v_{dck} \end{cases} \qquad (k=a,b,c) \tag{4-5}$$

可见，MMC 可等效为一个三相两电平变换器以及三个 DC/DC 变换器，如图 4-2 所示。考虑在三相平衡的条件下，$v_{oo'}$ 的基频分量为零，并定义 $v_{diffk} = (v_{dc} - v_{dck})/2$ 为差分电压，$L_{ac} = (L_{arm}/2 + L_s)$ 为交流等效电感，式(4-5)写为

$$\begin{cases} v_k = -L_{ac} \dfrac{di_k}{dt} + v_{sk} \\ v_{diffk} = L_{arm} \dfrac{di_{diffk}}{dt} \end{cases} \qquad (k=a,b,c) \tag{4-6}$$

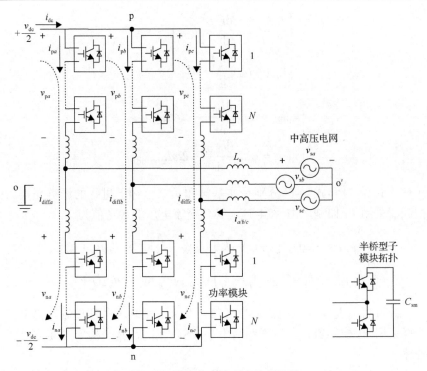

图 4-1　模块化多电平变换器拓扑

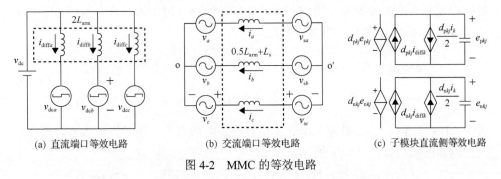

(a) 直流端口等效电路　　　(b) 交流端口等效电路　　　(c) 子模块直流侧等效电路

图 4-2　MMC 的等效电路

从形式上来看，交流侧电流由 v_k 控制，桥臂上的电流由 v_{diffk} 控制。因此，交流侧的功率控制与传统并网变换器相同，通过功率外环和电流内环控制输出等效交流电压的参考值 v_{k_ref}。桥臂上的差分电流包含有效分量(直流、基频)和二倍频分量，需要控制差分电流的有效分量，同时抑制二倍频的分量，输出差分电压的参考值 v_{diffk_ref}。

MMC 的三相交流量控制在同步坐标系实现。设交流系统的角频率为 ω，对式(4-6)进行派克变换，MMC 交流侧电流和差分电流的二倍频分量在 dq 轴下的表示分别为

$$\begin{cases} v_d = -L_{\mathrm{ac}}\dfrac{\mathrm{d}i_d}{\mathrm{d}t} + \omega L_{\mathrm{ac}}i_q + v_{sd} \\[2mm] v_q = -L_{\mathrm{ac}}\dfrac{\mathrm{d}i_q}{\mathrm{d}t} - \omega L_{\mathrm{ac}}i_d + v_{sq} \end{cases} \tag{4-7}$$

$$\begin{cases} v_{\mathrm{diff}d} = L_{\mathrm{arm}}\dfrac{\mathrm{d}i_{\mathrm{diff}d}}{\mathrm{d}t} + 2\omega L_{\mathrm{arm}}i_{\mathrm{diff}q} \\[2mm] v_{\mathrm{diff}q} = L_{\mathrm{arm}}\dfrac{\mathrm{d}i_{\mathrm{diff}q}}{\mathrm{d}t} - 2\omega L_{\mathrm{arm}}i_{\mathrm{diff}d} \end{cases} \tag{4-8}$$

注意，式(4-7)和式(4-8)分别是在基频和负二倍频下进行的派克变换。内环电流控制器采用 PI 控制，由式(4-7)，等效交流电压的参考值为

$$\begin{cases} v_{d\_\mathrm{ref}} = -k_{\mathrm{p}}(i_{d\_\mathrm{ref}} - i_d) - k_{\mathrm{i}}\displaystyle\int (i_{d\_\mathrm{ref}} - i_d)\mathrm{d}t + \omega L_{\mathrm{ac}}i_q + v_{sd} \\[2mm] v_{q\_\mathrm{ref}} = -k_{\mathrm{p}}(i_{q\_\mathrm{ref}} - i_q) - k_{\mathrm{i}}\displaystyle\int (i_{q\_\mathrm{ref}} - i_q)\mathrm{d}t - \omega L_{\mathrm{ac}}i_d + v_{sq} \end{cases} \tag{4-9}$$

式中，i_{d_ref} 和 i_{q_ref} 是交流侧电流的参考值，其大小由功率外环控制器输出。功率外环同样采用 PI 控制器，其原理和两电平 VSC 相同，其结构如图 4-3(a)所示，不再赘述。

对于每一相桥臂的差分电流，都采用一个 PI 控制器控制其有效分量。同时，对三相差分电流的控制需要增加一个环流抑制回路，用来抑制其二倍频分量。由式(4-8)，二倍频差分电压的参考值为

$$\begin{cases} v_{\mathrm{diff}d\_\mathrm{ref}} = k_{\mathrm{p}}(i_{\mathrm{diff}d\_\mathrm{ref}} - i_{\mathrm{diff}d}) + k_{\mathrm{i}}\displaystyle\int (i_{\mathrm{diff}d\_\mathrm{ref}} - i_{\mathrm{diff}d})\mathrm{d}t + 2\omega L_{\mathrm{arm}}i_{\mathrm{diff}d} \\[2mm] v_{\mathrm{diff}q\_\mathrm{ref}} = k_{\mathrm{p}}(i_{\mathrm{diff}q\_\mathrm{ref}} - i_{\mathrm{diff}q}) + k_{\mathrm{i}}\displaystyle\int (i_{\mathrm{diff}q\_\mathrm{ref}} - i_{\mathrm{diff}q})\mathrm{d}t - 2\omega L_{\mathrm{arm}}i_{\mathrm{diff}q} \end{cases} \tag{4-10}$$

式中，$i_{\mathrm{diff}d\_\mathrm{ref}}$ 和 $i_{\mathrm{diff}q\_\mathrm{ref}}$ 是差分电流二倍频分量的参考值，通常设置为零。差分电流控制器的结构如图 4-3(b)所示。

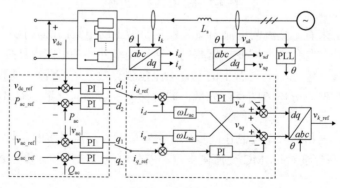

(a) 交流侧控制器框图

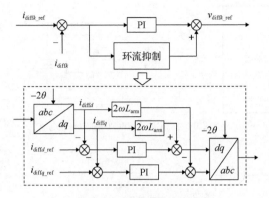

(b) 差分电流控制与环流抑制框图

图 4-3　MMC 的控制器结构

最后，MMC 各桥臂的参考电压值可由式(4-11)得到

$$
\begin{cases}
v_{pk\_ref} = \dfrac{v_{dc}}{2} - v_{diffk\_ref} - v_{k\_ref} \\
v_{nk\_ref} = \dfrac{v_{dc}}{2} - v_{diffk\_ref} + v_{k\_ref}
\end{cases}
\quad (k=a,b,c) \qquad (4\text{-}11)
$$

4.1.2　基于 MMC 的储能 PCS

如图 4-4 所示，MMC 作为储能 PCS 主要有三种形式，前两种形式中 MMC 作为纯粹的 PCS，仅电池放置的位置不同，因此这两种形式均称为 MMC 型储能 PCS[3]；而在第三种形式中，MMC 主要用于直流电网与交流电网的换流，同时，在功率子模块上分散布置一些电池单元，使得 MMC 柔直换流器具备一定的能量缓冲作用，因此称其为储能型 MMC 换流器。

图 4-4(a) 中，电池集中放置在 MMC 的直流侧[4]，此时子模块的类型决定了电池系统的电压。当子模块为半桥型子模块时，MMC 的直流侧电压与交流电网电压对应，电压等级基本相当，必须使用高压电池系统；而当子模块为全桥型子模块时，MMC 直流侧电压可以在 0 到额定电压之间调节，允许低电压的电池系统接入，但此时 MMC 的工作效率非常低[5]。目前，由于这种应用的优点尚未体现出来，基于 MMC 直流侧集中接入电池的储能系统尚无应用案例，且在此场景下 MMC 的控制方法与 MMC 柔性直流换流器的控制方法基本相同，因此本章对种应用不作进一步的讨论。

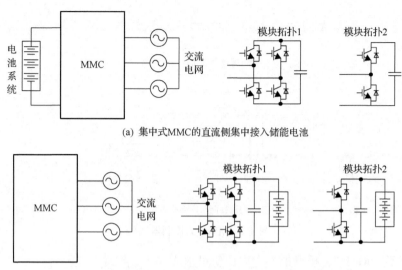

(a) 集中式MMC的直流侧集中接入储能电池

(b) 分散式MMC子模块的直流侧分散接入储能电池

(c) 具有有功功率支撑能力的储能型MMC换流器

图 4-4 三种基于 MMC 的储能系统形式

图 4-4(b)中,电池单元分散配置在 MMC 各子模块的直流母线上,而 MMC 的直流侧空载,详细接线方式如图 4-5 所示。以下简称基于 MMC 的电池储能 PCS 为 MMC-PCS,其子模块拓扑可以是半桥也可以是全桥。采用全桥型子模块时,MMC-PCS 会更灵活,需要的子模块数量可以少些,但成本较高;采用半桥型子模块,MMC 的直流侧电压高,可通过直流环流来实现 MMC-PCS 的相间均衡控制。

此场景下,MMC 作为纯 PCS,基本等效于两台链式储能 PCS 的并联运行。与链式储能 PCS 相比,在交流电网侧的功率控制策略完全相同,而在电池模块的 SOC 均衡控制方面则稍复杂。除了原有的相间 SOC 均衡与相内 SOC 均衡外,相内的上、下桥臂间也需要均衡控制,该均衡控制等效于两个并联的链式储能 PCS 之间的 SOC 均衡,方法上可以利用基频电流注入完成相应的均衡控制。

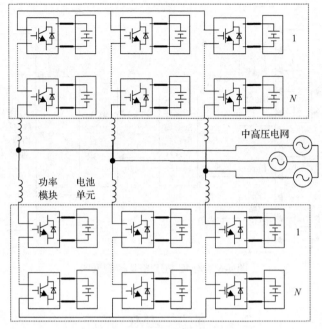

图 4-5　MMC 型储能 PCS

假设三相注入的基频电流为

$$i_{\text{diff}k1} = I_{\text{diff1}} \cos(\omega t + \varphi_{sk}) \tag{4-12}$$

式中，I_{diff1} 为基频分量的幅值；φ_{sk} 为电网电压相位。显然通过调节 $I_{\text{diff}k1}$ 即可完成上、下两部分的 SOC 均衡，则

$$I_{\text{diff1}} = \frac{\chi(\text{SOC}_p - \text{SOC}_n)}{V_{sa} + V_{sb} + V_{sc}} \tag{4-13}$$

式中，χ 为上、下两部分的 SOC 均衡比例系数；V_{sk} 为各相电网电压幅值，且 SOC_p 与 SOC_n 为上下两部分的 SOC。

图 4-6 为 MMC-PCS 的整体控制框图。值得注意的是，上、下两个链式储能 PCS 的交流侧功率控制的输入与输出完全相同，可以在实际计算时共用。可见 MMC-PCS 完全可以分解为两个链式储能 PCS 进行控制，因此本章不再赘述。

图 4-4(c) 中，MMC 的主要功能仍然是作为柔性直流输电的换流站经行交、直流换流，同时在功率子模块上布置一些储能单元，达到能量缓冲作用。本章将重点研讨这种储能型 MMC 换流器的运行与控制问题。

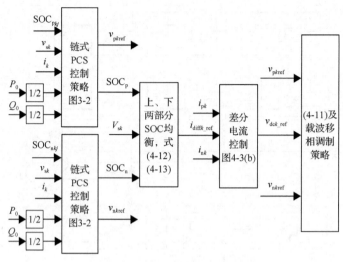

图 4-6　MMC-PCS 整体控制框图

4.2　储能型 MMC 换流器

在保持 MMC 交直流功率变换功能的基础上，将电池系统分散布置于 MMC 的各子模块上，从而使得 MMC 具有交流电网、直流电网及电池系统之间功率交换的功能。这种集成方式无需附加功率变换装置，即可将储能系统集成于各种 MMC 换流器中，如直流输电换流器、MMC 中压电机驱动器等，具有较为广阔的应用前景。与分散式 MMC 型 PCS 相比，储能型 MMC 换流器的工况与控制更为复杂。

4.2.1　运行工况分析

储能型 MMC 换流器如图 4-7 所示，每个功率模块均为半桥拓扑。与传统 MMC 的原理一致，为了保证整个系统的正常运行，每个桥臂上的功率子模块数 N 需要满足：

$$NE_{\min} \geqslant \frac{V_{\mathrm{dc}}}{2} + V_{\mathrm{sm}} \tag{4-14}$$

式中，$E_{\min}$ 为电池模块电压的最小值。需要注意的是，式 (4-14) 中忽略了电网侧的电感压降。

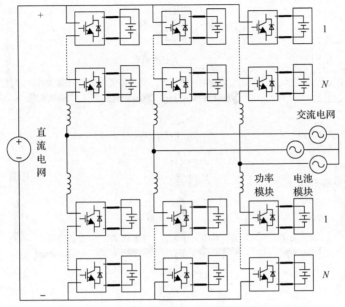

图 4-7　储能型 MMC 换流器

　　集成储能系统后，MMC 柔直换流器的交流侧与直流侧有功功率即被解耦。图 4-8 给出了其等效示意图，此时的 MMC 是一个三端口变换器。各功率流之间的关系为：

$$P_{\mathrm{BESS}} = P_{\mathrm{dc}} + P_{\mathrm{ac}} \tag{4-15}$$

式中，MMC 直流电网侧功率仅与各相差分电流的直流分量有关。储能型 MMC 换流器的工况如图 4-9 所示。其中，图 (a) 以交流功率和直流功率为纵横坐标，给出了储能型 MMC 换流器的功率运行范围；图 (b) ～ (h) 依据电池的工作状态，给出了储能型 MMC 换流器的不同运行模式及对应的运行工况。

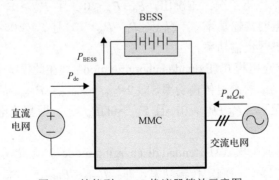

图 4-8　储能型 MMC 换流器等效示意图

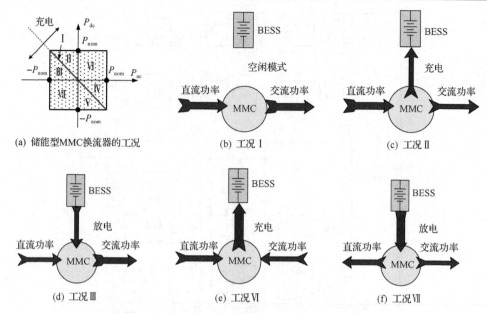

(a) 储能型MMC换流器的工况　　(b) 工况Ⅰ　　(c) 工况Ⅱ

(d) 工况Ⅲ　　　　　　　(e) 工况Ⅵ　　　　　　　(f) 工况Ⅶ

图 4-9　储能型 MMC 换流器的运行工况示意图

1) BESS 空闲模式 (IDLE)，即工况Ⅰ，此时 $P_{dc}+P_{ac}=0$，与传统 MMC 换流器的运行状态一致，只有交流电网与直流电网间交换功率。

2) BESS 正常充电模式 (Normal charging mode)，在此模式下 BESS 充电，且充电功率不超过 MMC 的额定传输功率，即 $0<P_{BESS}<P_{nom}$，故称之为正常充电模式。主要包括以下工况：工况Ⅱ，$P_{dc}+P_{ac}>0$，且 $P_{dc}>0>P_{ac}$，即直流电网向交流电网和 BESS 传输功率；工况Ⅳ，$P_{dc}+P_{ac}>0$，且 $P_{ac}>0>P_{dc}$，即交流电网向直流电网和 BESS 传输功率。

3) BESS 正常放电模式 (Normal discharging mode)，在此模式下 BESS 放电，且放电功率不超过 MMC 的额定传输功率，即 $-P_{nom}<P_{BESS}<0$，故称之为正常放电模式。主要包括以下工况：工况Ⅲ，$P_{dc}+P_{ac}<0$，且 $P_{dc}>0>P_{ac}$，即直流电网和 BESS 向交流电网传输功率；工况Ⅴ，$P_{dc}+P_{ac}<0$，且 $P_{ac}>0>P_{dc}$，即交流电网和 BESS 向直流电网传输功率。

4) BESS 扩展充电模式 (Extended charging mode)，在此模式下 BESS 充电，且充电功率超过 MMC 的额定传输功率，即 $2P_{nom}>P_{BESS}>P_{nom}$，故称之为扩展充电模式。主要即工况Ⅵ，$P_{dc}+P_{ac}>0$，且 $P_{dc}>0\cap P_{ac}>0$，即直流电网与交流电网同时对 BESS 充电。

5) BESS 扩展放电模式 (Extended discharging mode)，在此模式下 BESS 放电，且放电功率超过 MMC 的额定传输功率，即 $-2P_{nom}<P_{BESS}<-P_{nom}$，故称之为扩展放电模式。主要即工况Ⅶ，$P_{dc}+P_{ac}<0$，且 $P_{dc}<0\cap P_{ac}<0$，即 BESS 同时对直流

电网与交流电网放电。

　　为了更好地展示储能型 MMC 换流器中正常充放电模式与扩展充放电模式间的区别，图 4-10 给出了不同工况下 A 相上桥臂的电压电流波形。对比图 4-10(a)与(c)可以看出，桥臂电流中交流分量或直流分量仅仅改变其中之一的方向即可从正常充放电模式转至扩展充放电模式。也就意味着，扩展充放电模式并不改变 MMC 中 IGBT 等功率器件所承受的电流应力，但此时 BESS 的充放电功率加倍，直接影响着电池模块以及相关保护元件的设计。

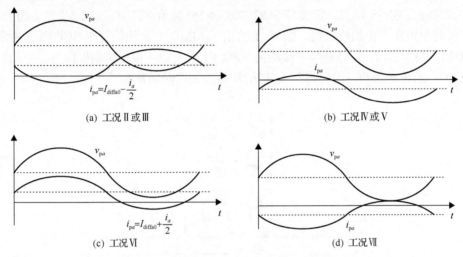

(a) 工况 Ⅱ 或 Ⅲ　　　　　　　　　　　　(b) 工况 Ⅳ 或 Ⅴ

(c) 工况 Ⅵ　　　　　　　　　　　　(d) 工况 Ⅶ

图 4-10　不同工况下 A 相上桥臂电压电流波形

4.2.2　适应多工况的 SOC 均衡策略

　　在储能型 MMC 换流器中，交、直流电网与电池模块间均可两两进行功率交换，类似于一个三端口变换器。如此复杂的工况，对 MMC 的控制策略提出了更高的要求，尤其是各电池模块间的 SOC 均衡策略。在 MMC PCS 中所示的三级 SOC 控制策略，均是通过交流功率进行均衡的。因此，一旦当电池模块仅与直流电网进行功率交换时，MMC 的桥臂电流中只存在直流分量，此时传统的相间与模块间 SOC 均衡的方法便失去了其作用。为了满足储能型 MMC 换流器在各种工况下的正常工作，提出了基于交、直流功率的 SOC 均衡策略，并在此基础上给出了整个系统的控制策略。

　　为保证储能型 MMC 换流器的正常运行，需要保证各电池模块 SOC 间的均衡。由于包含三相六桥臂，MMC 的 SOC 均衡策略有三级，分别为相间、上桥臂与下桥臂间以及模块间均衡。

$$\begin{cases} \mathrm{SOC}_{\mathrm{p}k} = \dfrac{\sum \mathrm{SOC}_{\mathrm{p}kj}}{N_{\mathrm{p}k}}, \mathrm{SOC}_{\mathrm{n}j} = \dfrac{\sum \mathrm{SOC}_{\mathrm{n}kj}}{N_{\mathrm{n}k}} \\[3mm] \mathrm{SOC}_k = \dfrac{\mathrm{SOC}_{\mathrm{p}k} + \mathrm{SOC}_{\mathrm{n}k}}{2} \qquad (k=a,b,c; j=1,\cdots,N) \\[3mm] \mathrm{SOC}_{\mathrm{BESS}} = \dfrac{\mathrm{SOC}_a + \mathrm{SOC}_b + \mathrm{SOC}_c}{3} \end{cases} \tag{4-16}$$

与链式 BESS 相似，定义各 SOC 如式(4-16)所示，其中 $N_{\mathrm{p}k}$ 与 $N_{\mathrm{n}k}$ 是 k 相上、下桥臂中正常工作的模块数。图 4-11 给出了 MMC 中 k 相的三级 SOC 均衡控制策略，其中 λ, χ, γ 分别为三级均衡策略的比例系数。根据控制框图可以直接写出 SOC 的传递函数，进而得到 SOC 的均衡控制的时间常数

$$\begin{cases} T_{\mathrm{ph}} = \dfrac{W_{\mathrm{nom}}}{\lambda P_{\mathrm{nom}}} \\[3mm] T_{\mathrm{arm}} = \dfrac{W_{\mathrm{nom}}}{\chi P_{\mathrm{nom}}} \\[3mm] T_{\mathrm{sm}} = \dfrac{W_{\mathrm{nom}}}{\gamma P_{\mathrm{nom}}} \end{cases} \tag{4-17}$$

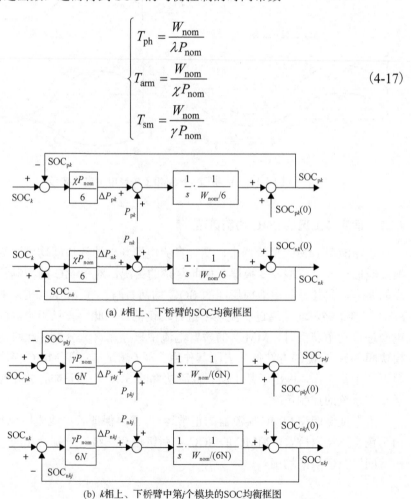

(a) k相上、下桥臂的SOC均衡框图

(b) k相上、下桥臂中第j个模块的SOC均衡框图

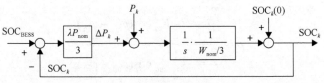

(c) k相SOC均衡框图

图 4-11　储能型 MMC 换流器 k 相 SOC 均衡控制框图

一般情况下，SOC 的均衡时间可以估算为 3 倍时间常数。然而，为了保证 MMC 的正常运行，均衡系数需要加以限制。

下面分别基于交流功率侧与直流侧功率的控制给出三级均衡控制的实现方法。

4.2.2.1　相间 SOC 均衡

1) 基于交流功率

零序电压注入是传统的相间 SOC 均衡方法，该方法的本质即通过交流功率实现。此时，三相功率重新分配为

$$P_{\text{ac}k} = \frac{P_{\text{ac\_ref}}}{3} - \Delta P_{\text{ac}k} = \frac{P_{\text{ac\_ref}}}{3} - \lambda(\text{SOC}_{\text{BESS}} - \text{SOC}_k) \quad (k=a,b,c) \qquad (4\text{-}18)$$

设零序电压

$$v_0 = V_0 \cos(\omega t + \varphi_0) \qquad (4\text{-}19)$$

从而，在零序电压注入后，三相的有功功率为

$$\frac{1}{2}V_0 I_k \cos(\varphi_0 - \varphi_{ik}) + \frac{1}{2}V_{sk} I_k \cos(\varphi_{sk} - \varphi_{ik}) = P_{\text{ac}k} \qquad (4\text{-}20)$$

式中，V_0 与 φ_0 为零序电压的幅值与相位，而 V_{sk} 与 I_k 分别为相电压与电流的幅值，φ_{sk} 与 φ_{ik} 则为相电压与电流的相角。由式 (4-20) 求解即可得到需要的零序电压相位与幅值：

$$\begin{cases} \varphi_0 = \arctan\left[-\dfrac{\cos(\varphi_{ia}) - \rho \cos(\varphi_{ib})}{\sin(\varphi_{ia}) - \rho \sin(\varphi_{ib})} \right] \\[4mm] V_0 = \dfrac{2P_{\text{ac}\_a} - V_{sa} I_a \cos(\varphi_{sa} - \varphi_{ia})}{I_a \cos(\varphi_0 - \varphi_{ia})} \end{cases} \qquad (4\text{-}21)$$

其中 ρ 为

$$\rho = \frac{\dfrac{P_{\mathrm{ac}\_a}}{I_a} - \dfrac{1}{2}V_{sa}\cos(\varphi_{sa} - \varphi_{ia})}{\dfrac{P_{\mathrm{ac}\_b}}{I_b} - \dfrac{1}{2}V_{sb}\cos(\varphi_{sb} - \varphi_{ib})} \tag{4-22}$$

2）基于直流功率

由于直流电网电压的存在，直流功率均衡即可通过差分电流的直流分量来实现。在保证直流电网功率不变的情况下，各相直流功率重新分配为

$$P_{\mathrm{dc}k} = \frac{P_{\mathrm{dc\_ref}}}{3} + \Delta P_{\mathrm{dc}k} = \frac{P_{\mathrm{dc\_ref}}}{3} + \lambda(\mathrm{SOC}_{\mathrm{BESS}} - \mathrm{SOC}_k) \quad (k=a,b,c) \tag{4-23}$$

此时，差分电流的直流分量即可确定

$$I_{\mathrm{diff}k0} = \frac{P_{\mathrm{dc}k}}{V_{\mathrm{dc}}} \quad (k=a,b,c) \tag{4-24}$$

在图 4-3（b）所示的差分电流控制策略下，直流功率均衡即可完成。

4.2.2.2　上、下桥臂间 SOC 均衡

1）基于交流功率

传统 MMC 中，基频电流分量用于均衡上下桥臂间的功率，同样在储能换流器中即可用于均衡上下桥臂间的 SOC。为了尽可能地利用注入的基频电流，令其相位与电网相电压的相位相同，因而有

$$i_{\mathrm{diff}k1} = I_{\mathrm{diff}k1}\cos(\omega t + \varphi_{sk}) \quad (k=a,b,c) \tag{4-25}$$

式中，$I_{\mathrm{diff}k1}$ 为基频分量的幅值。于是，上下桥臂间的功率变化为

$$\begin{cases} \Delta P_{\mathrm{p}k} = \chi(\mathrm{SOC}_k - \mathrm{SOC}_{\mathrm{p}k}) = -I_{\mathrm{diff}k1}\left[V_{sk} + V_0\cos(\varphi_0 - \varphi_{sk})\right] \\ \Delta P_{\mathrm{n}k} = \chi(\mathrm{SOC}_k - \mathrm{SOC}_{\mathrm{n}k}) = I_{\mathrm{diff}k1}\left[V_{sk} + V_0\cos(\varphi_0 - \varphi_{sk})\right] \end{cases} \quad (k=a,b,c) \tag{4-26}$$

即可求得差分电流基频分量的幅值

$$I_{\mathrm{diff}k1} = -\frac{\chi(\mathrm{SOC}_{\mathrm{n}k} - \mathrm{SOC}_{\mathrm{p}k})}{2\left[V_{sk} + V_0\cos(\varphi_0 - \varphi_{sk})\right]} \quad (k=a,b,c) \tag{4-27}$$

然而，仅由式（4-27）（3-22）计算而来的三相基频电流之和并非一定为零，从而将会导致直流电网的电流中含有基频分量。为了消除该基频分量，差分电流基频分量将重新按照式（4-28）计算：

$$
\begin{bmatrix} i_{\mathrm{diff}a1} \\ i_{\mathrm{diff}b1} \\ i_{\mathrm{diff}c1} \end{bmatrix} = \begin{bmatrix} \cos(\omega t + \varphi_{sa}) & \dfrac{\cos(\varphi_{sb} - \varphi_{sc})}{\sin(\varphi_{sc} - \varphi_{sa})}\sin(\omega t + \varphi_{sa}) & \dfrac{\cos(\varphi_{sc} - \varphi_{sb})}{\sin(\varphi_{sb} - \varphi_{sa})}\sin(\omega t + \varphi_{sa}) \\[12pt] \dfrac{\cos(\varphi_{sa} - \varphi_{sc})}{\sin(\varphi_{sc} - \varphi_{sb})}\sin(\omega t + \varphi_{sb}) & \cos(\omega t + \varphi_{sb}) & \dfrac{\cos(\varphi_{sc} - \varphi_{sa})}{\sin(\varphi_{sa} - \varphi_{sb})}\sin(\omega t + \varphi_{sb}) \\[12pt] \dfrac{\cos(\varphi_{sa} - \varphi_{sb})}{\sin(\varphi_{sb} - \varphi_{sc})}\sin(\omega t + \varphi_{sc}) & \dfrac{\cos(\varphi_{sb} - \varphi_{sa})}{\sin(\varphi_{sa} - \varphi_{sc})}\sin(\omega t + \varphi_{sc}) & \cos(\omega t + \varphi_{sc}) \end{bmatrix} \begin{bmatrix} I_{\mathrm{diff}a1} \\ I_{\mathrm{diff}b1} \\ I_{\mathrm{diff}c1} \end{bmatrix}
$$

$$(4\text{-}28)$$

当电网三相对称时，上式即变为

$$
\begin{bmatrix} i_{\mathrm{diff}a1} \\ i_{\mathrm{diff}b1} \\ i_{\mathrm{diff}c1} \end{bmatrix} = \begin{bmatrix} \cos(\omega t + \varphi_{sa}) & -\dfrac{1}{\sqrt{3}}\sin(\omega t + \varphi_{sa}) & \dfrac{1}{\sqrt{3}}\sin(\omega t + \varphi_{sa}) \\[12pt] \dfrac{1}{\sqrt{3}}\sin(\omega t + \varphi_{sb}) & \cos(\omega t + \varphi_{sb}) & -\dfrac{1}{\sqrt{3}}\sin(\omega t + \varphi_{sb}) \\[12pt] -\dfrac{1}{\sqrt{3}}\sin(\omega t + \varphi_{sc}) & \dfrac{1}{\sqrt{3}}\sin(\omega t + \varphi_{sc}) & \cos(\omega t + \varphi_{sc}) \end{bmatrix} \begin{bmatrix} I_{\mathrm{diff}a1} \\ I_{\mathrm{diff}b1} \\ I_{\mathrm{diff}c1} \end{bmatrix} \quad (4\text{-}29)
$$

2) 基于直流功率

为了均衡上下桥臂间功率，除了上述的差分电流交流分量外，上下桥臂的直流电压分量重新分配也可以用于桥臂间 SOC 的均衡。假设直流电压分量变化为 Δv_{dck}，则上下桥臂功率变化即为

$$
\begin{cases} \Delta P_{\mathrm{p}k} = \chi(\mathrm{SOC}_k - \mathrm{SOC}_{\mathrm{p}k}) = \Delta v_{\mathrm{dc}k} I_{\mathrm{diff}k0} \\ \Delta P_{\mathrm{n}k} = \chi(\mathrm{SOC}_k - \mathrm{SOC}_{\mathrm{n}k}) = -\Delta v_{\mathrm{dc}k1} I_{\mathrm{diff}k0} \end{cases} \quad (k = a, b, c) \qquad (4\text{-}30)
$$

解之即得

$$
\Delta v_{\mathrm{dc}k} = \frac{\chi(\mathrm{SOC}_{\mathrm{n}k} - \mathrm{SOC}_{\mathrm{p}k})}{2 I_{\mathrm{diff}k0}} \qquad (4\text{-}31)
$$

然而，可以看出，由式(4-31)所得到的各相直流电压分量并不一定相同，从而导致交流侧存在直流电流分量。因此，在储能型 MMC 换流器正常运行时，该直流功率均衡方式不能使用。

4.2.2.3　桥臂内各模块间 SOC 均衡

1) 基于交流功率

考虑因上下桥臂间 SOC 均衡时注入的基频电流，上、下桥臂的电流可表达为

$$\begin{cases} i_{pk} = I_{\mathrm{diff}k0} + I_{\mathrm{diff}k1}\cos(\omega t + \varphi_{sk}) + \dfrac{I_k}{2}\cos(\omega t + \varphi_{ik}) \\ i_{nk} = I_{\mathrm{diff}k0} + I_{\mathrm{diff}k1}\cos(\omega t + \varphi_{sk}) - \dfrac{I_k}{2}\cos(\omega t + \varphi_{ik}) \end{cases} \tag{4-32}$$

从而可以推导出桥臂电流中基频分量的幅值与相位为

$$\begin{cases} I_{\mathrm{acp}k} = \sqrt{I_{\mathrm{diff}k1}^2 + \dfrac{I_k^2}{4} + I_{\mathrm{diff}k1}I_k\cos(\varphi_{sk} - \varphi_{ik})} \\ I_{\mathrm{acn}k} = \sqrt{I_{\mathrm{diff}k1}^2 + \dfrac{I_k^2}{4} - I_{\mathrm{diff}k1}I_k\cos(\varphi_{sk} - \varphi_{ik})} \\ \varphi_{ipk} = \arctan\dfrac{I_{\mathrm{diff}k1}\sin\varphi_{sk} + I_k/2\sin\varphi_{ik}}{I_{\mathrm{diff}k1}\cos\varphi_{sk} + I_k/2\cos\varphi_{ik}} \\ \varphi_{ink} = \arctan\dfrac{I_{\mathrm{diff}k1}\sin\varphi_{sk} - I_k/2\sin\varphi_{ik}}{I_{\mathrm{diff}k1}\cos\varphi_{sk} - I_k/2\cos\varphi_{ik}} \end{cases} \tag{4-33}$$

为了均衡同桥臂中的各模块 SOC，各模块参考电压将叠加上单独的交流电压分量。该电压分量的相位与桥臂电流基频分量的相位相同，即

$$\begin{cases} v_{pkj\_\mathrm{soc}}^{\mathrm{ac}} = V_{pkj\_\mathrm{soc}}^{\mathrm{ac}}\cos(\omega t + \varphi_{ipk}) \\ v_{nkj\_\mathrm{soc}}^{\mathrm{ac}} = -V_{nkj\_\mathrm{soc}}^{\mathrm{ac}}\cos(\omega t + \varphi_{ink}) \end{cases} \quad (k=a,b,c; j=1,\cdots,N) \tag{4-34}$$

则此时同桥臂内各子模块的功率变化为

$$\begin{cases} \Delta P_{pkj}^{ac} = \gamma(\mathrm{SOC}_{pk} - \mathrm{SOC}_{pkj}) = \dfrac{V_{pkj\_\mathrm{soc}}^{\mathrm{ac}}I_{\mathrm{acp}k}}{4} \\ \Delta P_{nkj}^{\mathrm{ac}} = \gamma(\mathrm{SOC}_{nj} - \mathrm{SOC}_{nkj}) = -\dfrac{V_{nkj\_\mathrm{soc}}^{\mathrm{ac}}I_{\mathrm{acn}k}}{4} \end{cases} \quad (k=a,b,c; j=1,\cdots,N) \tag{4-35}$$

从而可解得

$$\begin{cases} V_{pkj\_\mathrm{soc}}^{\mathrm{ac}} = \dfrac{4\gamma(\mathrm{SOC}_{pk} - \mathrm{SOC}_{pkj})}{I_{\mathrm{acp}k}} \\ V_{nkj\_\mathrm{soc}}^{\mathrm{ac}} = -\dfrac{4\gamma(\mathrm{SOC}_{nk} - \mathrm{SOC}_{nkj})}{I_{\mathrm{acn}k}} \end{cases} \quad (k=a,b,c; j=1,\cdots,N) \tag{4-36}$$

由式 (4-34)，(3-29) 可知，桥臂中各模块所叠加的交流电压分量之和为零，保证储能型 MMC 换流器不受影响。

2) 基于直流功率

与交流功率均衡相似，各模块参考电压上将叠加一个独立的直流电压分量。则此时在叠加的直流分量下，各模块的有功功率变化为：

$$\begin{cases} \Delta P_{pkj}^{dc} = \gamma(\text{SOC}_{pk} - \text{SOC}_{pkj}) = v_{pkj\_soc}^{dc} I_{diffk0} \\ \Delta P_{nkj}^{dc} = \gamma(\text{SOC}_{nk} - \text{SOC}_{nkj}) = v_{nkj\_soc}^{dc} I_{diffk0} \end{cases} \quad (k=a,b,c; j=1,\cdots,N) \quad (4\text{-}37)$$

从而可得

$$\begin{cases} v_{pkj\_soc}^{dc} = \dfrac{\gamma(\text{SOC}_{pk} - \text{SOC}_{pkj})}{I_{diffk0}} \\ v_{nkj\_soc}^{dc} = -\dfrac{\gamma(\text{SOC}_{nk} - \text{SOC}_{nkj})}{I_{diffk0}} \end{cases} \quad (4\text{-}38)$$

同样，桥臂中各模块所叠加的直流电压分量之和为零，保证储能型 MMC 换流器不受影响。

4.2.2.4　各级均衡方法评估

根据前述各级均衡策略，表 4-1 给出了正常及扩展模式下直流功率方式与交流功率方式的比较。对于相间均衡，直流功率方式依赖于直流电网电压，而交流功率方式则依赖于交流电网电流。由于在正常及扩展模式下，直流电网电压一直有效，而交流电网电流则并不一定存在，因而优先选择直流功率进行相间均衡。当然，直流功率会影响各桥臂电流的峰值，需要注意。对于相内桥臂间均衡，直流功率方式会令电网侧电流产生直流分量，因此一般不使用；而交流功率方式依赖于桥臂上的交流电压分量，将一直有效，因而优先交流功率进行相内桥臂间均衡。与相间直流功率均衡一样，桥臂间的交流功率均衡同样会影响桥臂电流的峰值。对于桥臂内各模块间均衡，由于均是利用各模块交流与直流电压分量进行，因此两种均衡方式都不是一直有效，需要同时使用。因而，最终各模块的参考电压为：

$$\begin{cases} v_{pkj\_ref} = \dfrac{v_{dck\_ref}}{2N} - \dfrac{v_{k\_ref}}{N} + v_{pkj\_soc}^{ac} + v_{pkj\_soc}^{dc} \\ v_{nkj\_ref} = \dfrac{v_{dck\_ref}}{2N} + \dfrac{v_{k\_ref}}{N} + v_{nkj\_soc}^{ac} + v_{nkj\_soc}^{dc} \end{cases} \quad (k=a,b,c; j=1,\cdots,N) \quad (4\text{-}39)$$

表 4-1　正常及扩展模式下各级衡方法比较

相间均衡		桥臂间均衡		模块间均衡	
直流功率	交流功率	直流功率	交流功率	直流功率	交流功率
一直有效(优先使用)	有效(仅在交流电流存在时)	无效	一直有效(优先使用)	有效(仅在直流电流存在时)	有效(仅在交流电流存在时)

综合以上，图 4-12 给出了储能型 MMC 换流器的整体控制框图。在整体控制策略下，储能型 MMC 换流器在正常模式及扩展模式下均能够正常工作，并始终保证各电池模块 SOC 间的均衡。

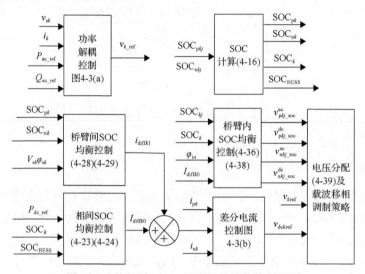

图 4-12　储能型 MMC 换流器的整体控制框图

4.2.3　交流电网短路故障保护

当交流电网三相短路时，储能型 MMC 换流器一方面需要继续对直流电网提供有功支撑，另一方面需要将交流侧的短路电流控制为零，以便在交流电网恢复时尽可能快地并网。于是即有

$$i_{dref}^{+} = i_{qref}^{+} = i_{dref}^{-} = i_{qref}^{-} = 0 \quad \max(v_{sa}, v_{sb}, v_{sc}) \approx 0 \tag{4-40}$$

在短路电流控制住后，MMC 的交流输出端可视为连接在一起，如图 4-13 所示，此时的储能型 MMC 换流器等同于一个特殊的模块化 DC/DC 变换器，电路中不含交流电流分量，且桥臂电压中也不含交流电压分量，相内桥臂间需要新的 SOC 均衡策略。

优先考虑式(4-31)所示的相内桥臂间直流功率 SOC 均衡方法，即上、下桥臂直流电压的再分配。为保证直流电流不进入交流电网，则各相的 Δv_{dck} 必须相同，

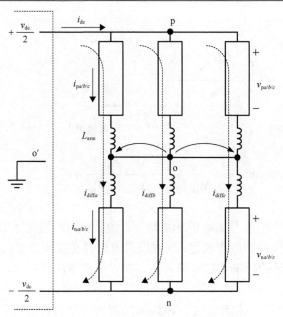

图 4-13　交流短路故障模式下等效电路

显然此时只有一个控制自由度，无法确保三相的桥臂均衡。为此，需要使用交流功率来辅助完成桥臂间的均衡。前述可知，交流功率方式即重新分配上、下桥臂的交流电流，在桥臂电压交流分量的作用下，即可完成功率的重新分配。然而，此时 MMC 中不含交流电压分量，只能注入零序电压来实现交流功率。同时，为避免交流电流进入直流电网，则三相注入的电流三相均衡，即

$$
\begin{cases}
i_{\mathrm{diff}1a} = I_{\mathrm{diff}1} \cos \omega t \\
i_{\mathrm{diff}1b} = I_{\mathrm{diff}1} \cos\left(\omega t - \dfrac{2}{3}\pi \right) \\
i_{\mathrm{diff}1c} = I_{\mathrm{diff}1} \cos\left(\omega t - \dfrac{4}{3}\pi \right)
\end{cases}
\tag{4-41}
$$

其中，零序电压如式(2-6)所示，则可计算出三相上、下桥臂功率的变化为

$$
\begin{cases}
\Delta v_{\mathrm{dc}} I_{\mathrm{diff}a} - V_0 I_{\mathrm{diff}1} \cos \varphi_0 = \Delta P_{\mathrm{p}a} - \Delta P_{\mathrm{n}a} = \dfrac{\chi P_{\mathrm{nom}}}{6}(\mathrm{SOC}_{\mathrm{n}a} - \mathrm{SOC}_{\mathrm{p}a}) \\
\Delta v_{\mathrm{dc}} I_{\mathrm{diff}b} - V_0 I_{\mathrm{diff}1} \cos\left(\varphi_0 - \dfrac{2\pi}{3} \right) = \Delta P_{\mathrm{p}b} - \Delta P_{\mathrm{n}b} = \dfrac{\chi P_{\mathrm{nom}}}{6}(\mathrm{SOC}_{\mathrm{n}b} - \mathrm{SOC}_{\mathrm{p}b}) \\
\Delta v_{\mathrm{dc}} I_{\mathrm{diff}c} - V_0 I_{\mathrm{diff}1} \cos\left(\varphi_0 - \dfrac{4\pi}{3} \right) = \Delta P_{\mathrm{p}c} - \Delta P_{\mathrm{n}c} = \dfrac{\chi P_{\mathrm{nom}}}{6}(\mathrm{SOC}_{\mathrm{n}c} - \mathrm{SOC}_{\mathrm{p}c})
\end{cases}
\tag{4-42}
$$

求解方程即可得

$$
\begin{cases}
\Delta v_{dc} = \dfrac{\sum\limits_{j=a,b,c}(\Delta P_{pj}-\Delta P_{nj})}{i_{dc}} \\[3mm]
V_0 I_{diff1} = \sqrt{\dfrac{2}{3}\sum\limits_{j=a,b,c}(\Delta P_{pj}-\Delta P_{nj}-\Delta v_{dc}I_{diffk})^2} \quad (k=a,b,c) \\[3mm]
\varphi_0 = \arctan\left(\dfrac{4}{\sqrt{3}}\dfrac{\Delta v_{dc}I_{diffb}-\Delta P_{pb}+\Delta P_{nb}}{\Delta v_{dc}I_{diffa}-\Delta P_{pa}+\Delta P_{na}}+\dfrac{2}{\sqrt{3}}\right)
\end{cases}
\tag{4-43}
$$

可以看出，只有 V_0 与 I_{diff1} 的积被确定。由于此时桥臂电压的交流分量基本为零，因此 V_0 的上限即相电压幅值；同时桥臂电流存在直流分量，注入交流分量后，需要保证桥臂电流的峰值不超过最大值。在以上两条满足以后，V_0 与 I_{diff1} 可以任意选取。

除桥臂间均衡外，相间均衡与模块间均衡均可使用直流功率完成，表 4-2 给出了交流故障模式下的各级均衡方法，图 4-14 为交流电网故障时整体控制框图，则此时各模块的参考电压分配如式 (4-44) 所示：

$$
\begin{cases}
v_{pkj\_ref} = \dfrac{v_{dck\_ref}+\Delta v_{dc}}{2N}-\dfrac{v_{k\_ref}+v_0}{N}+v_{pkj\_soc}^{dc} \\[3mm]
v_{nkj\_ref} = \dfrac{v_{dck\_ref}-\Delta v_{dc}}{2N}+\dfrac{v_{k\_ref}+v_0}{N}+v_{nkj\_soc}^{dc}
\end{cases}
\quad (k=a,b,c;\ j=1,\cdots,N)
\tag{4-44}
$$

表 4-2　交流故障模式下各级均衡方法的比较

相间均衡		桥臂间均衡		模块间均衡	
直流功率	交流功率	直流功率	交流功率	直流功率	交流功率
一直有效(必须使用)	无效	无效　　　　　　无效 交直流混合功率(必须使用)		有效(必须使用)	无效

4.2.4　直流电网短路故障保护

当直流电网发生短路故障时，储能型 MMC 换流器需要根据子模块拓扑结构采取不同的保护策略。半桥型 MMC 在总直流母线侧有天然直流电压，因此不能控制故障电流，只能通过额外的断路器或其他开关进行保护[6]。当完成保护后，储能型 MMC 换流器的总直流母线与直流电网完全断开，即成为分散式MMC-BESS。

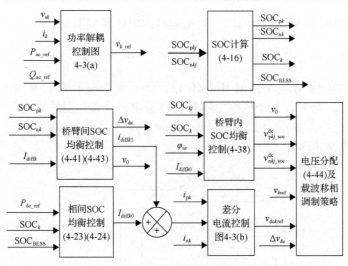

图 4-14　交流电网故障时的整体控制框图

为了改善半桥型 MMC 不能控制直流故障电流的缺点,各种新型拓扑结构相继提出,这些新型 MMC 不需要专门的断路器即可穿越直流短路故障[7-11]。其中,以半桥模块与全桥模块结合的混合式 MMC(hybrid MMC,HMMC)最为简单有效[7]如图 4-15 所示。储能型 HMMC 换流器与前述储能型 MMC 换流器相比,在正常工况下的控制策略基本相同[8],因此以下只针对直流电网故障进行分析。

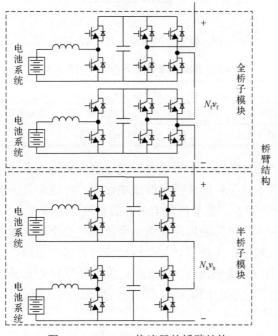

图 4-15　HMMC 换流器的桥臂结构

当直流电网发生短路故障时，直流电网的电流将被限制于零

$$I_{\mathrm{diff}k} = 0 \quad (k = a, b, c) \quad 当 \quad v_{\mathrm{dc}} \approx 0 \tag{4-45}$$

由于直流侧短路，储能型 HMMC 换流器即变为两个级联式 BESS 并联，如图 4-16 所示。此时，整个电路中不存在直流电流分量，且桥臂电压中也不含直流分量。因此，各级 SOC 均衡必须使用交流功率完成，表 4-3 给出了各均衡方法在直流电网故障时的比较。

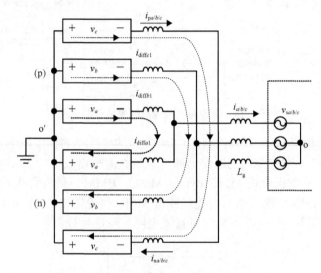

图 4-16　直流故障模式下 HMMC 等效电路

表 4-3　直流故障模式下各级均衡方法比较

相间均衡		桥臂间均衡		模块间均衡	
直流功率	交流功率	直流功率	交流功率	直流功率	交流功率
无效	有效(必须使用)	无效	有效(必须使用)	无效	有效(必须使用)

正常模式中，半桥模块与全桥模块的参考电压完全一致，包括直流分量与交流分量，此时相当于将全桥模块当半桥模块使用。在直流故障模式下，为了能够完成式(4-45)的控制目标，整个桥臂电压中的直流分量需要为零。传统 HMMC 的调制策略中，一般令半桥模块短路，而由全桥模块来承受交流电网电压。但在储能型 HMMC 换流器中，半桥模块与全桥模块均连接有电池，为使各电池模块的 SOC 保持均衡，半桥模块仍需要正常工作。而全桥模块则需要补偿半桥模块所产生的直流电压分量，电压分配策略如图 4-17 所示。在直流故障模式下 HMMC 的电压分配如式(4-46)所示。

$$\begin{cases} v_{\mathrm{p}kj\_\mathrm{ref}} = \dfrac{v_{\mathrm{d}ck\_\mathrm{ref}}}{2N} - \dfrac{(N-N_{\mathrm{f}})E_{\mathrm{sm}}}{2N_{\mathrm{f}}} - \dfrac{v_{k\_\mathrm{ref}}+v_0}{N} - v_{\mathrm{p}kj\_\mathrm{soc}}^{\mathrm{ac}} \\[3mm] v_{\mathrm{n}kj\_\mathrm{ref}} = \dfrac{v_{\mathrm{d}ck\_\mathrm{ref}}}{2N} - \dfrac{(N-N_{\mathrm{f}})E_{\mathrm{sm}}}{2N_{\mathrm{f}}} + \dfrac{v_{k\_\mathrm{ref}}+v_0}{N} + v_{\mathrm{n}kj\_\mathrm{soc}}^{\mathrm{ac}} \end{cases} (j=1,\cdots,N_{\mathrm{f}},\text{全桥},\ k=a,b,c)$$

$$\begin{cases} v_{\mathrm{p}kj\_\mathrm{ref}} = \dfrac{v_{\mathrm{d}ck\_\mathrm{ref}}}{2N} + \dfrac{E_{\mathrm{sm}}}{2} - \dfrac{v_{k\_\mathrm{ref}}+v_0}{N} - v_{\mathrm{p}kj\_\mathrm{soc}}^{\mathrm{ac}} \\[3mm] v_{\mathrm{n}kj\_\mathrm{ref}} = \dfrac{v_{\mathrm{d}ck\_\mathrm{ref}}}{2N} + \dfrac{E_{\mathrm{sm}}}{2} + \dfrac{v_{k\_\mathrm{ref}}+v_0}{N} + v_{\mathrm{n}kj\_\mathrm{soc}}^{\mathrm{ac}} \end{cases} (j=(N_{\mathrm{f}}+1),\cdots,N,\text{半桥},\ k=a,b,c)$$

$$(4\text{-}46)$$

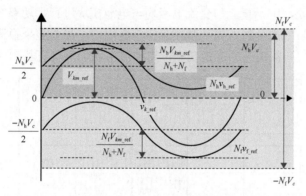

图 4-17 直流故障模式下 HMMC 换流器的调制策略

4.2.5 仿真分析

4.2.5.1 储能型 MMC 换流器

为了验证储能型 MMC 换流器的控制策略，在 MATLAB/SIMULINK 中搭建 5MW/5MWh 的仿真模型，其主要仿真参数如表 4-4 所示。

表 4-4 储能型 MMC 换流器的主要参数

交流电网额定电压	10kV	电池模块内阻	0.1Ω
直流电网额定电压	20kV	电池侧滤波电容	10mF
额定功率	5MW	开关频率	1kHz
额定能量	5MWh	网侧电感	8mH
桥臂功率模块数	30	相内桥臂间均衡系数 χ	3
电池模块额定电压	800V	相间均衡系数 λ	3

图 4-18 给出了储能型 MMC 换流器在不同工况下的电压电流波形，包括交流电网的电压与电流、直流电网的电流、A 相上、下桥臂电流与平均功率以及 A 相某电池模块侧电流。其中，由交流电网的电压与电流即可计算出交流电网的功率，

由直流电网电流即可计算出直流电网的功率，根据这些功率能够判断整个换流器所处的工作模式。在第一与第二个区间内，交流电网侧无电流，此时整个电池系统仅与直流电网进行功率交互：第一区间内直流电网向电池充电 3MW，第二区间内则由电池向直流电网放电 5MW。而在第三个区间内，交流电网与直流电网间进行 5MW 功率交换，整个电池系统处于空闲模式，在第四与第五个区间内，直流电网侧无电流，此时整个电池系统仅与交流电网进行功率交互：第一区间内交流电网向电池充电 5MW，第二区间内则由电池向直流电网放电 3MW。在第六个区间内，交流电网与直流电网分别向电池系统充电 3MW 与 5MW，从而可以看到在每个桥臂上有 1.32MW 的功率。此外，电池模块侧电流也显示了储能型 MMC 换流器的独特之处，由于直流与交流电网均与电池模块进行了功率交换，电池侧电流中含有基频与二次分量。尤其是在第三个区间内，尽管整个换流器处于空闲状态，交流电网与直流电网间交换功率，电池侧电流仍然含有基频与二次分量。

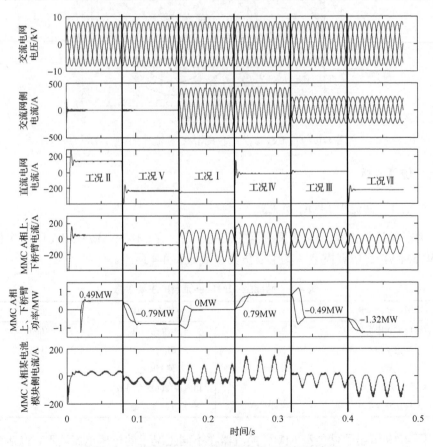

图 4-18 储能型 MMC 换流器的各工况相关波形

图 4-19 给出了储能型 MMC 换流器在相间与桥臂间均衡策略下的仿真波形，

主要包括了各桥臂的电流以及平均功率。为验证均衡策略的有效性，设定 A 相上、下桥臂的 SOC 为 40%和 50%，B 相上、下桥臂的 SOC 均为 50%，C 相上、下桥臂的 SOC 为 52%和 58%。在仿真开始时，交流电网有功功率指令为 5MW，直流电网的有功功率指令为 0；在 0.08s 时，交流电网有功功率指令变为 0MW；在 0.24s，直流电网的有功功率指令为 5MW。首先，仿真中对比了两种相间 SOC 均衡策略的效果：在前 0.16s 均采用零序电压注入，由六个桥臂的功率可以计算各相的功率，0.08s 前分别为 2.18MW，1.66MW 与 1.15MW，0.08s 后分别为 1.66MW，1.66MW 与 1.66MW，因此可以看到零序电压注入仅在交流电网侧有电流时才有效；0.16s 后采用相间直流环流来完成均衡，0.24s 前各相功率分别为 0.5MW，0MW 与 −0.5MW，0.24s 后各相功率分别为 2.18MW，1.66MW 与 1.15MW，可见用直流功率能够在任何工况下完成相间 SOC 均衡。其次，可以看出整个过程中 A 相上桥臂始终比下桥臂功率多 250kW，而 C 相上桥臂始终比下桥臂功率多 150kW，充分验证了相内桥臂间 SOC 均衡的效果。

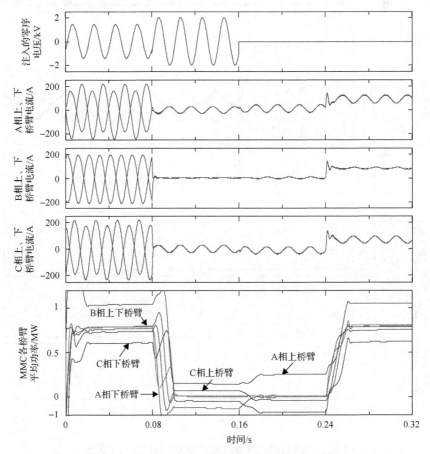

图 4-19　储能型 MMC 换流器均衡策略的仿真波形

　　图 4-20 给出了交流电网短路故障时储能型 MMC 换流器的仿真波形,主要验证此时的保护与均衡策略。在 0.08s 时,交流电网发生三相短路,此时交流电网侧电流即可迅速被控制至 0,证明了储能型 MMC 换流器能够在所提出的控制策略下正常穿越交流电网故障。在 0.08s 后,直流电网侧功率为−3MW,而 0.16s 后则变为 3MW。在此过程中,仅直流电网与电池系统进行功率交换,相间 SOC 均衡仍然可由直流功率完成,而桥臂间 SOC 均衡则必须使用交直流混合功率完成。为了验证桥臂间 SOC 均衡策略的效果,给出了三相上桥臂输出电压以及 A 相下桥臂输出电压,可以看出此时桥臂电压中仅含零序电压分量,而上、下桥臂电压的直流分量即变得不同。同时,各相上、下桥臂电流完全相同,三相间桥臂电流的基波分量互差 120 度,均与所提出的策略吻合。设定 A 相上、下桥臂的 SOC

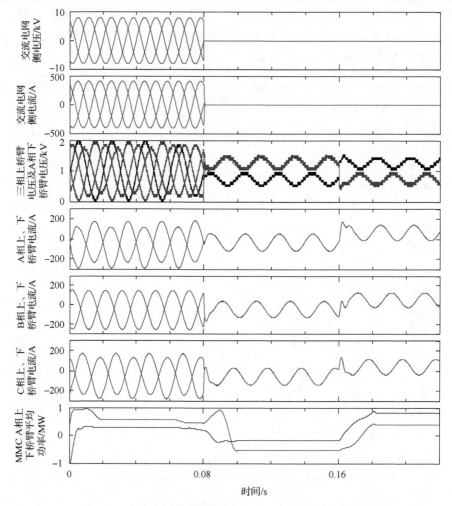

图 4-20　交流电网故障时储能型 MMC 换流器的仿真波形

为 40%和 50%，B 相上、下桥臂的 SOC 均为 50%，C 相上、下桥臂的 SOC 为 52%
和 58%。在 0.08～0.16s，注入的零序电压幅值为 2000V，Δv_{dc} 则为 2600V，注入
的基频电流幅值为 38A，A 相上桥臂一直比下桥臂少放电 350kW。而在 0.16～
0.24s，注入的零序电压幅值同样约为 2000V，但相位基本相反，Δv_{dc} 则为−2600V，
注入的基频电流则基本不变，而 A 相上桥臂一直比下桥臂多充电 350kW。以上充
分验证了交流电网故障下，交直流混合功率能够完成桥臂间 SOC 的均衡。

4.2.5.2　储能型 HMMC 换流器

为了验证储能型 HMMC 换流器在直流故障下的保护与控制策略，在
MATLAB/SIMULINK 中搭建仿真模型，其主要参数如表 4-5 所示。其中，桥臂子
模块总数为 30，全桥模块与半桥模块各占一半，调制策略如图 4-17 所示。同时，
设定 A 相上、下桥臂的 SOC 为 40%和 50%，B 相上、下桥臂的 SOC 均为 50%，
C 相上、下桥臂的 SOC 为 52%和 58%。

表 4-5　储能型 HMMC 换流器的主要参数

参数名称	取值	参数名称	取值
交流电网额定电压	10kV	电池模块内阻	0.1Ω
直流电网额定电压	20kV	电池侧滤波电容	10mF
额定功率	5MW	开关频率	1kHz
额定能量	5MWh	网侧电感	8mH
桥臂全桥模块数	15	相内桥臂间均衡系数 χ	3
桥臂半桥模块数	15	相间均衡系数 λ	3
电池模块额定电压	800V		

图 4-21 给出了直流电网故障时储能型 HMMC 换流器的仿真波形。

首先，由直流电网的电压与电流可以直观地看出，储能型 HMMC 换流器能
够顺利穿越直流电网短路故障，并迅速将短路电流控制至零，验证了所提出的调
制策略的正确性。在直流电网故障前，A 相上桥臂全桥模块与半桥模块的输出电
压完全相同；而在直流电网故障检测到后，A 相上桥臂半桥模块的输出电压仍然
维持，而全桥模块则迅速补偿了半桥模块的直流电压偏置，从而完成对短路电流
的控制。

其次，由三相上桥臂电压及零序电压和 A 相上、下桥臂电流及差分电流的直
流分量可以看出相间 SOC 均衡的控制策略变化。在 0.08s 前，整个系统正常工作，
直流电网和交流电网均与电池系统进行功率交换，此时由 A 相差分电流的直流分
量可以看出相间 SOC 均衡由直流功率完成。而在 0.08s 后，仅交流电网与电池系

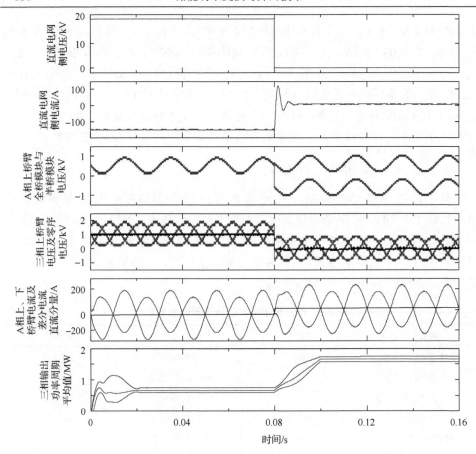

图 4-21　直流电网故障时储能型 HMMC 换流器的仿真波形

统进行功率交换,此时直流功率失去均衡效果,由零序电压分量完成相间 SOC 均衡。由图中三相输出功率可以看出,整个过程中 A 相输出功率高于平均值,C 相输出功率低于平均值,验证了相间 SOC 均衡的有效性。此外,由于交流电网仍然正常,桥臂间 SOC 均衡一直由交流功率完成,可由 A 相上、下桥臂的电流看出。

4.3　实　验　研　究

4.3.1　实验系统

　　储能型 MMC 换流器实验样机的原理图如图 4-22(a) 所示,整个拓扑为 HMMC,每个桥臂有两个半桥子模块和两个全桥子模块组成。直流电网与交流电网均使用可控电源模拟,同时加入接触器以模拟电网的短路故障,电池模块、功率子模块以及控制系统等如图 4-22(b) 所示。样机的主要参数如表 4-6 所示,为了确保电池模块的电压在 23~25V 内,令电池模块工作在较窄的 SOC 范围内。

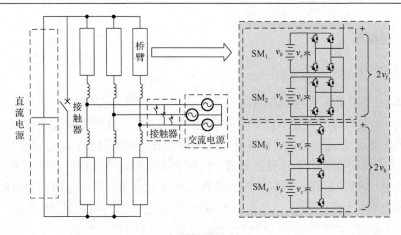

(a) 实验样机原理图

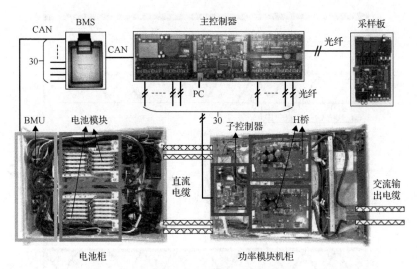

(b) 电池模块、功率子模块以及控制系统

图 4-22　实验系统

表 4-6　实验样机的主要参数

参数名称	取值	参数名称	取值
桥臂子模块数	4	电池模块额定电压	24V
全桥子模块数	2	电池模块额定容量	10Ah
交流电网额定线电压	52V	系统额定能量	5.76kWh
直流电网额定电压	96V	λ/T_{ph}	12/14.4min
直流与交流电网额定功率	2kW	χ/T_{arm}	12/14.4min
桥臂电感	1mH	γ/T_{sm}	12/14.4min
网侧电感	0.2mH		

4.3.2　实验结果

4.3.2.1　稳态及瞬态波形

图 4-23 给出了实验样机在不同工况下的实验波形,对应示波器通道为:①线电压 v_{gab};②直流母线电压 v_{dc};③下桥臂电流 i_{na};④上桥臂电流 i_{pa}。在图(a)中,桥臂电流中不含交流分量,只有直流电网与电池进行功率交换,此时状态为充电;在图(b)中,桥臂电流中不含直流分量,只有交流电网与电池进行功率交换,此时状态为放电;在图(c)中,桥臂电流既含直流与交流分量,直流电网与交流电网都在给电池充电;图(d)与图(c)相反,直流电网与交流电网都在给电池放电。

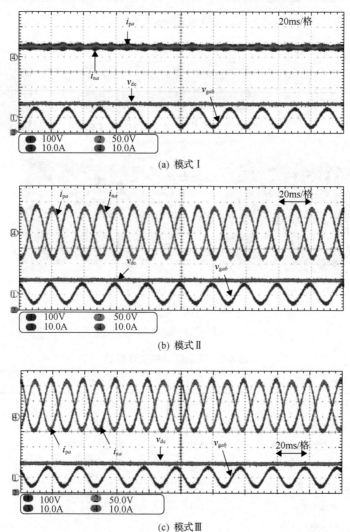

(a) 模式 I

(b) 模式 II

(c) 模式 III

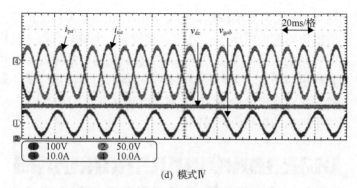

(d) 模式Ⅳ

图 4-23　不同运行模式下的稳态实验波形

图 4-24 给出了实验样机在交流与直流故障时的瞬态实验波形，各量对应的示波器通道为：①线电压 v_{gab}；②直流母线电压 v_{dc}；③下桥臂电流 i_{na}；④上桥臂电流 i_{pa}。在图(a)中，当交流侧电网电压跌落至零时，桥臂电流 i_{pa} 与 i_{na} 的交流分量就被控制至零。在图(b)中，当直流侧电网电压跌落至零时，桥臂电流 i_{pa} 与 i_{na} 的直流分量就被控制至零。显然，储能型换流器可以穿越交流与直流故障，且在故障状态下仍可与正常电网进行功率交换。

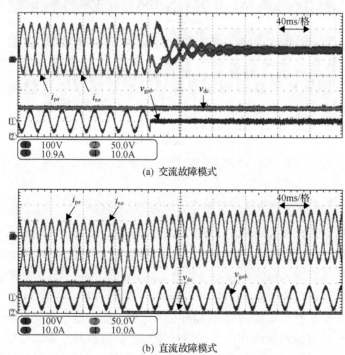

(a) 交流故障模式

(b) 直流故障模式

图 4-24　交流与直流电网故障时的瞬态实验波形

图 4-25 给出了不同工作模式下全桥与半桥子模块的输出电压波形，其中各量

对应的示波器通道数：①两个半桥模块的输出电压 $2v_h$；②A 相上桥臂的输出电压 v_{pa}；③两个全桥模块的输出电压 $2v_f$。在正常运行时，半桥与全桥子模块产生相同的输出电压，即相同的直流与交流分量。而当直流侧电网故障时，全桥子模块即需要产生负的直流电压分量，用以补偿半桥子模块的直流电压分量。此时，由于桥臂电流最终将只含交流电流分量，因此将不会产生较大的功率偏差。可以看出，实验波形验证了所提出的电压分配策略。

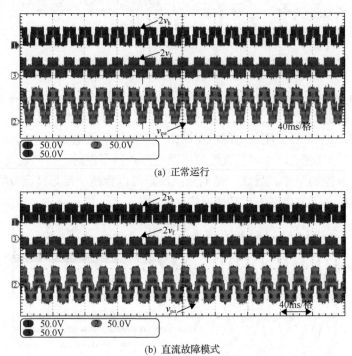

图 4-25   不同运行模式下电压分配的实验波形

4.3.2.2   直流电网短路故障后的 SOC 均衡控制验证

为了验证直流电网故障下的 SOC 均衡控制策略，样机中的 24 个电池模块首先被独立放电至不均衡，然后按照图 4-22(a) 所示系统，将直流电网侧的接触器闭合使 MMC 换流器进入直流电网短路故障工况。根据图 4-26(a) 的功率指令在直流故障下进行持续充放电。图 4-26(b)～(d) 给出了运行过程中三级 SOC 均衡的数据结果。可以看出，整个均衡过程在 50min 内完成，即三倍于表 4-6 所示的时间常数。此外，一些反应均衡进程的数据同样通过控制器得到，如零序电压的幅值与三相差分电流中的交流电流分量的幅值。这些分量随着均衡过程的进行逐渐变小，最终趋于零，与实际预想的结果相符。

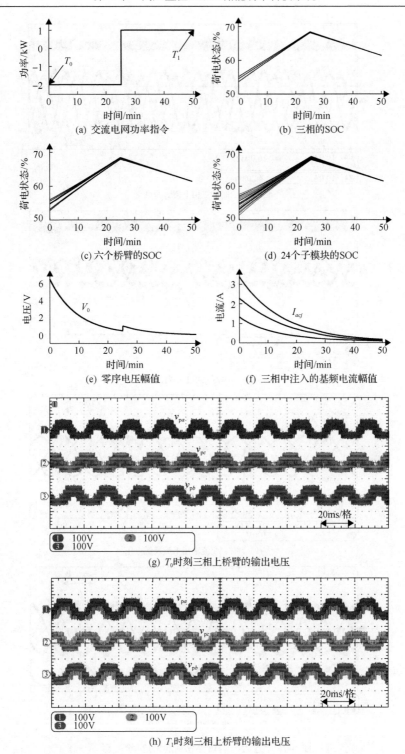

(a) 交流电网功率指令

(b) 三相的SOC

(c) 六个桥臂的SOC

(d) 24个子模块的SOC

(e) 零序电压幅值

(f) 三相中注入的基频电流幅值

(g) T_0时刻三相上桥臂的输出电压

(h) T_1时刻三相上桥臂的输出电压

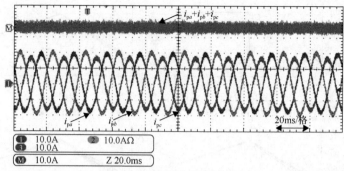

(i) T_0 时刻三相上桥臂的电流

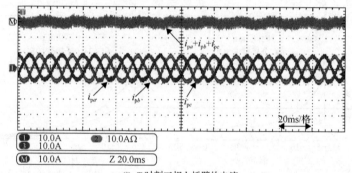

(j) T_1 时刻三相上桥臂的电流

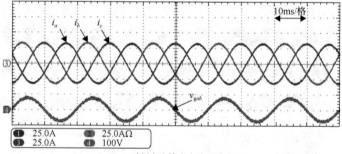

(k) T_0 时刻交流输出电流及线电压

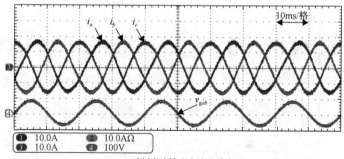

(l) T_1 时刻交流输出电流及线电压

图 4-26　直流电网短路故障时的实验波形

为了进一步展示实验结果，在时间 T_0 与 T_1 两个时刻，即实验开始与结束时，用示波器捕获一些关键波形。图(g)与(h)给出了两个时刻 HMMC 三相上桥臂的输出电压，从而可以据此计算出注入的零序电压分量的幅值分别为 6.2V 与 0.7V。图(i)与(j)给出了两个时刻三相上桥臂的电流，(k)与(l)则给出了交流电网的三相电流。根据这些电流即可计算出各相注入电流的交流分量 i_{acj}，在 T0 时刻分别为 2.4A，3.5A 和 1.3A，而在 T1 时刻则为 0.2A，0.2A 和 0.2A。同时，图(i)与(j)也给出了 HMMC 三相差分电流直流分量之和，即直流电网的总电流。显然，该电流中仅含直流分量，且无二次脉动电流，符合预期。

4.3.2.3　交流电网短路故障后的 SOC 均衡控制验证

为了验证所提出的交流电网故障下的 SOC 均衡控制策略，样机中的 24 个电池模块首先被独立放电至不均衡，然后按照图 4-22(a)所示系统，将交流电网侧的接触器闭合使 MMC 换流器进入交流电网短路故障的工况。然后根据图 4-27(a)中的功率指令在交流故障下进行持续充放电。图 4-27(b)~(d)给出了运行过程中三级 SOC 均衡的实验结果。可以看出，整个均衡过程在 50min 内完成，即三倍于所设的表 4-6 所示的时间常数。此外，一些反应均衡进行过程的数据同样可以通过控制器得到，如零序电压的幅值、上下桥臂间的直流电压差、三相差分电流中的直流分量以及交流电流分量的幅值等。其中，差分电流直流分量主要用于相间均衡，而其他均用于桥臂间的均衡，且 I_{ac} 与 V_0 是成比例的。这些分量随着均衡过程的进行逐渐变小，最终趋于零，与实际预想的结果相符。

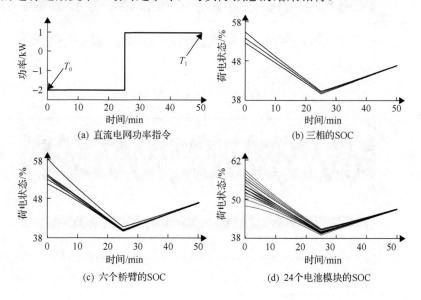

(a) 直流电网功率指令　　　　　　(b) 三相的SOC

(c) 六个桥臂的SOC　　　　　　(d) 24个电池模块的SOC

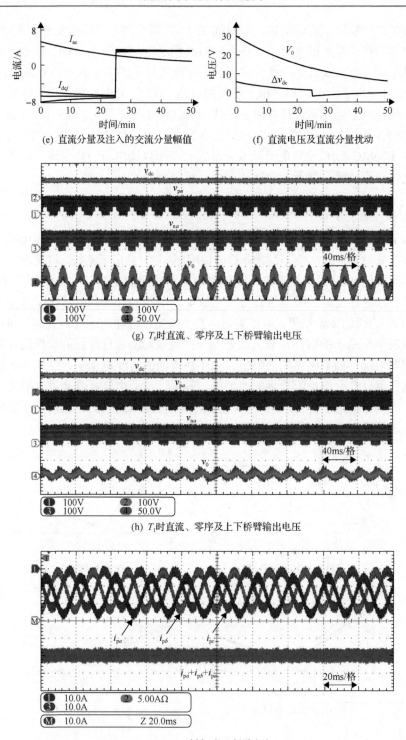

(e) 直流分量及注入的交流分量幅值　　　　　　(f) 直流电压及直流分量扰动

(g) T_0时直流、零序及上下桥臂输出电压

(h) T_1时直流、零序及上下桥臂输出电压

(i) T_0时刻三相上桥臂电流

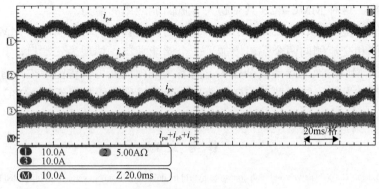

(j) T_1 时刻三相上桥臂电流

图 4-27　交流电网短路故障时的实验波形

　　为了进一步展示实验结果，在时间 T_0 与 T_1 两个时刻，即实验开始与结束时，用示波器捕获一些关键波形。图 4-27 的(g)与(h)给出了两个时刻的 HMMC 的直流电压与零序电压(此时可直接测得)，并给出了 A 相上、下桥臂的输出电压。其中，零序电压可以测得分别为 29.5V 与 5.6V 在两个时刻；而 Δv_{dc} 分别为 5.2V 与 2.1V。图(i)与(j)给出了两个时刻三相上桥臂的电流 i_{pa}, i_{pb}, i_{pc} 以及三者之和。可以计算出，在 T_0 时刻，三相差分电流的直流分量分别为−7.9A、−6.5A 以及−5.4A；而在 T_1 时刻，则分别为 3.4A，3.3A 以及 3.5A。显然，通过相间均衡策略，三相差分电流的直流分量最终趋于相同。同时，三相差分电流中的交流电流幅值相同，在两个时刻分别为 5.2A 与 1.2A。以上通过实验波形测量的结果与(e)，(f)中的结果相符，进一步说明了均衡策略的正确性。

4.4　一些讨论

　　高压直挂 MMC 储能 PCS 存在四种可能的应用。一种是储能电池系统集中布置在 MMC 的直流侧，这种情况下 MMC 的子模块最少要有一半必须采用全桥拓扑。另一种是电池系统分散布置在 MMC 的子模块直流侧，与子模块电容并联，这种情况下子模块拓扑可以采用半桥型。还有一种是上述两者的结合，在 MMC 直流侧与子模块上均布置电池单元。除此外，还有一种应用是 MMC 仍然作为柔性直流换流器使用，但在其子模块上适当布置储能电池，使柔直换流器具有能量缓冲能力，称之为储能型 MMC 换流器。

　　针对第一种应用，由于其效率低下，目前尚无使用前景，同理第三种应用也缺乏竞争力，第二种应用可以看成是两个链式储能 PCS 的并联运行，所以其电池荷电状态的均衡控制可以借鉴链式储能 PCS 的方法，其功率控制与 MMC 的控制方法一样，这种 MMC-PCS 具有超大容量储能应用的潜力。

　　而储能型 MMC 换流器，从功率交换的角度看，其功率端口由 MMC 换流器的直流侧和交流侧的两个端口增加了一个储能端口，体现为三端口，其运行工况比单纯的 MMC 换流器要复杂很多。随着大规模风光可再生能源柔性直流送出与并网系统的发展，储能型 MMC 换流器给我们展现出更加灵活的 MMC 换流器应用愿景。

参 考 文 献

[1] Chen Q, Li R, Cai X. Analysis and fault control of hybrid modular multilevel converter with integrated Battery energy storage system（HMMC-BESS）[J]. IEEE Journal of Emerging and Selected Topics in Power Electronics, 2016, 5(1): 64-78.

[2] 陈强. 高压直挂大容量电池储能功率转换系统[D]. 上海: 上海交通大学, 2017.

[3] Soong T, Lehn P W. Evaluation of Emerging Modular Multilevel Converters for BESS Applications[J]. IEEE Transactions on Power Delivery, 2014, 29(5): 2086-2094.

[4] Baruschka L, Mertens A. Comparison of cascaded H-bridge andmodular multilevel converters for BESS application[C]. Proc. IEEEEnergy Convers. Congr. Expo., 2011: 909-916.

[5] 常怡然, 蔡旭. 具有高变压比的分叉结构模块化多电平变换器[J]. 中国电机工程学报, 2017(4): 251-261.

[6] Liu G, Xu F, Xu Z, et al. Assembly HVDC Breaker for HVDC Grids with Modular Multilevel Converters[J]. IEEE Transactions on Power Electronics, 2017, 32(2): 931-941.

[7] Qin J, Saeedifard M, Rockhill A, et al. Hybrid Design of Modular Multilevel Converters for HVDC Systems Based on Various Submodule Circuits[J]. IEEE Transactions on Power Delivery, 2015, 30(1): 385-394.

[8] Zeng R, Xu L, Yao L, et al. Design and Operation of a Hybrid Modular Multilevel Converter[J]. IEEE Transactions on Power Electronics, 2015, 30(3): 1137-1146.

[9] Zeng R, Xu L, Yao L, et al. Precharging and DC Fault Ride-Through of Hybrid MMC-Based HVDC Systems[J]. IEEE Transactions on Power Delivery, 2015, 30(3): 1298-1306.

[10] Debnath S, Qin J, Bahrani B, et al. Operation, Control, and Applications of the Modular Multilevel Converter: A Review[J]. IEEE Transactions on Power Electronics, 2015, 30(1): 37-53.

[11] Xu J, Zhao P H, Zhao C Y. Reliability Analysis and Redundancy Configuration of MMC With Hybrid Submodule Topologies[J]. IEEE Transactions on Power Electronics, 2015, 31(4): 2720-2729.

第5章 储能功率转换系统的虚拟同步控制

随着可再生能源发电的快速发展，其在电网中的渗透率逐年提升。以风光发电为代表的可再生能源以及电池储能系统均需要经电力接口变换器并入电网，而并网接口变换器通常采用电网电压定向的电流控制，使这类电源对电网体现为电流源性质，无法为电力系统提供惯量，因此这类电源在传统控制策略下会对电网稳定性带来消极影响。基于这一问题，一种通过改变接口变换器的控制策略而使得这类电源模拟同步发电机特性的方法被提出，采用这一控制策略的变换器可以使得风光电源和电池储能系统为电网提供必要的转动惯量与阻尼，从而应提高可再生能源高渗透电网的稳定性，并可主动参与对电网的调节，这一控制策略即为虚拟同步发电机(VSG)控制技术，一经提出便得到广泛重视[1,2]。虚拟同步控制最早被提出主要用于储能系统，以改变其电网的友好性，近年来伴随光伏发电和风力发电对电网的高渗透，针对光伏逆变器、风电变流器甚至大型电动机驱动器的虚拟同步控制也已成为研究热点，本章探讨电池储能 PCS 的虚拟同步控制问题。

5.1 发展历程与研究现状

作为电网友好型并网技术，虚拟同步控制技术一直得到学术界的广泛重视，围绕虚拟同步控制的研究也在逐步开展，目前的研究主要包括以下几个方面。

(1)VSG 有功-频率自适应控制。目前关于 VSG 的自适应控制研究聚焦于如何发挥电力电子变换器响应速度快的优势，缩短暂态过程，提高母线频率稳定性。文献[3], [4]通过分析频率动态响应过程建立了频率变化率 $d\omega/dt$ 和频率变化量 $\Delta\omega$ 与惯量和阻尼的自适应关系，从而增强频率的动态稳定性。文献[5]通过增加微分前馈环节，在系统频率波动时增大阻尼以维持频率稳定。文献[6]以暂态过程时间最短为目标进行最优化求解，并调节惯量和阻尼，从而抑制暂态过程中的频率波动。

(2)VSG 并联运行问题。多台 VSG 并联运行使得系统更为复杂，因此多机并联时系统稳定性和并联机组功率分配问题值得研究。文献[7]以两机并联为例，通过特征根分析得出下垂系数、转动惯量、线路电阻和虚拟阻抗对系统稳定性的影响关系。文献[8]通过两机并联小信号分析得出 VSG 过渡时间与容量、下垂系数和惯量的关系。文献[9]通过广义积分器构建虚拟阻抗，从而降低 VSG 对输出电流波动的敏感性，有效提高并联 VSG 的输出电能质量和系统的稳定性。文献[10]通过自适应虚拟阻抗，有效降低并联 VSG 的无功分配偏差，提高电压控制的精确度。

(3) VSG 在非理想工况下的稳定运行。VSG 在实际应用中会遇到各种非理想工况，例如不平衡负载、非线性负载甚至短路故障等，这些复杂工况对 VSG 的控制系统提出了进一步的要求。文献[11]，[12]通过构建负序虚拟阻抗，使得 VSG 在带不平衡负载时能够合理分配负序电流，降低 PCC 点电压不平衡度。文献[13]通过广义积分器构造虚拟阻抗并采用 PIR 控制器进行特定谐波消除，有效抑制不平衡负载和非线性负载带来的负序分量和谐波分量。

(4) 基于 VSG 的微电网无缝切换策略。VSG 的特点是既可以在并网工况下作为从属电源自主参与电网调节，也可以在孤岛工况下作为主电源提供电压和频率支撑，因此包含 VSG 的微电网可与电网之间进行无缝切换。文献[14]通过再功率环上叠加预同步信号，实现电网相位的实时跟踪，从而减小并网冲击电流。文献[15]则在前文基础上增加了一个小惯性环节，避免并网后预同步模块切除是功率波动过大引起的电压和频率波动。

(5) 广义虚拟同步控制。作为控制环节可改造的电力电力变换器，VSG 可在模拟同步发电机二阶模型的基础上进行进一步改造，使之具有更为优越的控制特性。文献[16]通过将虚拟惯量环节由常规积分环节改为超前滞后环节，缩短频率动态响应的暂态过程。文献[17]和[18]通过将阻尼环节由常规比例环节分别改为带通和高通环节，消除阻尼与下垂系数的耦合关系，使得 VSG 能够准确响应电网一次调频。

还有其他关于 VSG 的研究，如 VSG 的弱电网阻抗模型及稳定运行问题[19]，考虑 SOC 的 VSG 运行边界与适应性问题[20,21]，VSG 的功率耦合与谐振问题[22]等，在此不一一赘述。

5.2 虚拟同步控制策略及其优化

5.2.1 常规虚拟同步控制策略分析

图 5-1 所示即为典型的用于储能系统变流器的 VSG 结构。

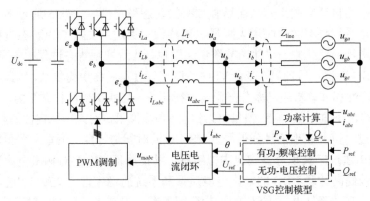

图 5-1 储能变流器的 VSG 结构

图 5-1 中 P_{ref}，Q_{ref} 为指令功率，P_e，Q_e 为 VSG 实际输出功率，P_M 为原动机有功功率，U_{ref}，ω，φ 为 VSG 控制环节输出的指令电压、角频率和相位。图中无功-电压控制模拟励磁调节器特性，有功-频率控制模拟原动机调速器以及同步机转子运动方程。

VSG 的无功-电压环节用于模拟同步机励磁调节器特性，而实际的自动励磁系统(automatic voltage regulator，AVR)的设计与实现比较复杂，若在 VSG 较为详细的模拟 AVR 环节，会使得整个控制策略复杂度大幅提升，对控制效果造成负面影响。因此在实际应用中，通常对模拟 AVR 作简化处理，具体体现为通过模拟同步机的无功-电压下垂特性。

VSG 无功-电压下垂方程如式(5-1)所示：

$$Q_e^* = Q_{\text{ref}}^* + \frac{1 - U^*}{n} \tag{5-1}$$

式中，n 为无功-电压下垂系数。

VSG 的无功-电压控制框图见图 5-2。

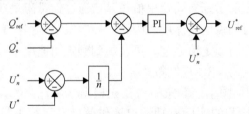

图 5-2　VSG 无功-电压环

VSG 的有功-频率环节用于模拟原动机调速器以及同步机转子运动方程。其中处于简化控制模型考虑，对原动机调速器的模拟仅考虑有功-频率下垂特性，忽略传动链影响；而对同步机转子运动方程的模拟采用同步机二阶模型，因为高阶模型对应的控制策略较为复杂。

VSG 有功-频率下垂方程和转子运动方程分为式(5-2)和式(5-3)：

$$P_M^* = P_{\text{ref}}^* + \frac{1 - \omega^*}{m} \tag{5-2}$$

$$H\frac{\mathrm{d}\Delta\omega^*}{\mathrm{d}t} = P_M^* - P_e^* - D\Delta\omega^* \tag{5-3}$$

式中，m 表示虚拟调差系数(rad/s·kW)；H 表示虚拟惯性时间常数(s)；D 表示虚拟阻尼系数(N·m·s)。

VSG 的转子运动方程的实现通常有两种方式，分别如图 5-3 和图 5-4 所示。

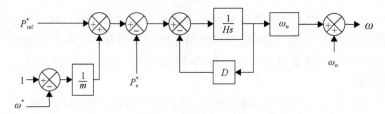

图 5-3 基于差值控制的 VSG 有功-频率环

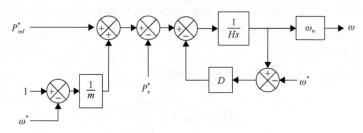

图 5-4 基于位置控制的 VSG 有功-频率环

图 5-3 所示有功-频率控制策略中，先根据 VSG 的有功指令和下垂环节得到有功参考值，与检测的实际有功输出值作差后通过惯量阻尼环节得到转速差，再与额定转速相叠加得到输出角速度。因这一控制策略先根据有功、频率和惯量阻尼计算出给定角速度与额定值之差，再叠加到额定角速度上得到输出角速度，故称其为基于差值控制的 VSG 控制策略。

图 5-4 所示有功-频率控制策略中，先根据 VSG 的有功指令和下垂环节得到有功参考值，与检测的实际有功输出值作差后，再减去阻尼系数与角速度差的乘积，通过积分器得到输出角频率。因这一控制策略直接根据有功、频率和惯量阻尼的计算结果积分得到输出角速度，故称其为基于位置控制的 VSG 控制策略。

从以上两种常规 VSG 有功-频率控制环节可以看出，由于有功-频率下垂环节的存在，VSG 可通过检测母线频率，在并网工况下可自主响应电力系统的一次调频，在孤岛工况下可主动参与微源之间的负荷分担；由于惯量阻尼环节的存在，VSG 具备了传统控制下的电流器所不具备的惯量阻尼，能够体现出柔性并网特性，同时在母线频率波动时提供必要的频率支撑，从而体现其惯量支撑能力，也可主动平抑母线波动，从而体现其阻尼特性。但以上两种常规 VSG 有功-频率控制环节在控制效果上存在一定不足，以下将对此进行具体分析。

基于差值控制的 VSG 有功-频率控制回路如图 5-3 所示，稳态条件下控制回路满足式(5-4)和式(5-5)：

$$P_{\mathrm{M}}^{*} = P_{\mathrm{ref}}^{*} + \frac{1 - \omega^{*}}{m} \tag{5-4}$$

$$H\frac{\mathrm{d}\Delta\omega^*}{\mathrm{d}t}=P_\mathrm{M}^*-P_\mathrm{e}^*-D\Delta\omega^* \tag{5-5}$$

将式(5-4)代入式(5-5)得到式(5-6)：

$$H\frac{\mathrm{d}\Delta\omega^*}{\mathrm{d}t}=P_\mathrm{ref}^*-P_\mathrm{e}^*+\frac{1-\omega^*}{m}-D\Delta\omega^* \tag{5-6}$$

由于 $\Delta\omega^*=\omega^*-1$，若记 $\Delta P^*=P_\mathrm{ref}^*-P_\mathrm{e}^*$，代入式(5-6)得到式(5-7)：

$$H\frac{\mathrm{d}\Delta\omega^*}{\mathrm{d}t}=\Delta P^*-\left(D+\frac{1}{m}\right)\Delta\omega^* \tag{5-7}$$

作为同步机参与一次调频的重要指标，调差系数的定义为频率偏差百分比与同步机输出有功功功率偏差百分比的比值。考虑到稳态条件下母线频率稳定，则频率变化率为 0，那么根据式(5-7)可知，稳态时有功与频率满足式(5-8)：

$$\Delta P^*-\left(D+\frac{1}{m}\right)\Delta\omega^*=0 \tag{5-8}$$

故 VSG 的实际调差系数 m_eq 满足式(5-9)：

$$m_\mathrm{eq}=\frac{m}{1+Dm} \tag{5-9}$$

可见 VSG 的实际调差系数 m_eq 与其设计值 m 存在偏差，由于调差系数与阻尼系数之间相互耦合，导致实际调差系数明显小于设计值，且存在上限，此上限与阻尼系数相关，具体关系如式(5-10)：

$$m_\mathrm{eq}=\frac{m}{1+Dm}=\frac{1}{1/m+D}<\frac{1}{D} \tag{5-10}$$

而阻尼系数 D 的设计需考虑 VSG 的运行稳定性，因此需要对 VSG 系统进行小信号建模分析。根据式(5-5)构造系统小信号模型的前向通道，根据同步机有功功功率与相位差的关系构造反馈环节进行闭环系统。

VSG 的有功功功率与 VSG 机端电压 U，电网电压 U_g，VSG 与电网间等效总阻抗 Z 以及 VSG 与电网的相位差等变量满足如式(5-11)：

$$P_\mathrm{e}^*=\frac{U^*U_\mathrm{g}^*}{Z^*}\sin\delta \tag{5-11}$$

由于相位差 δ 通常较小，因此 $\sin\delta\approx\delta$，得到 VSG 的有功输出如式(5-12)：

$$P_e^* = \frac{U^* U_g^*}{Z^*} \delta = S_E \delta \tag{5-12}$$

式中，S_E 为 VSG 的整步功率系数，满足式(5-13)：

$$S_E = \frac{U^* U_g^*}{Z^*} \tag{5-13}$$

因此得到基于差值控制的 VSG 小信号模型如图 5-5 所示。

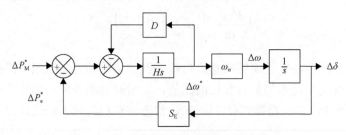

图 5-5 基于差值控制的 VSG 小信号模型

由图 5-5 可得到基于差值控制的 VSG 小信号模型闭环传递函数如式(5-14)。

$$G_p(s) = \frac{\Delta P_e^*}{\Delta P_M^*} = \frac{S_E \omega_n}{Hs^2 + Ds + S_E \omega_n} \tag{5-14}$$

根据式(5-14)所示闭环传递函数可知，这一系统为典型二阶系统，其自然频率 ω_s 和阻尼比 ξ 与 VSG 各项参数满足式(5-15)。

$$\begin{cases} \omega_s^2 = S_E \omega_n / H \\ 2\omega_s \xi = D / H \end{cases} \tag{5-15}$$

从动态响应的角度考虑，可将系统设计为最优二阶系统，即系统阻尼比为 $\xi = 0.707$，使得系统动态响应最佳，此时 VSG 的各项参数满足式(5-16)：

$$D = \sqrt{2HS_E \omega_n} \tag{5-16}$$

可以看出，VSG 阻尼系数 D 的设计与惯性时间常数 H 呈正相关，若考虑 VSG 为电网提供足够的惯量支撑，H 取值较大，则 D 取值较大，实际调差系数 m_{eq} 过小，VSG 极易在一次调频中过量响应导致 VSG 与电网失步解列。若考虑实际调差系数在合理范围内，D 取值非常小，则 H 同样取值非常小，VSG 的惯量过小，会使得 VSG 在母线频率波动时参与惯量支撑的能力不足，无法体现虚拟同步控制的优越性。

基于位置控制的 VSG 有功频率控制回路如图 5-4 所示，稳态条件下控制回路满足式 (5-8) 和式 (5-9)。

因此若记 $\Delta\omega^* = \omega^* - 1$，$\Delta P^* = P_{\text{ref}}^* - P_{\text{e}}^*$，代入式 (5-6) 得到式 (5-17)：

$$H\frac{\mathrm{d}\Delta\omega^*}{\mathrm{d}t} = \Delta P^* - \frac{1}{m}\Delta\omega^* - D(\omega^* - \omega_{\text{PLL}}^*) \qquad (5\text{-}17)$$

由于稳态条件下，母线频率恒定，其变化率为 0，且阻尼环节通过 PLL 检测到的母线频率与 VSG 频率一致，两者的差值也为 0，因此得到稳态时有功与频率满足式 (5-18)：

$$\Delta P^* - \frac{1}{m}\Delta\omega^* = 0 \qquad (5\text{-}18)$$

故 VSG 的实际调差系数 m_{eq} 即为虚拟调速器的设计值 m，由此可知基于位置控制的 VSG 阻尼系数对调差系数无影响，因此在一次调频时能够准确响应，不存在稳态误差。

但是，此种 VSG 控制策略存在动态响应特性较差的问题，由于阻尼环节中需要通过 PLL 对母线频率进行实时检测，检测环节的性能对 VSG 的动态响应影响较大，通常基于位置控制的 VSG 系统呈欠阻尼状态，动态响应特性较差。

5.2.2　虚拟同步控制结构的改进

根据 5.2.1 节中对于两种传统 VSG 控制策略的分析可知，基于差值控制的 VSG 动态响应特性佳，但在参与一次调频时存在稳态误差；基于位置控制的 VSG 能够准确参与一次调频，但动态响应特性欠佳。因此可考虑对 VSG 进行控制结构改造，使得 VSG 在准确参与一次调频的前提下，可通过参数设计提高动态响应特性。

基于位置控制的 VSG 动态响应特性欠佳主要是由 PLL 引起的，因此可在位置控制的 VSG 基础上对 PLL 进行等效替换，在对改进后的控制结构参数进行合理设计，即可提高其动态响应特性。方法是，将 PLL 检测所得的母线频率直接替换为 VSG 有功-频率环节输出经过一阶惯性环节所得到的值，考虑阻尼系数，由此得到一种阻尼环节包含微分项的改进的 VSG 控制结构，如图 5-6 所示。

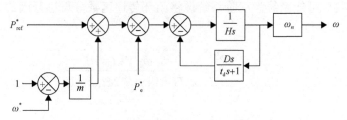

图 5-6　改进的 VSG 有功-频率环

若记 $\Delta\omega^* = \omega^* - 1$，$\Delta P^* = P_{\text{ref}}^* - P_{\text{e}}^*$ 得到改进的 VSG 有功-频率环节的稳态方程为式(5-19)：

$$H\frac{\mathrm{d}\omega^*}{\mathrm{d}t} = \Delta P^* - \frac{1}{m}\Delta\omega^* - \frac{Ds}{t_{\text{d}}s+1}\omega^* \tag{5-19}$$

由于稳态条件下，母线频率恒定，其变化率为 0，因此得到稳态时有功与频率满足式(5-20)：

$$\Delta P^* - \frac{1}{m}\Delta\omega^* = 0 \tag{5-20}$$

故 VSG 的实际调差系数 m_{eq} 即为虚拟调速器的设计值 m，由此可知改进的 VSG 阻尼系数对调差系数无影响，因此在一次调频时能够准确响应，不存在稳态误差。

根据式(5-5)构造系统小信号模型的前向通道，根据同步机有功功功率与相位差的关系构造反馈环节进行闭环系统，得到基于位置控制的 VSG 小信号模型如图 5-7 所示。

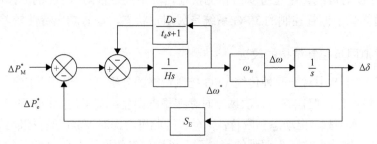

图 5-7　改进型 VSG 的小信号模型

由图 5-7 可以得到改进的 VSG 小信号模型闭环传递函数为式(5-21)：

$$G_{\text{p}}(s) = \frac{\Delta P_{\text{e}}^*}{\Delta P_{\text{M}}^*} = \frac{S_{\text{E}}\omega_n(1+t_{\text{d}}s)}{Ht_{\text{d}}s^3 + (H+D)s^2 + S_{\text{E}}\omega_n t_{\text{d}}s + S_{\text{E}}\omega_n} \tag{5-21}$$

由式(5-21)可知系统为三阶系统，将闭环传递函数分母进行因式分解得到式(5-22)和式(5-23)：

$$G_{\text{P}}(s) = \frac{\Delta P_{\text{e}}^*}{\Delta P_{\text{M}}^*} = \frac{S_{\text{E}}\omega_n(1+t_{\text{d}}s)}{k(Ts+1)(s^2+2\xi\omega_s s+1)} \tag{5-22}$$

$$\begin{cases} T = Ht_d / k \\ \omega_s = \sqrt{S_E \omega_n / k} \\ \xi = \dfrac{kt_d - Ht_d S_E \omega_n}{2k\sqrt{kS_E \omega_n}} \\ k^3 - (H+D)k^2 + Ht_d^2 k - H^2 t_d^2 S_E \omega_n = 0 \end{cases} \tag{5-23}$$

根据式(5-21)构建以 D 为参量的特征方程如式(5-24)：

$$1 + D\frac{s^2}{Ht_d s^3 + Hs^2 + S_E \omega_n t_d s + S_E \omega_n} = 0 \tag{5-24}$$

以本文采用的 VSG 为例，参数见表 5-1，设计 VSG 惯性时间常数为 H=5s，以 SCR=25，S_E=10.64 为例，考虑一定带宽裕度，设计 t_d=0.3s，此时以 D 为参量的广义根轨迹如图 5-8 所示。由图 5-8 可知，以 D 为参量的根轨迹有三条，系统有一对共轭根和一个负实根，且系统阻尼比为 0.707 时对应两个取值方案，即 D=50.2 和 D=146。若取 D=146，负实根绝对值大于共轭根实部绝对值五倍以上，因此共轭根为主导极点，但此时系统的自然频率远小于根据式(5-19)计算得出的常规 VSG 的自然频率，响应速度过慢，故此取值方案不予采纳；若取 D=50.2，负实根绝对值未超过共轭根实部绝对值三倍以上，会使系统参与响应的衰减速度加快，但系统自然频率与根据式(5-19)计算得出的常规 VSG 的自然频率大小接近，在 $D \in (0, 66.7]$ 范围内，系统阻尼比与阻尼 D 呈单调正相关。综合考虑以上两种取值方案后，决定采用 D=50.2 对应的方案。

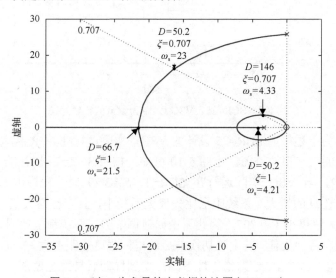

图 5-8　以 D 为参量的广义根轨迹图(SCR=25)

　　由式(5-23)可知，VSG 的系统阻尼比不仅与惯量阻尼相关，与电网整步功率系数 S_E 同样相关，而 S_E 与电网强度呈正相关。通常按照某一电网强度的 S_E 设计的 VSG 阻尼系数，随着电网强度下降，系统将呈现过阻尼或者欠阻尼特性，使得 VSG 调节性能变差。根据式(5-21)构建以 S_E 为参量的特征方程如式(5-25)：

$$1 + S_E \frac{\omega_n t_d s + \omega_n}{H t_d s^3 + (H + D)s^2} = 0 \qquad (5-25)$$

　　图 5-9 为上述按照 SCR=25 设计的 VSG，以 S_E 为参量的广义根轨迹图。由图 5-9 可知，当 $S_E > 6.69$ 时，系统阻尼比 ξ 随 S_E 减小而增大；在 $S_E \in [6.29, 6.69]$ 范围内，系统呈过阻尼；当 $S_E < 6.29$ 时，ξ 随 S_E 减小而减小。因此，按照某一电网强度设计的 VSG，随电网强度下降，或呈现过阻尼或明显欠阻尼状态，对于 VSG 动态特性有不利影响。且电网强度下降到一定程度后，VSG 不仅动态特性差，稳定性还会受到影响。

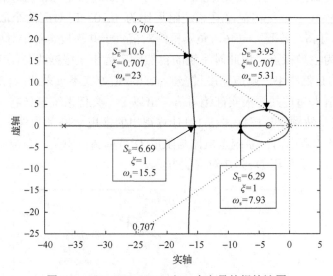

图 5-9　SCR=25、VSG 以 S_E 为参量的根轨迹图

　　图 5-10 为上述按照 SCR=25 设计的 VSG，实际运行在 SCR=4，S_E=3.29 时，以 D 为参量的广义根轨迹图。由图 5-10 可知，按照 SCR=25 设计的 VSG 阻尼系数为 D=50.2，当 VSG 实际运行在 SCR=4，S_E=3.29 时，对应的系统阻尼比为 ξ=0.511。随着 D 的增大，系统阻尼比先增大后减小，且存在最大值。此时，系统阻尼比的最大值仍小于 0.707，因此无论如何调节 D，系统都呈现明显的欠阻尼，VSG 动态响应特性欠佳。若电网切换前后的电网强度差距过大，VSG 的系统阻尼比过小，还会导致 VSG 动态稳定性下降，受到扰动后易发生振荡。

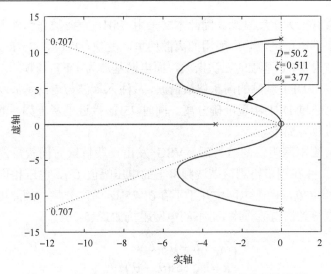

图 5-10　VSG 运行在 SCR=4 时以 D 为参量的根轨迹图

　　因此，改进型 VSG 按照某一电网强度进行参数设计，当实际运行时电网强度改变，其动态响应变差。而在实际应用中，VSG 需在大电网与微电网等不同工况下切换运行，对应电网强度变化较大，因此，能够根据实际运行的电网强度对 VSG 阻尼环节参数进行调节，对于保持 VSG 良好运行特性很有意义。

5.2.3　基于电网强度的自适应虚拟同步控制策略

　　根据 5.2.2 节分析，电网强度的变化对 VSG 响应特性有影响，且系统阻尼比与电网强度变化趋势并非单调，因而难以通过对 VSG 响应波形的特征分析得到电网阻抗，故本文采用电网阻抗在线检测方法对电网强度进行在线感知，并据此对 VSG 阻尼环节参数进行自适应优化，提高 VSG 响应特性。

　　文献[23]对并网逆变器的电网阻抗在线检测方法进行了综述，将其归为如下几类：递归估计法、LCL 谐振法、功率扰动法、谐波注入法以及其他方法。递归估计法作为被动检测方法对电网无干扰，但估测精度过低；LCL 谐振法通过激起 LCL 滤波器的谐振，根据谐振频率估算电网阻抗，但谐振峰随电网阻抗变化不显著，估测精度也较低；功率扰动法用于 VSG 时，由于 VSG 存在惯量和阻尼，响应时间较长，因此扰动功率需要的持续时间较长，在此期间可能会对电网频率波动进行响应，影响估测结果。因此本文采用谐波注入法，该方法通过向电网注入持续时间较短的谐波电压信号，并对该谐波频率下的电压电流响应进行提取，计算出注入谐波频率下的等效电网阻抗，再进行频率换算，得到工频下的等效电网阻抗。

　　为了降低电网特征次谐波与注入谐波的相互影响，同时考虑到高频谐波在通过滤波器后会有很大幅度衰减，因此本文采用 75Hz 正弦波作为注入谐波，而提取该谐波频率下电压电流响应所用的离散傅里叶变换（DFT）以 25Hz 为检测基频，那么注入谐波为 DFT 基频的三次谐波，而电网基波为 DFT 基频的二次谐波，电网特征次谐波为 DFT 基频的高频偶次谐波，故注入谐波与电网基波及特征次谐波之间解耦，可通过 DFT 实现准确分离。同时 75Hz 接近电网工频，滤波器的衰减较小，检测时较为简便。

接收到检测电网阻抗的信号后，VSG 发出一段持续时间较短，幅值较小的 75Hz 正弦波，并在端口检测该谐波频率下的电压幅值 U_H、电压相位 θ_u、电流幅值 I_H、电流相位 θ_i，由于电网中几乎不存在 75Hz 谐波分量，因此可直接根据电压和电流直接得到该谐波频率 ω_H 下的电网阻抗如式（5-26）：

$$\begin{cases} Z_H = R + j\omega_H L \\ R = U_H \cos(\theta_u - \theta_i) / I_H \\ L = U_H \sin(\theta_u - \theta_i) / \omega I_H \end{cases} \tag{5-26}$$

对阻抗的感性成分进行频率换算后得到工频下电网阻抗如式（5-27）：

$$\dot{Z}_g = R + j\omega_g L = \frac{U_H}{I_H}\cos(\theta_u - \theta_i) + j\frac{\omega_g U_H}{\omega_H I_H}\sin(\theta_u - \theta_i) \tag{5-27}$$

根据式（5-21）中 VSG 系统闭环传递函数，式（5-17）中整步系数与 VSG 和电网间等效总阻抗的关系，在系统阻尼比恒定为最优阻尼比 0.707，且 VSG 的惯性时间常数已确定的前提下，可以建立电网等效阻抗 Z_g、阻尼环节时间常数 t_d 以及阻尼系数 D 的函数关系。

由于整定时间常数 t_d 的方法较为复杂，且 t_d 取值偏小会使得系统取任意阻尼系数 D 也始终呈现明显欠阻尼，因此考虑先确定 t_d 的取值，并根据检测得到的电网等效阻抗 Z_g，对 D 进行参数的自适应优化以实现 VSG 控制策略的优化。关于 t_d 的取值，可考虑以 S_E 为参量对其进行可行域分析。由式（5-23）可知，系统阻尼比与 H, D, S_E, t_d 相关，且随参数变化存在上界。通常火电机组惯性时间常数为 $H=4\sim12s$，因此设计 VSG 惯性时间常数为 $H=5s$，t_d 关于 S_E 的可行域满足，当 D 任意取值时，系统阻尼比的上界可取到 1。

图 5-11 所示黄色区域为可行域。通常 SCR 为 6～10 以下为弱电网，20～25 以上为强电网，考虑 VSG 在微电网工况下等效于在一个极弱的电网中运行，因此充分考虑裕度，使得 SCR=2，S_E=1.81 的极端条件下，VSG 仍可通过调节 D 使得系统阻尼比可在 0～1 范围内调节，进而合理取值实现性能优化。又根据式（5-27）可知，此三阶系统的负实根的绝对值与 t_d 成反比，因此希望 t_d 取值尽可能小，以

削弱负实根对共轭根的影响。综合考虑，取 t_d=0.6s。

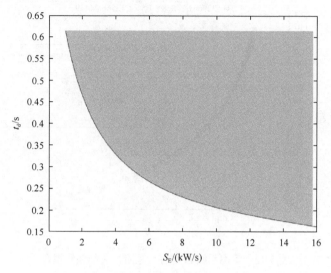

图 5-11　阻尼环节时间常数 t_d 关于整步系数 S_E 的可行域

由式(5-23)可知，作为高阶系统，改进的 VSG 系统阻尼比计算较为复杂，若直接根据闭环传递函数计算，在通过数字信号处理系统实现 VSG 的控制器时，自适应函数的运算量过大，对控制器资源占用太多，对系统造成负面影响。因此可在 H，t_d 取值确定的前提下，计算在不同的等效总阻抗 Z 的条件下，使得系统阻尼比为 0.707 时 D，并通过回归分析，得到 VSG 合理运行范围内 D 与 Z 的近似函数关系。

以本文采用的 VSG 为例，参数见表 5-1，在 H=5s，t_d=0.6s 的前提下，考虑电网短路比范围为 SCR∈[2，50]，计算使得系统阻尼比为 0.707 时 D 的取值，以 D 的相关表达式为因变量，以 Z 为参变量进行回归分析。考虑到以 D 为因变量时，需要五次函数拟合才可得到较高的拟合精度，相关度为 0.99992，如图 5-12；而以 $1/D$ 为因变量时仅需三次函数拟合即可得到很高的拟合精度，相关度为 0.99994，如图 5-13。因此最终采用 $1/D$ 为拟合因变量，因此得到 D 与 Z 的优化函数关系为式(5-28)：

$$D = \frac{1}{0.00434 + 0.10629Z - 0.21995Z^2 + 0.25997Z^3} \tag{5-28}$$

按照式(5-28)根据检测所得 Z 对 D 进行在线调节，可使 VSG 在电网强度变化前后均体现较好的动态响应特性，更适应大电网与微电网工况之间的切换运行。

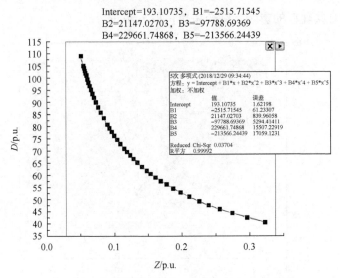

图 5-12　阻尼系数 D 与等效总阻抗 Z 的曲线拟合

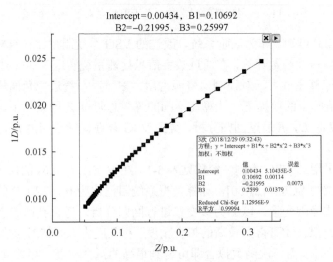

图 5-13　阻尼系数 D 的倒数与等效总阻抗 Z 的曲线拟合

5.3　计及 SOC 的虚拟同步控制

5.3.1　荷电状态对储能系统的影响

　　常用的储能方式包括机械储能、相变储能、电磁储能以及电化学储能，通过电能与势能、动能、内能、化学能等其他形式能量的相互转换，实现能量的可控储存与释放。本文所用锂电池即为典型的电化学储能，通过原电池反应将金属锂被氧化时产生的能量转化为电能释放，通过电解池反应将电能转化为锂离子被还原时所需的能量,从而完成电能与化学能之间的转换,实现储能。相比于传统的铅酸电池,锂电池的功率密度和能量密度高、单体输出电压高、工作效率高、工作温度范围宽、循环寿命长,但是锂电池的使用成本和回收成本过高,因此尚未在微电网中大规模应用。

锂电池的伏安特性与其电压和内阻相关,而其电压和内阻受 SOC 水平影响。因此通常需要对储能系统进行等效建模,从而更为具体和直观地分析在不同 SOC 水平下储能系统的性能变化及其对电网的影响。

文献[24]对锂电池作戴维宁等效,将其化为受控电压源与阻抗串联的模型,受控电压源的端电压和稳态与暂态阻抗值均与 SOC 相关,根据实际锂电池的伏安特性对模型进行参数设计,使得模拟精度尽可能高。锂电池模型如图 5-14 所示,其中 $V_{oc(soc)}$ 为受控电压源,R_{series} 为稳态电阻,$R_{transient\_S}$,$C_{transient\_S}$ 分为暂态电阻和电容,$R_{transient\_L}$,$C_{transient\_L}$ 分为次暂态电阻和电容。

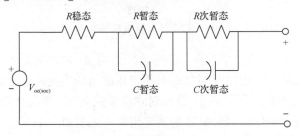

图 5-14　锂电池模型

记锂电池当前 SOC 水平为 soc,那么锂电池模型的电压和阻抗关于 soc 的函数关系如式(5-29)和式(5-30):

$$V_{oc}(soc) = -1.031 \cdot e^{-35soc} + 3.685 + 0.2156 \cdot soc - 0.1178 \cdot soc^2 + 0.3201 \cdot soc^3 \quad (5\text{-}29)$$

$$\begin{cases} R_{series} = 0.1562 \times 2^{-24.37soc} + 0.07446 \\ R_{transient\_S} = 0.3208 \times e^{-29.14soc} + 0.04669 \\ C_{transient\_S} = -752.9 \times e^{-12.51soc} + 703.6 \\ R_{transient\_L} = 6.603 \times e^{-155.2soc} + 0.04984 \\ C_{transient\_L} = -6056 \times e^{-27.12soc} + 4475 \end{cases} \quad (5\text{-}30)$$

根据式(5-29)得到锂电池开路电压随 SOC 水平变化趋势见图 5-15。

由图 5-15 可知,锂电池开路电压与 SOC 水平呈正相关,在 SOC 处于 20%~80%范围内电压较为稳定,锂电池单元的端电压在 3.8V±0.1V 范围内变化;当 SOC 水平低于 10%时,随着 SOC 水平降低,锂电池开路电压显著降低,且 SOC 水平越低,电压随 SOC 变化率越大,锂电池单元的端电压最低可跌到 2.6V,相比额定电压 3.8V 减小了 31.6%。

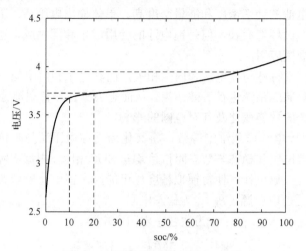

图 5-15 锂电池开路电压 SOC 特性

锂电池单元在 SOC 水平较低时端电压跌落明显，而储能系统需多个锂电池串并联形成锂电池组，SOC 水平过低时其端电压跌落幅度更为显著，会导致储能变流器过调制，电能质量明显降低。且针对本文研究对象，储能系统采用 VSG 控制策略时，不仅需要响应微网控制器的调度指令，还要自主响应一次调频和惯量支撑，同时在孤岛工况下需作为主电源运行，若在 VSG 在 SOC 水平过低时仍足量响应一次调频和惯量支撑，很可能使得 VSG 因电量不足而停机，在并网工况下，VSG 停机后无法继续平抑其他分布式电源诸如光伏变流器的波动，电能质量下降，在孤岛工况下，作为主电源的 VSG 停机后会使得整个微电网无法正常运行，后果更为严重。同样，在 SOC 水平过高时，VSG 可吸收的能量有限，平抑波动的能力会显著下降，导致电能质量变差。

根据以上分析可知，VSG 在 SOC 水平过高和过低时运行效果均较差，因此可考虑根据 SOC 水平对 VSG 参与一次调频和惯量支撑的程度进行优化调整，即针对 VSG 的调差系数和惯量阻尼进行优化调整，使得 VSG 在 SOC 水平较低时，可以减少出力程度，从而延长 VSG 的使用时间；在 SOC 水平较高时可以增加出力，以免 VSG 满充导致平抑波动能力下降。

5.3.2 基于 SOC 的调差系数自适应优化方法

调差系数是 VSG 参与一次调频的重要指标，通过模拟同步发电机的原动机调速器模块，实现 VSG 参与一次调频的功能。

以在频率下跌为例，在调速器感受到母线频率下降后，通过增加原动机出力的方式将频率进行一定幅度的抬升，虽然由于调度指令未变，最终新的平衡点对应的频率低于工频，但较进行一次调频之前有了提升，使得母线频率的偏差减小。这一过程中，频率变化量与功率变化量之比的绝对值，即为式(5-31)所示调差系数：

$$m = \Delta\omega^* / \Delta P^* \tag{5-31}$$

对应同一母线上各个具有一次调频能力的微源而言，若母线上发生负荷投切或者电源投切，出现数值为 ΔP_Σ 的功率缺额，在进行二次调频改变各微源的调度指令之前，微源间通过一次调频达到新的稳态，两个稳态点的母线频率之差为 $\Delta\omega_\Sigma$，满足式(5-32)：

$$\Delta P_i = \Delta\omega_i / m_i \quad (i = 1, 2, \cdots)$$
$$\sum_1^i \Delta P_i = \Delta P_\Sigma, \quad \Delta\omega_i = \Delta\omega_\Sigma \tag{5-32}$$

由式(5-32)可知，在母线频率变化量一定的前提下，VSG 的有功出力变化量与调差系数成反比，调差系数越小，VSG 在并网工况下参与一次调频的出力变化量越大，在孤岛工况下进行微源间功率分配时承担的出力变化量也更多。

因此可在 SOC 水平过高或过低时调节 VSG 的调差系数，改变其参与一次调频的程度，使得 VSG 运行特性更佳。

结合 SOC 的水平以及频率偏差的正负号，可将 VSG 在 SOC 极端情况下的运行状态分为以下四种：SOC 水平较低，频率低于工频；SOC 水平较低，频率高于工频；SOC 水平较高，频率低于工频；SOC 水平较高，频率高于工频。以下将针对这四种情况及其自适应优化方法进行具体分析。

(1)当 SOC 水平较低，频率低于工频时，VSG 能量不足，但母线频率低于工频，VSG 需响应电网一次调频发出一定的有功。通常电网一次调频持续时间在10～180s，180s 后需进行二次调频，若要 VSG 在低电量下尽可能延长运行时间，不至于停机，可增大调差系数，以减少响应一次调频的额外有功出力，在电网完成二次调频以后，母线频率恢复工频，VSG 可继续根据调度指令运行。

若 VSG 按额定功率出力的可运行时间为 t_0，额定调差系数为 m_0，在上述条件下，当 $soc \leqslant soc_1$ 时对调差系数进行关于 SOC 水平的自适应优化，得到关于 SOC 的调差系数为 $m_1(soc)$，假设 VSG 接受的调度指令为 0kW 以便分析，若此时 SOC 水平为 soc_1，母线频率降低了 $\Delta\omega$。

若按照额定调差系数运行，且母线频率稳定，则 VSG 可持续时间如式(5-33)：

$$t_{\text{origin}} = \frac{t_0 \cdot soc_1 \cdot m_0}{\Delta\omega^*} \tag{5-33}$$

若按照根据 SOC 自适应优化的调差系数运行,且母线频率稳定,满足式(5-34)：

$$\begin{cases} P^*(\text{soc}) = \dfrac{\Delta\omega^*}{m_1(\text{soc})} \\[2ex] \text{soc} = \text{soc}_1 - \dfrac{\displaystyle\int_0^t P^*(\text{soc})\mathrm{d}t}{t_0} \end{cases} \tag{5-34}$$

　　设计 VSG 的自适应调差系数,考虑 VSG 会主动响应母线频率波动,因此 SOC 水平可能会随之产生小幅度波动,为防止在 SOC 的边界点产生调差系数的跳变抖动导致 VSG 稳定性下降,自适应函数需满足调差系数随 SOC 水平变化平滑,因此设计 $m_1(\text{soc})$ 为连续函数,且对应 $\text{soc}=\text{soc}_1$ 时有 $m_1(\text{soc})=m_0$,同时考虑系统复杂度,减轻控制器的运算压力,自适应函数需尽可能简化。最终设计自适应函数为式(5-35):

$$m_1(\text{soc}) = m_1 + \frac{m_0 - m_1}{\text{soc}_1} \cdot \text{soc} \tag{5-35}$$

式中,$m_1 > m_0$,m_1 的参数整定将在四种情况讨论完毕后进行综合分析。

　　将式(5-35)代入式(5-33)得到式(5-36):

$$\begin{cases} P^*(\text{soc}) = \dfrac{\Delta\omega^*}{m_1 + \dfrac{m_0 - m_1}{\text{soc}_1} \cdot \text{soc}} \\[3ex] \text{soc} = \text{soc}_1 - \dfrac{\displaystyle\int_0^t P^*(\text{soc})\mathrm{d}t}{t_0} \end{cases} \tag{5-36}$$

　　将式(5-36)中上式代入下式,等式两边同时对 t 求导,解微分方程可得到式(5-37):

$$\text{soc}(t) = -\sqrt{\frac{2\text{soc}_1\Delta\omega^*}{t_0(m_1 - m_0)} \cdot t + \left(\frac{m_0\text{soc}_1}{m_1 - m_0}\right)^2} + \frac{m_1\text{soc}_1}{m_1 - m_0} \tag{5-37}$$

　　由此得到,在自适应优化后,若母线频率保持不变,VSG 的 SOC 水平由 soc_1 降为 0 所需时间如式(5-38):

$$t_{\text{adjust}} = \frac{t_0 \cdot \text{soc}_1 \cdot (m_1 + m_0)}{2\Delta\omega^*} \tag{5-38}$$

因此较优化之前，VSG 的可持续时间增加值如式(5-39)：

$$t_{\text{adjust}} = \frac{t_0 \cdot \text{soc}_1 \cdot (m_1 - m_0)}{2\Delta\omega^*}$$ (5-39)

通过对参数 m_1 的整定，可在低 SOC 水平且母线频率低于工频时，有效延长 VSG 的可持续时间。

(2) 当 SOC 水平较低，频率高于工频时，VSG 能量不足，此时母线频率高于工频，VSG 可响应电网一次调频吸收一定的有功。此时可考虑减小调差系数，增加 VSG 吸收的有功功率，使其 SOC 水平有一定程度回升，可使锂电池组的端电压随之有一定程度提升，从而使 VSG 的运行区间更优。

与工况(1)类似，最终得到此种工况下，调差系数的自适应函数为式(5-40)：

$$m_2(\text{soc}) = m_2 + \frac{m_0 - m_2}{\text{soc}_1} \cdot \text{soc}$$ (5-40)

式中，$m_2 < m_0$，m_2 的参数整定将在四种情况讨论完毕后进行综合分析。

(3) 当 SOC 水平较高，频率低于工频时，VSG 电量过高，此时母线频率低于工频，VSG 可响应电网一次调频发出一定的有功。此时可考虑减小调差系数，增加 VSG 发出的有功功率，使其 SOC 水平有一定回落，可使 VSG 有更多的能量裕度来参与接下来的惯量支撑等，提高其平抑波动的能力。

与工况(1)中分析类似，当 soc≥soc₂ 时对调差系数进行关于 SOC 水平的自适应优化，最终得到此种工况下，调差系数的自适应函数为式(5-41)：

$$m_3(\text{soc}) = m_3 + \frac{m_0 - m_3}{1 - \text{soc}_1} \cdot (1 - \text{soc})$$ (5-41)

式中，$m_3 < m_0$，m_3 的参数整定将在四种情况讨论完毕后进行综合分析。

(4) 当 SOC 水平较高，频率高于工频时，VSG 电量过高，此时母线频率高于工频，VSG 需响应电网一次调频吸收一定的有功。然而此时 VSG 能量裕度很小，若继续足量响应电网一次调频，进一步吸收能量，可能会使 VSG 满充，若接下来发生母线频率波动需 VSG 进行惯量响应吸收有功，VSG 无法参与波动平抑，会导致母线频率波动偏大，对于电能质量造成负面影响。

与工况(1)中分析类似，当 soc≥soc₂ 时对调差系数进行关于 SOC 水平的自适应优化，最终得到此种工况下，调差系数的自适应函数为式(5-42)：

$$m_4(\text{soc}) = m_4 + \frac{m_0 - m_4}{1 - \text{soc}_1} \cdot (1 - \text{soc})$$ (5-42)

式中，$m_4 > m_0$，m_4 的参数整定将在四种情况讨论完毕后进行综合分析。

以上将 VSG 的 SOC 水平处于极端条件下的四种工况及其自适应优化方法进行了定性分析，下面将进一步量化指标，对自适应方法进行整合，并对自适应函数的相关参数进行边界分析和整定。

对应上述四种工况的，其定性分析所提的四适应优化函数如式(5-35)、(5-40)~(5-42)所示，形式并不统一，在进行控制系统实现时较为复杂，因此可考虑对四种工况的自适应优化函数进行整合，形成统一的形式，便于参数整定和控制器实现。

记实际 SOC 水平与 50%的差值为 Δsoc，母线频率与额定值的差值的标幺值为 $\Delta\omega^*$，当 $|\Delta soc| \leqslant \Delta soc_{lim}$ 时，VSG 的调差系数恒为 m_0；当 $|\Delta soc| \geqslant \Delta soc_{lim}$ 时对调差系数进行关于 SOC 水平的自适应优化，且边界为：在 soc=0 和 soc=100%时，VSG 的调差系数与 m_0 的差值的绝对值为 Δm_0。记关于 SOC 区间与频率偏差方向的符号函数如式(5-43)：

$$k = \begin{cases} 1, & \Delta soc \cdot \Delta\omega^* \geqslant 0 \\ -1, & \Delta soc \cdot \Delta\omega^* < 0 \end{cases} \tag{5-43}$$

则统一的自适应优化函数为式(5-44)：

$$m(\Delta soc) = m_0 + k \cdot \frac{\Delta m_0}{0.5 - \Delta soc_{lim}} \cdot (|\Delta soc| - \Delta soc_{lim}), \quad |\Delta soc| \geqslant \Delta soc_{lim} \tag{5-44}$$

再进一步考虑，在某一极端 SOC 水平的工况下，对应一定的母线频率偏差，VSG 充电和放电时调差系数并不相同，考虑到若 VSG 的输出有功在 0 附近，此时出现母线频率波动导致 VSG 在充电和放电之间来回切换，会使得调差系数来回跳变，导致 VSG 稳定性欠佳。因此考虑在自适应函数上设置一定的关于母线频率的死区，仅当频率偏差超过一定幅度后才针对调差系数进行自适应优化，使得调差系数的自适应优化尽可能针对一次调频，减小对惯量支撑响应的影响，因此以 ±0.02Hz 为死区，仅当频率偏差超过限值后才进行调差系数的自适应优化。

最后考虑自适应函数的参数设置，针对 m_0 的取值，通常火电机组的调差系数为 5%，考虑 VSG 大部分时间工作在正常 SOC 范围内且母线频率为工频，因此取此范围内的调差系数为 m_0=5%。

针对 Δsoc_{lim} 的取值，考虑当 VSG 的 SOC 水平跌落到 10%以下时，电池组端电压已经明显跌落，而 SOC 水平跌落到 15%以下时，电池组端电压关于 SOC 的导数已经明显增大，随 SOC 水平下降而跌落的趋势加快，而 SOC 水平在 20%~80%时 VSG 端电压变化幅度很小，因此最终考虑一定的电量裕度，取 Δsoc_{lim}=30%，即 VSG 的 SOC 水平处于 20%~80%区间内不进行调差系数的自适应优化，处于

0~20%和80%~100%区间内调差系数随 SOC 水平变化。

　　针对 Δm_0 的取值，首先低压配网允许的频率变化在±1%范围内，因此在在自适应优化后 VSG 的调差系数最小应限制在 1%，此时母线频率变化 1%时 VSG 输出有功变变化 100%，若进一步减小调差系数，会使得 VSG 过度响应一次调频，容易触发有功环节限幅，无法继续进行针对功率波动等的调节。同时还需考虑电网一次调频持续时间限制，要使得 VSG 在 SOC 水平过低时能尽量多运行一段时间，待电网完成二次调频后等候调度指令进行充电，电网一次调频时间最大为 3min，考虑 VSG 在额定功率输出下最大可运行 30min。最终取 Δm_0=4%。

　　因此调差系数关于 SOC 水平的自适应优化函数为式(5-45)：

$$m(\Delta soc) = 5\% + 0.2k \cdot (|\Delta soc| - 30\%)$$
$$(|\Delta soc| \geqslant 30\%, \quad |\Delta f| \geqslant 0.02\text{Hz}) \tag{5-45}$$

式中，k 的取值见式(5-43)。按上式对调差系数进行自适应优化，可使 VSG 在 SOC 水平过高和过低时，具有较好的荷电状态友好性，在电量过低时可延长运行时间，在电量过高时可保持一定裕度继续参与母线频率调节，如图 5-16，5-17 所示。

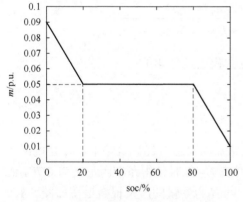
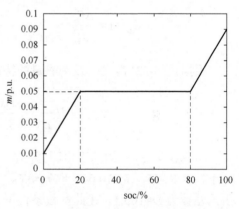

图 5-16　考虑 SOC 的自适应调差系数　　　　图 5-17　考虑 SOC 的自适应调差系数
　　　　（$\Delta f \leqslant -0.02\text{Hz}$）　　　　　　　　　　　　　（$\Delta f \geqslant 0.02\text{Hz}$）

5.3.3　基于 SOC 的转动惯量自适应优化方法

　　转动惯量时 VSG 参与惯量响应的重要指标，通过模拟同步发电机的转子运动方程，实现 VSG 的惯量支撑。

　　同步机的惯量支撑过程如下：当母线频率发生波动时，同步机转子感受到频率变化并随之同步变化，若母线频率下跌，则同步机转子的转速随之下降，将动能转化为电能传输到母线，以减小频率跌落幅度；若母线频率上升，则同步机转子的转速随之上升，转子转速上升所需的动能由同步机吸收有功的电能转化而来，以减小频率上升幅度，从而使得母线频率相对平稳。VSG 的虚拟转动惯量即用于模拟这一过程。

若 VSG 惯性时间常数为 H，起初运行在额定频率 ω_0 下，此时母线频率产生了幅度为 $\Delta\omega$ 的短时频率波动，那么在此过程中 VSG 转子动能与电能之间相互转换的变化量如式(5-46)：

$$\Delta E = \frac{1}{2} J(\omega_1^2 - \omega_0^2) = \frac{HS_n}{2\omega_0^2}(\Delta\omega^2 + 2\omega_0\Delta\omega) \tag{5-46}$$

可见，VSG 参与惯量支撑所提供的能量与频率偏差呈正相关，与 VSG 的惯性时间常数成正比。

因此，在 VSG 的 SOC 水平较低时，可适当减小 VSG 的转动惯量，避免在母线频率因负荷投切或波动性微源导致波动较为频繁时，VSG 因频繁响应惯量支撑过度放电导致停机，从而延长 SOC 水平过低时 VSG 的运行时间。

然而针对 VSG 转动惯量的调整，还需考虑到系统的稳定性与响应特性。根据第 3 章的分析推导可知，改进的 VSG 小信号模型闭环传递函数为式(5-47)：

$$G_p(s) = \frac{\Delta P_e^*}{\Delta P_M^*} = \frac{S_E\omega_n(1+t_d s)}{Ht_d s^3 + (H+D)s^2 + S_E\omega_n t_d s + S_E\omega_n} \tag{5-47}$$

根据式(5-52)构建以 H 为参量的特征方程如式(5-48)：

$$1 + H\frac{t_d s^3 + s^2}{Ds^2 + S_E\omega_n t_d s + S_E\omega_n} = 0 \tag{5-48}$$

考虑在第 3 章的基于电网强度在线感知的自适应优化策略下，在强电网条件下，SCR=25，S_E=10.64，取 t_d=0.6s，对应 H=5s 时使得系统阻尼比为 0.707 的阻尼系数为 D=105.1，在此参数条件下，以 H 为参量的广义根轨迹图如图 5-18。在弱电网条件下，SCR=4，S_E=3.29，取 t_d=0.6s，对应 H=5s 时使得系统阻尼比为 0.707 的阻尼系数为 D=45.8，在此参数条件下，以 H 为参量的广义根轨迹图如图 5-19。

由图 5-18 和图 5-19 可知，以 H 为参量的广义根轨迹有一对共轭根和一个负实根，当其他参数不变时，随着 H 的减小，系统阻尼比增大，自然频率有一定程度增大；但 H 减小到一定程度后，系统的两个共轭根均落在负实轴上，随着 H 的继续减小，系统始终呈过阻尼，其中一个根会进一步靠近虚轴，系统自然频率减小，那么系统在过阻尼的同时自然频率变小，响应速度会十分缓慢，影响 VSG 的响应特性。因此综合考虑，VSG 的惯性时间常数最小值可取到 H=2.5s。H 的基准值可取 1s，因而其有名值与基准值相等。

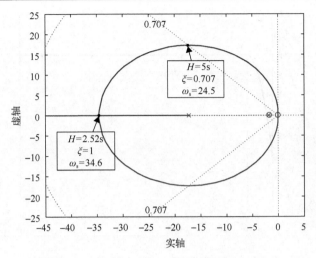

图 5-18　以 H 为参量的广义根轨迹图（SCR=25）

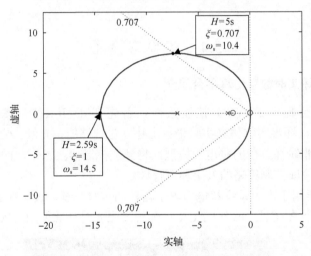

图 5-19　以 H 为参量的广义根轨迹图（SCR=4）

　　由于惯性时间常数的改变对系统动态响应特性较为明显，因此考虑仅在 SOC 水平低于 10% 时，电池端电压已明显下降，且随电量下降会进一步快速下降的极端条件下，出于对 VSG 整体性能的考虑，对 VSG 惯性时间常数进行自适应优化，牺牲一部分动态响应特性以延长 VSG 的使用时间（图 5-20）。同时考虑自适应函数需尽量平滑，最终得到调差系数关于 SOC 水平的自适应优化函数为式（5-49）：

$$H = \begin{cases} 5 - 250 \cdot (\mathrm{soc} - 0.1)^2, & \mathrm{soc} \leqslant 10\% \\ 5 & , & \mathrm{soc} > 10\% \end{cases} \tag{5-49}$$

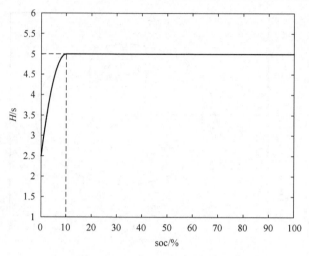

图 5-20　考虑 SOC 的自适应转动惯量

5.4　实验与验证

5.4.1　硬件在环实时数字仿真平台简介

为验证基于储能的 VSG 控制策略，首先在 DSP-RTDS（real time digital simulator）硬件在环半实物仿真实验平台上建立包含储能、光伏、柴油机、常规负荷、不平衡与非线性负荷的微电网模型，将储能控制器接入平台的控制回路中，通过实时仿真验证控制策略的效果和可行性。

RTDS 主要用于电力系统和电力电子器件的实时仿真，设备如图 5-21 所示，每台设备有两个 RACK，每个 RACK 可配置 5 张实时计算所用 GPC 板卡。

图 5-21　RTDS 仿真机柜

作为实时仿真工具，RTDS 有如下特点：

（1）RTDS 运算速度快，其仿真是实时的，即仿真所需时间与设定时间完全一致，运行 1s 仿真所需时间也为 1s，因此在模拟电力系统和电力电子器件运行时更为真实，也为与外部控制器的联合运行提供了必要条件。

（2）RTDS 具有实时性，且外部接口丰富，可与外部控制器联合运行，将控制算法独立出来用外部控制器实现，从而进行数字与物理混合的硬件在环仿真，可用于纯物理实验不便进行的实验场景。

（3）RTDS 所用仿真软件 RSCAD 包含的电力系统和电力电子元器件库资源丰富，可便捷搭建模型。

本实验所用的硬件在环平台由 RTDS、DSP、上位机及模组间通讯线组成，其中 DSP 由 TMS320F28335 单片机实现，DSP 与上位机之间通过 XDS100v2 的 USB 通讯线进行通讯，DSP 与 RTDS 之间通过光纤和 GTAO、GTDI 板卡实现模数和数模转换进行通讯，具体为 RTDS 通过 GTAO 板卡将电压电流等模拟量信号传送给 DSP，DSP 根据检测量和控制算法得到 PWM 脉冲信号后，通过 GTDI 板卡将这一数字量信号送回 RTDS，实现对于半导体开关器件的控制。

RTDS-DSP 硬件在环平台的整体架构如图 5-22。

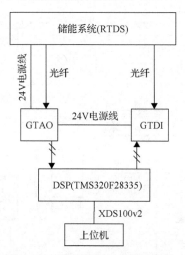

图 5-22　硬件在环平台整体架构

储能系统的锂电池模型采用 RTDS 的电池模型。由于 RTDS 中电力系统模型为大步长模型，运行步长在 50μs 以上，而电力电子模型为小步长模型，运行步长在 2μs 以下，不能直接连接，因此锂电池模型的端电压和电流将作为受控电压源的指令值用于小步长模型中。而受控电压源将作为储能变流器的直流电源，其中储能变流器的 PWM 信号经由 GTDI 从 DSP 获取，输出的电压和电流信号通过变步长接口模块与微电网母线相连，同时经由 GTAO 发送给 DSP 进行信号的采样和处理，如图 5-23 所示。

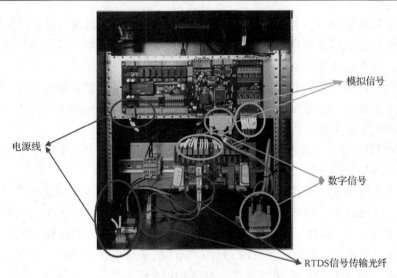

图 5-23 控制器及通讯模组

光-储-柴微电网 RTDS 整体模型如图 5-24。

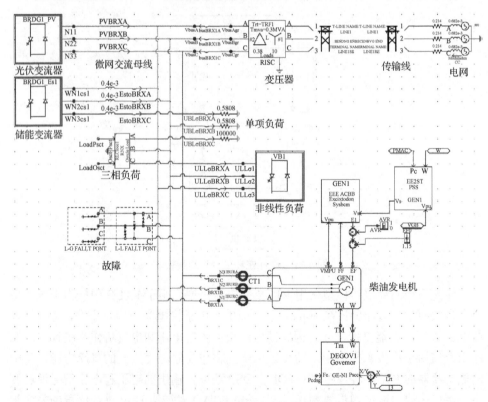

图 5-24 RTDS 微电网实时仿真模型

图 5-24 所示光-储-柴微电网模型包含电网、传输线路、主变压器和微电网，其中微电网包含三种微源：储能变流器、光伏变流器、柴油机，三种负载：三相平衡线性负荷、单相线性负荷、三相非线性负荷，以及故障模组。其中，除储能变流器的控制单元由 DSP 实现以外，其他模型以及光伏变流器和柴油机的控制单元均由 RTDS 仿真平台实现。

微电网及低压配电网、储能变流器、光伏变流器和柴油机的相关仿真实验参数如表 5-1 所示。

表 5-1　微网实时仿真模型相关参数

微电网及低压配电网参数	取值
微网交流母线电压 U_{mg}/kV	0.38
配电网线电压 U_g/kV	10
架空传输线长度 L/km	6
架空线直流电阻 R/(Ω/km)	0.253
架空线电抗 X/(Ω/km)	0.25134
电网内阻抗-电阻 R_u/Ω	0.214
电网内阻抗-电抗 L_u/mH	0.682
储能变流器参数	**取值**
直流母线电压 U_{DC}/V	635
直流母线电容 C_{DC}/μF	800
额定容量 S_n/kVA	250
开关频率 f_s/Hz	5000
逆变器侧滤波电感 L_f/mH	0.3
滤波电容 C_f/μF	120
网侧滤波电感 L_g/mH	0.05
光伏变流器参数	**取值**
直流母线电压 U_{DC}/V	645
直流母线电容 C_{DC}/μF	800
额定容量 S_n/kVA	500
开关频率 f_s/Hz	5000
滤波电感 L_f/mH	0.35
滤波电容 C_f/μF	100
柴油机参数	**取值**
额定电压 U_{DGS}/kV	0.38
额定容量 S_n/kVA	630
额定频率 f/Hz	50
惯性时间常数 H/(MW·s/MVA)	6.7

	续表
柴油机参数	取值
调差系数 m/p.u.	5%
暂态阻抗 X_d'/p.u.	0.2
暂态时间常数 T_{do}'/s	0.14
负荷参数	取值
三相平衡线性负荷 P_1/kW	10～800
三相非线性负荷 P_2/kW	0～100
A 相单相线性负荷 P_3/kW	0～85
B 相单相线性负荷 P_3/kW	0～85
C 相单相线性负荷 P_3/kW	0～85

5.4.2 常规与改进的虚拟同步控制对比实验

本文在 5.2.1 节中分析了两种常规 VSG 控制策略的不足之处，因此首先将这两种控制策略与改进的 VSG 控制策略的有功-频率响应进行对比，包括有功阶跃响应和一次调频响应。

1）常规控制与改进控制策略的一次调频特性对比

对比实验在 VSG 并入强网的条件下进行，此时 SCR=25，S_E=10.64，三种 VSG 惯性时间常数和调差系数均为 H=5s，m=5%。对于差值控制的 VSG，根据式（5-20）设计得到对应最优二阶系统的阻尼系数为 D=183.2；对于位置控制的 VSG，考虑系统稳定性，设计其阻尼系数为 D=206.5；对于改进的 VSG，根据图 5-8 所示根轨迹设计 t_d=0.3s，D=50.2。

在第 0.6s 时，电网频率分别发生 0.1Hz 和 0.5Hz 的频率下跌，三种 VSG 的一次调频响应曲线如图 5-25 和图 5-26。

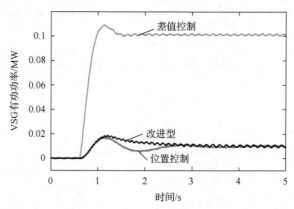

图 5-25　频率下跌 0.1Hz 时三种 VSG 一次调频响应

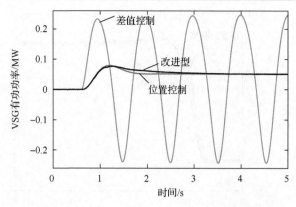

图 5-26　频率下跌 0.5Hz 时三种 VSG 一次调频响应

由图 5-25 可知，强电网在第 0.6s 发生了频率偏移，当强网频率下跌 0.1Hz 即 0.2%时，差值控制的 VSG 增加了约 101kW 即 40.4%的有功输出，实际调差系数为 m_r=0.495%，与式(5-13)所推导的等效调差系数 m_{eq}=0.493%相符合，由此证实了差值控制的 VSG 中阻尼系数与调差系数相耦合，使得实际调差系数远小于设计值。位置控制的 VSG 和改进的 VSG 均增加了约 10kW 即 4%的有功输出，实际调差系数为 m_r=5%，与设计值相同，说明这两种 VSG 控制的阻尼对于调差系数无影响，符合设计预期。

根据 5.2.1 节中的分析，差值控制的 VSG 的调差系数受阻尼影响实际值过小，受容量限制，在参与一次调频时其频率调节范围窄，而实际低压配电网允许的频率波动为±0.5Hz，极易超出其调节范围，而常规限幅环节起不到预期的作用，会使得 VSG 与电网产生滑差，进一步失步解列。当强网频率下跌 0.5Hz 即 1%时，由图 5-26 可知，位置控制的 VSG 和改进的 VSG 均增加了约 50kW 即 20%的有功输出，而差值控制的 VSG 由于超出调节范围且限幅失败，产生低频振荡。

2）常规控制与改进控制策略的有功阶跃响应特性对比

实验条件和 VSG 参数同(1)，电网频率为工频，在第 0.6s 将 VSG 的有功调度指令由 0kW 变为 40kW，观察并对比其阶跃响应。

由图 5-27 可知，VSG 的有功指令在第 0.6s 由 0kW 变为 40kW 后，差值控制的 VSG 超调为 4.5%，改进的 VSG 超调为 4.7%，基本符合最优二阶系统的响应特性，改进的 VSG 受根轨迹上的负实根影响，响应速度略慢于差值控制的 VSG，但仍在合理范围内；而位置控制的 VSG 超调为 20.3%，系统呈明显欠阻尼，动态响应特性欠佳。

以上实验验证了常规 VSG 控制策略的不足，以及改进的 VSG 控制策略的在有功-频率响应特性上的优越性，下面将针对改进的 VSG 的电网强度适应性进行进一步分析和实验验证。

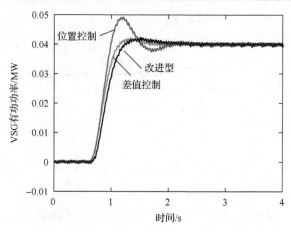

图 5-27 三种 VSG 有功阶跃响应

3) 改进型 VSG 在不同电网强度下的响应特性

考虑到 VSG 需要在大电网和微电网等工况下切换运行，因此需要 VSG 在不同电网强度下均具备较好的响应特性。根据 5.2.2 节的分析，改进的 VSG 与常规 VSG 一样在电网强度适应性上存在不足，且问题更为复杂，按强电网整定参数的 VSG 运行在弱电网条件下，可能会呈现过阻尼或欠阻尼。

图 5-28 为按 SCR=25，S_E=10.64 的强网条件整定的 VSG，参数同上，当电网强度变弱，分别为 SCR=10，S_E=6.45 和 SCR=4，S_E=3.29 时的有功阶跃响应。

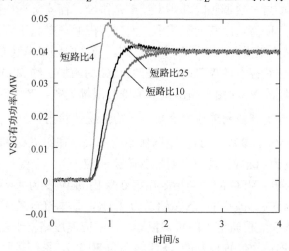

图 5-28 不同电网强度下改进的 VSG 有功阶跃响应

由图 5-28 可知，按 SCR=25 条件下设计 VSG 的相关参数，在该条件下响应特性较好；当电网强度减弱，为 SCR=10 时，VSG 呈过阻尼，其响应速度明显变慢；当电网强度进一步减弱，为 SCR=4 时，VSG 超调为 19.6%，呈明显欠阻尼，动态响应特性欠佳。

针对这一问题，5.2.3 节提出了一种基于电网阻抗在线检测的 VSG 阻尼自适应方法，可使 VSG 在不同电网强度下，通过调节阻尼系数保持较好的动态响应特性，下面将对此进行实验验证。

4) 电网强度在线自适应的 VSG 在不同电网强度下的响应特性

根据图 5-11 所示可行域分析，在惯性时间常数 H=5s 前提下，取阻尼环节时间常数 t_d=0.6s，当 VSG 控制器的定时器计数值达到目标触发中断后，VSG 向母线注入持续时间为 1s、频率为 75Hz、幅值为 2V 的谐波电压信号，以 25Hz 为基频对 VSG 的电压电流信号作 DFT，取其三次谐波，得到该时间段内的 75Hz 谐波电压电流信号，进而计算电网等效阻抗，对阻尼系数进行在线调节。以 SCR=4 时为例，检测得到 75Hz 谐波电压电流的幅值和相角如图 5-29。采用该自适应方法后，在上述三种电网强度下，改进的 VSG 有功阶跃响应如图 5-30。

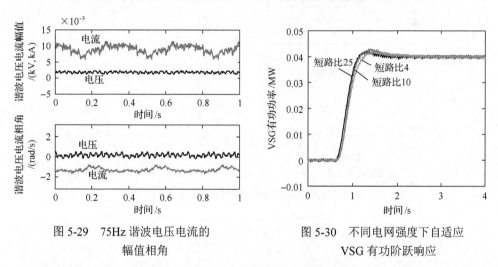

图 5-29　75Hz 谐波电压电流的　　　　图 5-30　不同电网强度下自适应
　　　　幅值相角　　　　　　　　　　　　　　VSG 有功阶跃响应

由图 5-30 可知，在采用自适应控制后，SCR=25 时，VSG 超调为 4.8%；SCR=10 时，VSG 超调为 5.6%；SCR=4 时，VSG 超调为 5.1%，均接近最优系统阶跃响应的指标，较图 5-30 所示响应而言，VSG 的响应特性提升效果明显，说明基于电网阻抗在线检测的自适应 VSG 控制方法能够有效提升改进的 VSG 对于电网强度的适应能力，可使改进的 VSG 在不同电网强度下切换运行前后均保持较好的动态响应特性。

5.4.3　计及 SOC 的虚拟同步控制实验

本文在 5.3.1 节中通过分析得出 VSG 在极端 SOC 条件下性能欠佳，并分别在 5.3.2 节和 5.3.3 节中提出了考虑 SOC 的 VSG 调差系数和虚拟惯量的自适应优化方法，以下实验可验证方法有效性。

1) 常规控制与 SOC 自适应的 VSG 的一次调频特性对比

分别在三种初始 SOC 水平 soc=10%，50%，90%条件下，观察电网频率下跌 1%或增加 1%时，VSG 的一次调频响应，由于 soc=50%时，在相当宽的范围内，VSG 调差系数始终为 5%，因此可等效看作未进行自适应优化的常规 VSG，作为对照组进行对比分析。

图 5-31 中，左侧为三种不同初始 SOC 水平的 VSG 在电网频率下跌 0.5Hz 时的调差系数，右侧为三种不同初始 SOC 水平的 VSG 在电网频率增加 0.5Hz 时的调差系数。图 5-32 左右侧分为图 5-31 所示对应 VSG 的一次调频响应。

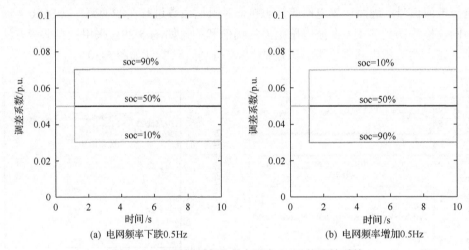

图 5-31　电网频率变化时自适应 VSG 的调差系数

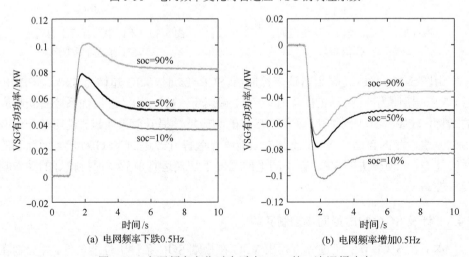

图 5-32　电网频率变化时自适应 VSG 的一次调频响应

可以看出，初始条件为 soc=50%时，一定范围内 VSG 调差系数恒为 5%，电网频率下跌 1%时增加 50kW 即 20%有功输出，电网频率增加 1%时减少 50kW 即 20%有功输出，可视作未进行自适应优化的常规 VSG 在任何 SOC 水平下的一次调频响应特性；初始条件为 soc=10%时，若电网频率未发生较大波动，调差系数为 5%，当电网频率跌落 1%时，调差系数变为 7%，增加 35.5kW 即 14.2%有功输出，较常规 VSG 出力减少，可节省电量，当电网频率增加 1%时，调差系数变为 3%，减少 82.8kW 即 33.1%有功输出，较常规 VSG 吸收功率增大，可加快充电；初始条件为 soc=90%时，若电网频率未发生较大波动，调差系数为 5%，当电网频率跌落 1%时，调差系数变为 3%，增加 83.2kW 即 33.3%有功输出，较常规 VSG 出力增加，可快速放电，使 SOC 尽快恢复较优区间，当电网频率增加 1%时，调差系数变为 7%，减少 35.7kW 即 14.3%有功输出，较常规 VSG 吸收功率减小，可避免 VSG 过快到达满充状态而无法参与后续调节。

以上为自适应 VSG 在并网状态下参与一次调频的响应特性，而 VSG 在孤岛条件下与其他有调节能力的微源进行负荷分配的工况同样需进行实验。

2) 常规控制与 SOC 自适应的 VSG 的孤岛负荷分配特性对比

在孤岛条件下，额定容量分为 250kW 的 VSG、500kW 的光伏以及 650kW 的柴油机并联带负载运行，光伏无调节能力，柴油机的调差系数为 5%。初始状态为：负载为 600kW，光伏出力 500kW，柴油机出力 100kW，VSG 出力为 0，第 1s 时分别投入或切除 50kW 负载，在不同初始 SOC 水平条件下，观察母线频率以及 VSG 和柴油机的有功分配分别如图 5-33 和图 5-34。由于 soc=50%时，在相当宽的范围内，VSG 调差系数始终为 5%，因此可等效看作未进行自适应优化的常规 VSG，作为对照组进行对比分析。

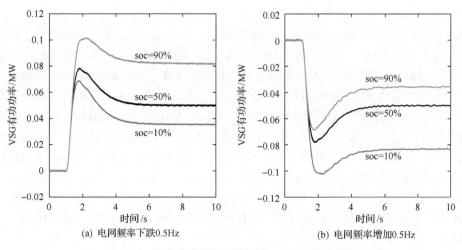

(a) 电网频率下跌0.5Hz　　　　　　　　(b) 电网频率增加0.5Hz

图 5-33　孤岛负荷投切时自适应 VSG 的频率响应

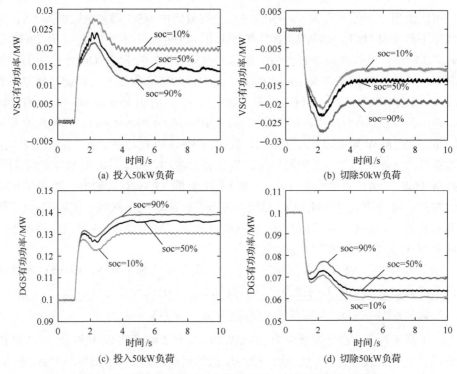

图 5-34　孤岛负荷投切时自适应 VSG 与柴油机的有功分配

图 5-33 中，左侧为三种不同初始 SOC 水平的 VSG 在负载突增 50kW 后的母线频率变化，右侧为三种不同初始 SOC 水平的 VSG 在负载突减 50kW 后的母线频率变化。图 5-34 左右侧分为图 5-33 所示对应 VSG 及其并联柴油机的一次调频响应，可反映其有功出力分配情况。

可以看出，初始条件为 soc =50% 时，负载投入后母线频率降为 49.86Hz，此时 VSG 有功出力增加了 14kW，柴油机有功出力增加了 36kW，负载切除后母线频率变为 50.14Hz，VSG 减出力 14kW，柴油机减出力 36kW，说明在各机组调差系数一致时，负荷分担与其额定容量成正比；初始条件为 soc=10% 时，负载投入后母线频率降为 49.85Hz，此时 VSG 有功出力增加了 11kW，柴油机有功出力增加了 39kW，负载切除后母线频率变为 50.12Hz，VSG 减出力 20kW，柴油机减出力 30kW，说明在 SOC 水平过低时，自适应 VSG 可适当减少有功出力，增加有功吸收，以维持储能剩余电量，延长运行时间，且对于母线频率变化影响不显著，不会对系统运行指标造成明显负面影响；初始条件为 soc =90% 时，负载投入后母线频率降为 49.88Hz，此时 VSG 有功出力增加了 20kW，柴油机有功出力增加了 30kW，负载切除后母线频率变为 50.15Hz，VSG 减出力 11kW，柴油机减出力 39kW，说明在 SOC 水平过高时，自适应 VSG 可适当增加有功出力，减少有功吸收，可避免储能快速达到满充状态，从而留有一定裕度参与后续调节。

3) 常规控制与 SOC 自适应的 VSG 的惯量响应特性对比

由于考虑转动惯量对 VSG 稳定性有一定影响，仅在 SOC 水平低于 10%时进行自适应优化，分别在三种初始 SOC 水平 soc=0.1%，4%，10%的前提下，观察 VSG 在并网工况下，本地发生 50kW 负荷投入引起母线频率扰动时，VSG 的惯量支撑响应。根据自适应函数，对应三种 SOC 水平下 VSG 的转动惯量分别为 H=2.5，3.5，5。负荷投切时母线频率如图 5-35，VSG 的惯量支撑响应如图 5-36。由于 soc=10%时，在一定范围内，VSG 调差系数约为 5%，因此可等效看作未进行自适应优化的常规 VSG，作为对照组进行对比分析。

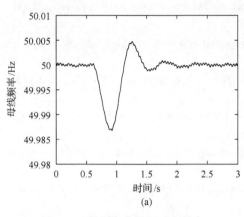 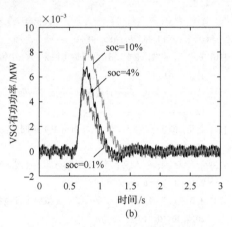

图 5-35　并网负荷投切时自适应　　　　图 5-36　并网负荷投切时自适应
　　　　　　VSG 的频率响应　　　　　　　　　　　　VSG 的惯量响应

可以看出，当本地负荷投切导致母线频率波动时，soc=10%，H=5s 时，VSG 惯量支撑波动幅度为 8.7kW；soc=4%，H=3.5s 时，VSG 惯量支撑波动幅度为 6.9kW；soc=0.1%，H=2.5s 时，VSG 惯量支撑波动幅度为 5.2kW。说明减小惯量能有效减小 VSG 惯量支撑的有功出力幅度，在储能系统能量不足时，若本地负载频繁投切或光伏、风机等波动性微源波动导致母线频率频繁波动，引起 VSG 频繁进行惯量支撑响应时，自适应 VSG 可有效减少惯量支撑消耗的能量，延长 VSG 的使用时间。

参 考 文 献

[1] Loix T. Participation of inverter-connected distributed energy resources in grid voltage control[D]. Leuven: Katholieke Universiteit, 2011.

[2] 郑天文, 陈来军, 陈天一, 等. 虚拟同步发电机技术及展望[J]. 电力系统自动化, 2015(21): 165-175.

[3] 张亚楠, 朱淼, 张建文, 等. 基于自适应调节的微源逆变器虚拟同步发电机控制策略[J]. 电源学报, 2016, 14(3): 11-19.

[4] 宋琼, 张辉, 孙凯, 等. 多微源独立微网中虚拟同步发电机的改进型转动惯量自适应控制[J]. 中国电机工程学报, 2017, 37(2): 412-423.

[5] 徐海珍, 张兴, 刘芳, 等. 基于超前滞后环节虚拟惯性的 VSG 控制策略[J]. 中国电机工程学报, 2017, 37(7): 1918-1926.

[6] 陈来军, 王任, 郑天文, 等. 基于参数自适应调节的虚拟同步发电机暂态响应优化控制[J]. 中国电机工程学报, 2016, 36(21): 5724-5731.

[7] 颜湘武, 刘正男, 张波, 等. 具有同步发电机特性的并联逆变器小信号稳定性分析[J]. 电网技术, 2016, 40(3): 910-917.

[8] 张波, 颜湘武, 黄毅斌, 等. 虚拟同步机多机并联稳定控制及其惯量匹配方法[J]. 电工技术学报, 2017, 32(10): 42-52.

[9] 黄媛, 罗安, 陈燕东, 等. 一种三阶广义积分交叉对消电流反馈控制的多逆变器并联控制策略[J]. 中国电机工程学报, 2014, 34(28): 4855-4864.

[10] 朱一昕, 卓放, 王丰, 等. 用于微电网无功均衡控制的虚拟阻抗优化方法[J]. 中国电机工程学报, 2016, 36(17): 4552-4563.

[11] 马添翼, 金新民. 基于自适应负序电流虚拟阻抗的微电网不平衡控制策略[J]. 电力系统自动化, 2014, 38(12): 12-18.

[12] 曾正, 邵伟华, 李辉, 等. 孤岛微网中虚拟同步发电机不平衡电压控制[J]. 中国电机工程学报, 2017, 37(2): 372-380.

[13] 石荣亮, 张兴, 刘芳, 等. 不平衡与非线性混合负载下的虚拟同步发电机控制策略[J]. 中国电机工程学报, 2016, 36(22): 6086-6095.

[14] 石荣亮, 张兴, 徐海珍, 等. 基于虚拟同步发电机的微网运行模式无缝切换控制策略[J]. 电力系统自动化, 2016, 40(10): 16-23.

[15] 魏亚龙, 张辉, 孙凯, 等. 基于虚拟功率的虚拟同步发电机预同步方法[J]. 电力系统自动化, 2016, 40(12): 124-129.

[16] 徐海珍. 虚拟同步发电机(VSG)广义惯性与无功均分控制策略研究[D]. 合肥: 合肥工业大学, 2017.

[17] 李明烜, 王跃, 徐宁一, 等. 基于带通阻尼功率反馈的虚拟同步发电机控制策略[J]. 电工技术学报, 2018, 33(10): 2176-2185.

[18] 李新, 刘国梁, 杨苒晨, 等. 具有暂态阻尼特性的虚拟同步发电机控制策略及无缝切换方法[J]. 电网技术, 2018(7): 2081-2088.

[19] 韩刚, 蔡旭. 虚拟同步发电机输出阻抗建模与弱电网适应性研究[J]. 电力自动化设备, 2017, 37(12): 116-122.

[20] 胡超, 张兴, 石荣亮, 刘芳, 徐海珍, 曹仁贤. 独立微电网中基于自适应权重系数的 VSG 协调控制策略[J]. 中国电机工程学报, 2017, 37(02): 516-525.

[21] 李吉祥, 赵晋斌, 屈克庆, 李芬. 考虑 SOC 特性的微电网 VSG 运行参数边界分析[J]. 电网技术, 2018, 42(5): 1451-1457.

[22] 李武华, 王金华, 杨贺雅, 顾云杰, 杨欢, 何湘宁. 虚拟同步发电机的功率动态耦合机理及同步频率谐振抑制策略[J]. 中国电机工程学报, 2017, 37(2): 381-391.

[23] 谢少军, 季林, 许津铭. 并网逆变器电网阻抗检测技术综述[J]. 电网技术, 2015, 39(2): 320-326.

[24] Chen M, Rincon-Mora G A. Accurate electrical battery model capable of predicting runtime and I-V performance[J]. IEEE Transactions on Energy Conversion, 2006, 21(2): 504-511.

第6章 风光储集成功率转换系统

在利用储能应对风光电源的随机波动方面，将储能单元集成至发电系统的方式有两种：直接集成于发电装置中或将储能装置集成于场站的并网端。两者各有优点，适用于不同的场合和控制目标。

本章将首先讨论电池储能系统在全功率变换风电机组中的应用，给出风储一体化功率变换系统的拓扑和参数设计、性能优化方案，研究全功率风电变流与电池储能之间的协调控制策略；其次探讨光储一体化系统的设计及控制原理，给出一种光储一体化实现案例；最后，讨论混合储能系统应对大规模风光电源并网时的综合集成控制问题和集成平台的建立，并给出实际应用案例。

6.1 风储一体化 PCS

风电机组可分为以永磁直驱机组为代表的全功率变换机组和以双馈机组为代表的部分功率变换机组。无论是全功率风电变流器还是双馈风电变流器，其主流形式均为双 PWM 变换器结构，分为机侧变换器和网侧变换器。两侧变换器通过并有电容的直流母线相连接。直流母线电容作为一个能量缓冲元件，以此实现机侧和网侧的解耦控制。自然风速的波动频率范围较大，除高频部分被风机自身的惯量过滤之外，将不可避免地通过机侧传向网侧。因而，为了降低风电机组输出功率的波动，将储能电池集成到风电变流器中，形成风储一体化风电机组是一种可行的解决途径[1-3]。

加入储能将增加风电机组的成本和体积，因而储能的加入目标可以仅定位在去除风电功率波动中电网难以应对的 0.01～1Hz 频段[4]。以较少的储能容量就可达到减少对电网稳定的冲击。另一方面，风储一体化风电机组功率变换系统的协调控制还将增强其对电网的暂态支撑能力。

6.1.1 基本拓扑结构

风储一体化功率变换系统通常采用的拓扑结构是将储能电池通过变换器接入到风电变流器的直流母线。全功率风电机组风储一体化 PCS 的拓扑结构如图 6-1 所示，包括全功率风电变流器的网侧变换器、机侧变换器和储能侧变换器（一般采用双向 Buck/Boost 电路）三个部分。储能介质一般选用超级电容，也可以替代卸荷电阻的作用。双馈风电机组风储一体化 PCS 的结构见图 6-2。

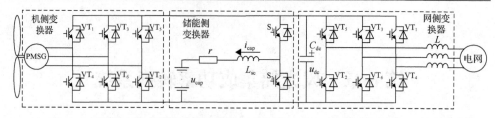

图 6-1　全功率变换风电机组的风储一体化 PCS 拓扑结构

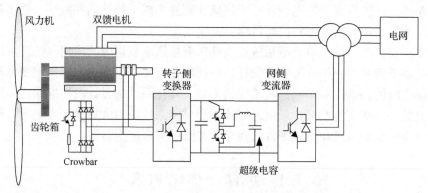

图 6-2　双馈风电机组风储一体化 PCS 拓扑结构

储能系统经一体化功率变换系统接入风电机组后，其作用主要有平滑风功率波动、提高风电机组对电网的暂态支撑能力，包括暂态频率支撑(惯量响应)能力和电压支撑(异常电压耐受)能力等，使得风电机组对电网更为友好[5]。实现不同的功能所需要接入的储能容量不同。由于全功率风储一体化机组的参数设计及故障穿越所需的储能容量计算方法已在《区域智能电网技术》中有讲述，在此不再赘述。其余将分别在下面进行讨论。

6.1.1.1　储能系统电路拓扑及控制模型

DC-DC 双向变换器示意图见图 6-3，正向 Buck，反向 Boost。

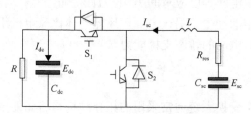

图 6-3　超级电容双向 DC-DC 变换器拓扑结构

储能系统可由超级电容或者蓄电池和双向 DC-DC 变换器组成[6-9]，两者的区别在于充放电倍率的不同，本文选择超级电容，在储能的同时可取代直流卸荷电路。较普通电容，超级电容模型内阻不能省略，采用等效电阻(R_{res})和电容(C_{sc})

进行建模。

1）Boost 电路建模

输入为超级电容电压（E_{sc}）、输出为超级电容电流（内部状态变量 I_{sc}）和直流母线电压（E_{dc}），假设超级电容电压在动态期间基本不变，设 S_1 占空比为 D，可写出其状态空间模型：

S_1 导通时：

$$\begin{pmatrix} \dot{I}_{sc} \\ \dot{E}_{dc} \end{pmatrix} = \begin{pmatrix} -\dfrac{R_{res}}{L} & -\dfrac{1}{L} \\ \dfrac{1}{C_{dc}} & -\dfrac{1}{RC_{dc}} \end{pmatrix} \begin{pmatrix} I_{sc} \\ E_{dc} \end{pmatrix} + \begin{pmatrix} \dfrac{1}{L} \\ 0 \end{pmatrix} E_{sc} \tag{6-1}$$

S_1 关断时：

$$\begin{pmatrix} \dot{I}_{sc} \\ \dot{E}_{dc} \end{pmatrix} = \begin{pmatrix} -\dfrac{R_{res}}{L} & 0 \\ 0 & -\dfrac{1}{RC_{dc}} \end{pmatrix} \begin{pmatrix} I_{sc} \\ E_{dc} \end{pmatrix} + \begin{pmatrix} \dfrac{1}{L} \\ 0 \end{pmatrix} E_{sc} \tag{6-2}$$

可得小信号状态方程为

$$\dot{x} = Ax + Bu + C\hat{d} \tag{6-3}$$

$$x = (sI - A)^{-1}Bu + (sI - A)^{-1}C\hat{d}$$

其中

$$(sI - A)^{-1}B = \frac{1}{G(s)} \begin{pmatrix} s + \dfrac{1}{RC_{dc}} & -\dfrac{D}{L} \\ \dfrac{D}{C_{dc}} & s + \dfrac{R_{res}}{L} \end{pmatrix} \begin{pmatrix} \dfrac{1}{L} \\ 0 \end{pmatrix} = \frac{1}{G(s)} \begin{pmatrix} \left(s + \dfrac{1}{RC_{dc}} \right)\dfrac{1}{L} \\ \dfrac{D}{C_{dc}L} \end{pmatrix}$$

$$(sI - A)^{-1}C = \frac{1}{G(s)} \begin{pmatrix} s + \dfrac{1}{RC_{dc}} & -\dfrac{D}{L} \\ \dfrac{D}{C_{dc}} & s + \dfrac{R_{res}}{L} \end{pmatrix} \begin{pmatrix} -\dfrac{E_{dc0}}{L} \\ \dfrac{I_{sc0}}{C_{dc}} \end{pmatrix}$$

$$= -\frac{1}{G(s)} \begin{pmatrix} s + \dfrac{1}{RC_{dc}} \\ \dfrac{D}{C_{dc}} \end{pmatrix} \frac{E_{dc0}}{L} + \frac{1}{G(s)} \begin{pmatrix} -\dfrac{D}{L} \\ s + \dfrac{R_{res}}{L} \end{pmatrix} \frac{I_{sc0}}{C_{dc}}$$

$$A = A_1 D + A_2 D' = \begin{pmatrix} -\dfrac{R_{\text{res}}}{L} & -\dfrac{D}{L} \\ \dfrac{D}{C_{\text{dc}}} & -\dfrac{1}{RC_{\text{dc}}} \end{pmatrix}$$

$$B = B_1 D + B_2 D' = \begin{pmatrix} \dfrac{1}{L} \\ 0 \end{pmatrix}$$

$$C = (A_1 - A_2)X_0 + (B_1 - B_2)U_0 = \begin{pmatrix} 0 & -\dfrac{1}{L} \\ \dfrac{1}{C_{\text{dc}}} & 0 \end{pmatrix}\begin{pmatrix} I_{\text{sc0}} \\ E_{\text{dc0}} \end{pmatrix} = \begin{pmatrix} -\dfrac{E_{\text{dc0}}}{L} \\ \dfrac{I_{\text{sc0}}}{C_{\text{dc}}} \end{pmatrix}$$

根据状态空间平均值模型，可以得到稳态工作点的关系，即直流母线电容电荷守恒：

$$\frac{E_{\text{dc0}}}{R}T = I_{\text{sc0}}DT \rightarrow I_{\text{sc0}} = \frac{E_{\text{dc0}}}{RD} \tag{6-4}$$

根据电压和电流输入输出关系，最终可导出直流母线电流输入输出和电流至电压的传递函数：

$$G_{\text{Id}}(s) = \left.\frac{\dfrac{I_{\text{sc}}}{I_{\text{sc0}}}}{\hat{d}}\right|_{E_{\text{sc}}=0} = \frac{-\left(s+\dfrac{1}{RC_{\text{dc}}}\right)\dfrac{RDI_{\text{sc0}}}{L}-\dfrac{D}{L}\dfrac{I_{\text{sc0}}}{C_{\text{dc}}}}{G(s)} = \frac{-DRC_{\text{dc}}\left(s+\dfrac{2}{RC_{\text{dc}}}\right)}{LC_{\text{dc}}s^2+\left(R_{\text{res}}C_{\text{dc}}+\dfrac{L}{R}\right)s+\dfrac{R_{\text{res}}}{R}+D^2}$$

$$G_{\text{IE}}(s) = \frac{E_{\text{dc}}}{I_{\text{sc}}} = \frac{-\dfrac{L}{R}s+D^2-\dfrac{R_{\text{res}}}{R}}{D\left(C_{\text{dc}}s+\dfrac{2}{R}\right)} \tag{6-5}$$

因而，直流母线电压控制回路结构如图 6-4 所示。

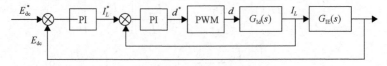

图 6-4 直流母线电压控制结构图（Boost）

2）Buck 电路建模

输入为直流母线电压，被控对象为超级电容电压，电流流入超级电容为正。

当开关 S_1 导通时：

$$\begin{pmatrix} \dot{I}_{sc} \\ \dot{E}_{sc} \end{pmatrix} = \begin{pmatrix} -\dfrac{R_{res}}{L} & -\dfrac{1}{L} \\ \dfrac{1}{C_{sc}} & 0 \end{pmatrix} \begin{pmatrix} I_{sc} \\ E_{sc} \end{pmatrix} + \begin{pmatrix} \dfrac{1}{L} \\ 0 \end{pmatrix} E_{dc} \tag{6-6}$$

当开关 S_1 关断时：

$$\begin{pmatrix} \dot{I}_{sc} \\ \dot{E}_{sc} \end{pmatrix} = \begin{pmatrix} -\dfrac{R_{res}}{L} & -\dfrac{1}{L} \\ \dfrac{1}{C_{sc}} & 0 \end{pmatrix} \begin{pmatrix} I_{sc} \\ E_{sc} \end{pmatrix} + \begin{pmatrix} 0 \\ 0 \end{pmatrix} E_{dc} \tag{6-7}$$

经过上述同样的推导过程，可以得出其电流电压传递函数：

$$G_{Id}(s) = \left. \frac{I_{sc}}{\hat{d}} \right|_{E_{dc}=0} = \frac{\dfrac{sE_{dc0}}{L}}{G(s)} = \frac{sC_{sc}E_{dc0}}{LC_{sc}s^2 + R_{res}C_{sc}s + 1} \tag{6-8}$$

$$G_{IE}(s) = \frac{E_{sc}}{I_{sc}} = \frac{1}{sC_{sc}} \tag{6-9}$$

则控制结构图如图 6-5 所示可表示为

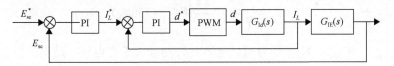

图 6-5　超级电容电压控制结构图（Buck）

6.1.1.2　储能容量的选择

1) 满足故障穿越要求的容量配置方案

考虑风机为额定状态，电压为 0.5p.u. 时，风机需要注入 2 倍额定电流才能维持机组输入输出功率平衡。目前的双馈风电机组产品往往选用容量为机组容量二分之一的变流器，并且具有 2 倍以上的过流能力（如华锐 3MW 双馈风电机组较其额定状态，有约 2.5 倍的过流能力），因而，在该低电压下，机组能够保证功率平衡，也就是变桨不动作就可以维持转速恒定。当电网电压小于 0.5p.u. 时，转子变流器将输出电流限幅值，此时功率不再平衡，需要协调变桨距以防止转速过速，实现故障穿越。根据 GB/T 19963 低电压曲线（图 6-6），可以得出电压低于 0.5p.u. 期间，超级电容系统需要吸收的能量（面积法）可表示为

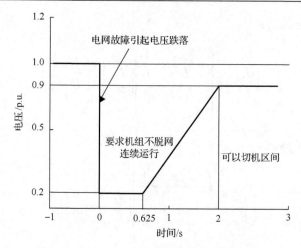

图 6-6　GB/T 19963 风电机组低电压穿越曲线

$$E = P_n * (t_2 - t_0) - 2.5 * V_{base} I_{base}(0.2 * (t_1 - t_0) + 0.15 * (t_2 - t_1)) \tag{6-10}$$

式中，t_0=0，t_1=0.625，t_2=1.214，V_{base}=0.69kV，I_{base}=2.51kA。

考虑超级电容工作电压范围为 450～960V，根据充放电能力相同可以确定超级电容工作电压：

$$\frac{1}{2}C_{sc}(V_{ulimit}^2 - V_n^2) = \frac{1}{2}C_{sc}(V_n^2 - V_{llimit}^2) \tag{6-11}$$

$$V_n = \sqrt{\frac{V_{ulimit}^2 + V_{llimit}^2}{2}} \approx 750(V) \tag{6-12}$$

式中，V_{ulimit}，V_{llimit}，V_n 分别为超级电容允许的最大工作电压、最小工作电压和正常工作电压。

则由(6-10)可导出超级电容容值 C_{sc} 为

$$C_{sc} = \frac{2E}{V_{ulimit}^2 - V_n^2} \tag{6-13}$$

上式可计算出变桨不动作时完成低电压穿越需要的电容容值，事实上，由于变桨的动作，输入功率将短时减小，所需容值小于以上估算值。用华锐 3MW 机组参数计算，需要加装的超级电容容量约为 3.68F。

2) 满足功率平滑能力要求的容量配置

按功率平滑能力要求设计超级电容容量配置方案，首先需要确定超级电容储能装置的滤波时间常数。而风机系统等效为低通滤波器，在最大功率跟踪控制策略下，一般认为高于 1Hz 的风功率波动基本被风电机组转子滤除(图 6-7)，那么，通过增加储能装置，如果能将风功率 0.01～1Hz 频段的功率波动滤除，将有利于系统频率稳定。所以，储能装置与风机系统结合，将构成截止频率更小的低通滤波器。图 6-8 为超级电容储能系统指令 bode 图。

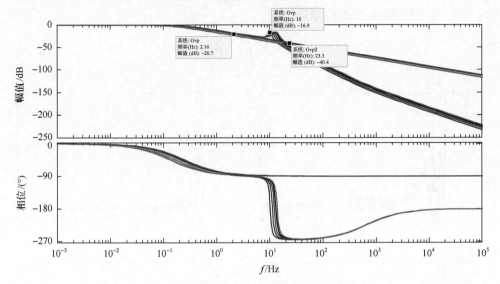

图 6-7　风电机组滤波特性(风速-输出电磁转矩)

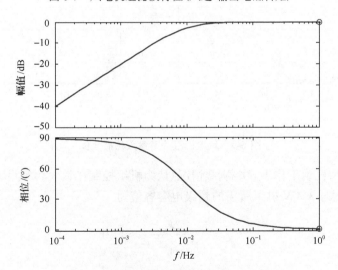

图 6-8　超级电容储能系统指令 bode 图

若取超级电容储能滤波时间常数为 16s，其可对 0.01Hz 以上的风功率波动形成阻滞，此时超级电容系统的功率指令为

$$P_{sc}^{*} = \frac{\tau s}{\tau s + 1} P_{wte} \tag{6-14}$$

滤波时间常数越大,需要的储能装置容量也就越大,对典型风电机组出力进行频谱分析可知,频率为 0.01Hz 左右的出力波动不到当前出力最大值的 10%(图 6-9),如果以 $P_{0.01}(\omega)=0.1P_{\text{wt}}\sin(\omega_{0.01}t)$ 表示风电机组出力波动,那超级电容在半波所需吸收/放出的能量为

$$E_{\text{sc}}=\frac{1}{\sqrt{2}}\int_0^{T/2}P_{0.01}\text{d}t \tag{6-15}$$

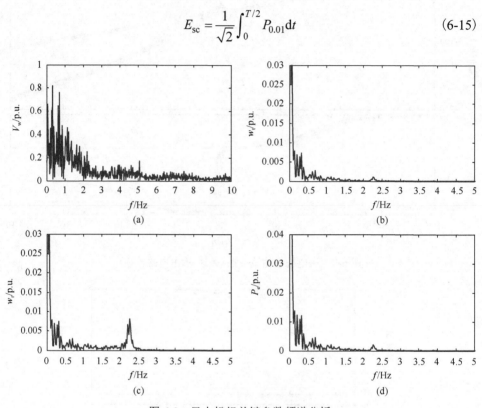

图 6-9　风电机组关键参数频谱分析

如果认为机组工作于 60%满载情况(认为机组控制在最大功率跟踪区,风速小于 8m/s,,此时 3MW 机组所需的超级电容容值为

$$C_{\text{sc}}=\frac{1}{2}\frac{2E_{\text{sc}}}{V_{\text{ulimit}}^2-V_{\text{n}}^2}\approx112\text{F} \tag{6-16}$$

可见用于平抑风功率波动所需的容量高于低电压穿越所需的容量。

6.1.2　双馈风储一体化风电机组的协调控制策略

如图 6-2 所示系统中,超级电容加装于直流母线后必须协调机、网侧变换器控制才能有效提高风电机组的暂态支撑能力。

6.1.2.1　提升风电机组暂态电压支撑能力的协调控制策略

1) 协调控制策略

当电网电压异常时，由于机侧变流器和直流母线对瞬时过流、过压的限制，导致机组出现两种运行状态，即故障穿越状态和不间断运行状态[10]。当转子撬棒投入后，机组进入故障穿越状态，此时机侧变流器失去对转子电流控制，双馈发电机以感应电机方式运行，需要从电网吸收大量无功，此时只有网侧变流器可以注入无功功率，支撑电网电压；当转子撬棒不投入，机组处于不间断运行状态时，机侧变流器可以对转子电流控制，但迫于电网电压水平较低，如果通过减载换取无功控制裕度，将不利于机组转速稳定，所以，常规双馈发电机组电压支撑能力非常有限。

通过分析异常电压情况下，机、网侧变流器控制范围可知，低电压情况下，转子电流约束起主要作用，通过适当减载可以扩大机组低电压运行范围；高电压情况下，变流器调制度约束起主要作用，需要注意的是，由于转差率的存在，机、网变流器高电压耐受能力不同，所以会出现网侧变流器失控情况，导致网侧变流器潮流反向，直流母线电压升高。

双馈风电机组加装超级电容可以快速抑制直流母线过压，并且能够释放网侧变流器全部容量，使其以 STATCOM 模式运行，支撑电网电压。

图 6-10 为超级电容、网侧变流器控制策略切换控制示意图，根据是否需要动态无功注入，切换控制策略，当需要动态无功注入时，超级电容电压切换到 buck

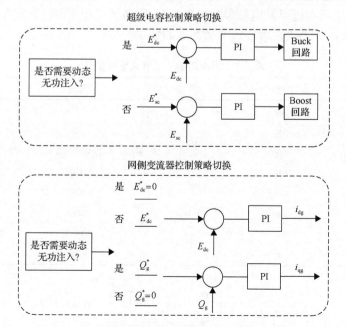

图 6-10　超级电容、网侧变流器控制策略切换

模式，即直流母线电压控制模式，此时网侧变流器以 STATCOM 方式运行；当不需要动态无功注入时，网侧变流器正常运行于直流母线电压控制，而超级电容控制其自身电压，维持额定工作电压[11-13]。

为了抑制直流电压暂态过冲，超级电容控制系统具有较大带宽，这将导致超级电容具有较大放电功率，当网侧变流器退出 statcom 运行模式，再次对直流母线电压控制时，由于带宽有限，超级电容放电功率将再次导致直流母线电压升高，针对该问题，在超级电容控制回路中耦合放电电流增益调节回路(图 6-11)，该回路检测直流母线电压大小，当超过额定值时，限制放电电流，从而避免超级电容放电时导致直流母线过度升高。

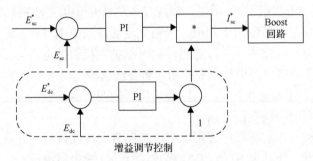

图 6-11　超级电容储能系统放电增益控制

2) 仿真分析

仿真所用风电机组发电机参数见表 6-1，风能捕获功率参数见式(6-17)，最佳叶尖速比为 9.5，最大风能吸收系数为 0.479。

表 6-1　华锐 3MW 双馈发电机参数

参数	单位	数值
额定功率	p.u.	1
额定电压	p.u.	1
转速范围	p.u.	最低：0.73；额定：1.2；软件超速：1.32　硬件超速：1.46
定子电阻	p.u.	0.02092
转子电阻	p.u.	0.02911
定子漏抗	p.u.	0.3978
转子漏抗	p.u.	0.54527
励磁电抗	p.u.	19.6192

$$C_p(\lambda, \beta) = 0.43\left(\frac{105}{\lambda_i} - 0.4\beta - 3\right)e^{\frac{-22}{\lambda_i}} + 0.00825\lambda \tag{6-17}$$

式中

$$\frac{1}{\lambda_i} = \frac{1}{\lambda + 0.08\beta} - \frac{0.035}{\beta^3 + 1}$$

仿真一：电网电压跌落至 0.75p.u.时，协调控制策略效果验证。机组工作于满发状态，仿真时间 0.5s 时，电网发生短路故障，电压跌落至 0.75p.u.，持续时间 625ms，此时要求网侧变流器注入全额无功电流，验证控制策略切换效果。

由图 6-12 可知，无动态无功注入时，电网电压应跌落至 0.75p.u.，有动态无功注入时，电网电压跌落至约 0.83p.u.，提高了约 0.1p.u.；由图 6-13 可知，故障发生时刻，也是控制策略切换时刻，由于超级电容系统的快速控制，直流母线基本平稳，但在故障切除时，也是控制策略再次切换时刻，虽然增加了增益控制模块，但还出现小值过冲，所以超级电容对直流母线控制的快速性，是牺牲其放电平稳性换取的，如果要求超级电容具有很好的冲放电性能，需要对 boost 回路和 buck 回路分别设计控制器；从图 6-14 可以看出，超级电容控制策略可以保证工作电压在允许范围内；综合来看，控制策略协调性较好，策略的切换较为平稳。

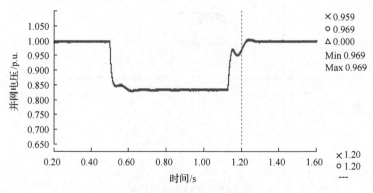

图 6-12　并网电压

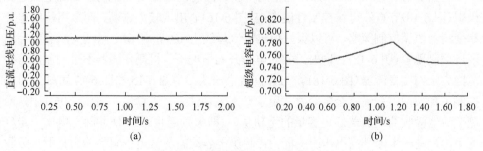

图 6-13　直流母线、超级电容电压

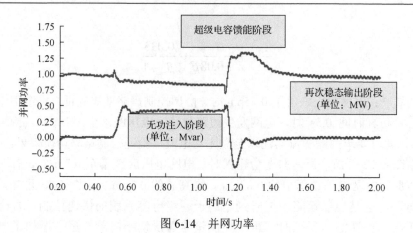

图 6-14　并网功率

仿真二：高电压下协调控制策略效果验证。

仿真时间 1s 出，电网电压骤升为 1.2p.u.，持续时间 500ms，双馈风电机组运行状态同上。

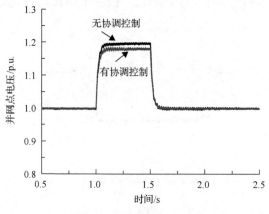

图 6-15　并网点电压比较

由图 6-16 和图 6-18 可知，当电网电压升高时，网侧变流器输出交流电压达到极限(图 6-18)，直流母线控制性能变差(图 6-16)，出现较大振荡，而采用超级电容和变流器协调控制策略，可以很好稳定直流母线电压(图 6-16)，网侧变流器不会出现过调制现象(图 6-18)，同时，相同电压升高情况下，机侧变流器不过调制，可控范围大于网侧变流器(图 6-18)，与分析结论一致；由图 6-15 和图 6-17 可知，协调控制可释放网侧变流器全部容量，用于动态无功注入，支撑电网电压，仿真中，网侧变流器吸收约变流器额定容量的无功功率(即欠励磁状态)，使并网点电压一定程度下降，进一步提升高电压耐受能力；超级电容动态与低电压耐受能力相似，吸收转子过剩功率，电压逐渐上升，所以耐受时间与充电功率、电容大小有关。

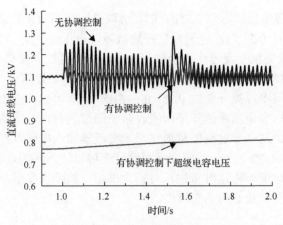

图 6-16　直流母线电压比较

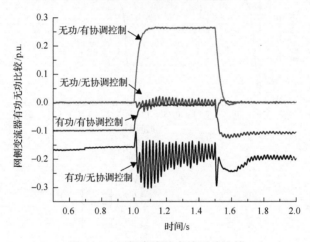

图 6-17　网侧变流器有功无功比较

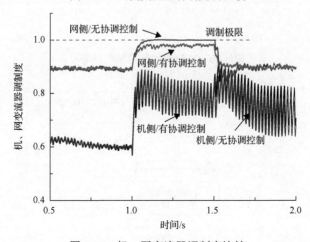

图 6-18　机、网变流器调制度比较

仿真三：电网电压跌落至 0.25p.u.时，协调控制策略效果验证。机组工作于满发状态，仿真时间 0.5s 时，电网发生短路故障，电压跌落至 0.25p.u.，持续时间 625ms，此时要求网侧变流器注入全额无功电流，验证控制策略切换效果。

由图 6-19 可知，当无动态无功注入时，电网电压将跌落至 0.25p.u.，有动态无功注入时，电网电压提升至约 0.35p.u.；由图 6-20 可知，直流母线具有较好的暂态特性，超级电容电压在故障期间吸收转子侧过剩有功，维持直流母线电压恒定，故障恢复后，这部分过剩能量通过网侧变流器馈入电网，控制策略切换较为平稳；由图 6-21，6-22 可知，故障期间网侧变流可以注入其额定容量的无功电流，支撑电网电压，电流响应速度很快，且较为平稳，故障恢复后，有功功率能按照给定斜率恢复，具有较好的动态特性。

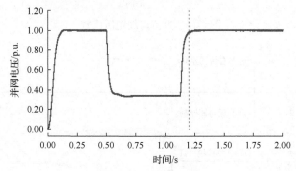

图 6-19 并网电压

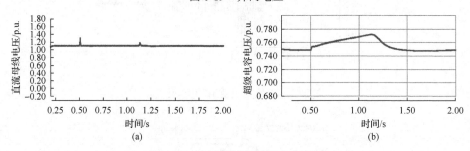

(a)　　　　　　　　　　　　　(b)

图 6-20 直流母线和超级电容电压

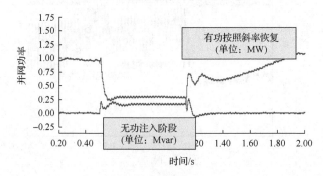

图 6-21 并网功率

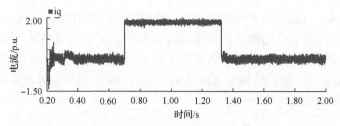

图 6-22　网侧逆变器无功电流

6.1.2.2　提升风电机组暂态频率支撑能力的协调控制策略

1) 协调控制策略

风电机组模拟惯量响应是其大规模接入并且不恶化系统频率暂态稳定的必要手段，但风电机组惯量提取具有"反"作用效果，随着转速的降低，风电机组气动功率减小，在转速重建阶段，无疑增加了同步机调速的负担，除此之外，风电机组提取惯量还要考虑其工作状态，这种"模拟"的自然惯量响应并不能在任何工作点下实现，所以风电惯量提取能力比较有限。风电机组加装超级电容后，利用超级电容储能快速充放电的能力，在电网频率跌落或升高初期注入/吸收一定功率有功，阻尼系统频率快速变化，提升风电机组对系统频率暂态支撑能力。

通过将系统频率信号引入超级电容储能系统附加控制回路中，可以实现阻尼功率的注入，需要注意的是，阻尼功率注入要根据超级电容当前荷电状态，保证超级电容电压在允许工作范围内(450～960V)，设计超级电容暂态频率支撑附加控制回路，图 6-23 所示。

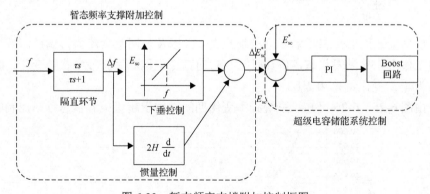

图 6-23　暂态频率支撑附加控制框图

如图 6-23，暂态频率支撑附加控制输入为系统频率，进隔直环节、下垂控制和惯量控制得到超级电容电压增量控制信号，注意到下垂和惯量控制均采用超级电容电压增量输出，而没有采用更为直观的功率输出是出于超级电容电压限制的考虑，这种设计更为简洁也便于耦合到超级电容控制回路上。下面对下垂控制进行详细介绍。

如图 6-24，为制定的下垂控制曲线，曲线并没设置死区，是考虑超级电容调节功率不设计机械部件频繁动作磨损，认为系统频率变化 0.2Hz，超级电容电压变化达到上下极限，可以看出，高频和低频斜率是变化的，这是为了保证超级电容充电、放电能力一致，这种下垂曲线制定方法，采用超级电容电压作为输出量，所以很容易保证超级电容电压稳定。

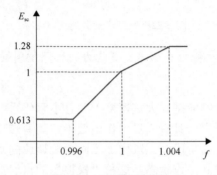

图 6-24　下垂控制曲线

超级电容注入/吸收的功率是通过网侧变流器实现的，当系统频率升高，超级电容分流转子变流器输出功率，减小总入网功率；当系统频率降低时，超级电容通过网侧变流器注入有功功率，总输出功率增加，值得注意的是，超级电容实现暂态频率支撑控制需要经过网侧变流器才能注入电网，因此，在风机额定出力下，理论上超级电容不能再注入功率，但实际变流器都有一定的长期过载能力，所以这里不考虑网侧变流器容量限制。

2) 仿真分析

仿真验证提出暂态频率支撑控制的成效，以及与网侧变流器协调控制效果。机组工作于 85%满发状态，仿真时间 0.5s 时，令电网频率按设定指数变化，时间常数为 4s，变化量为–0.2Hz。

由图 6-25，6-26 可知，系统频率变化期间，由于超级电容暂态频率控制的作

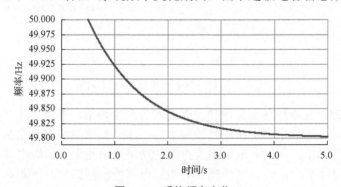

图 6-25　系统频率变化

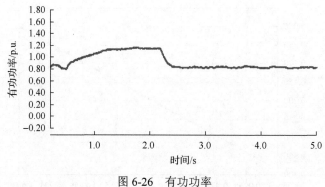

图 6-26　有功功率

用，使得风电机组有功出力增加；由图 6-27 可以看出，惯量响应只在频率暂态初期起作用，限制系统频率变化率，而下垂控制在频率变化期间均作用，起到阻尼系统频率变化效果；由图 6-28 可知，提出的暂态频率支撑控制策略与网侧变流器具有较好的协调控制效果，直流母线电压平稳，超级电容电压因功率注入而减小到下限值，不过产生欠压，图 6-29 充分反映了系统可以按照给定的下垂曲线进行响应。

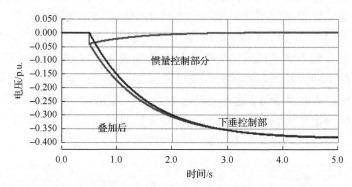

图 6-27　超级电容电压增量指令

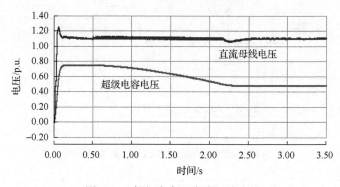

图 6-28　超级电容、直流母线电压

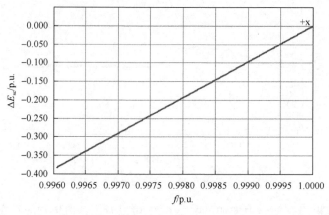

图 6-29　下垂曲线

6.1.2.3　以平抑机组秒级出力波动为目标的超级电容储能系统控制策略

1) 控制策略研究

超级电容平抑风功率波动控制策略研究包含两个部分：等效高通滤波器实现和超级电容能量管理系统实现。超级电容滤波控制实现需要确定两个关键点：截止频率和滤波输入信号，对于特定频段风功率波动，超级电容储能系统等效为高通滤波器，那么整个风电机组出力将不包含该频段有功波动，即体现为低通滤波器，其截止频率即为超级电容等效高通滤波器截止频率；对于滤波输入信号，选取发电机输出功率较为合理，这主要是考虑到风电机组本身等效为一低通滤波器，如果采用机械功率作为输入，超级电容将频繁短时充放电，影响其使用寿命。按照以上思路，超级电容滤波控制可以用以下框图 6-30 表示。

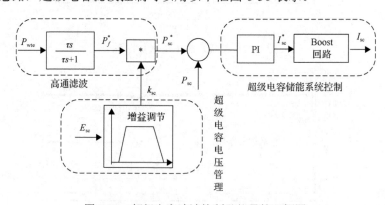

图 6-30　超级电容滤波控制及能量管理框图

由图 6-30 可以看出，超级电容功率控制指令经风机出力滤波得到，其中增益调节模块根据超级电容电压动态调节滤波功率指令给定值，防止滤波过程中，超级电容欠压或过压，具体整定值按图 6-31 整定。

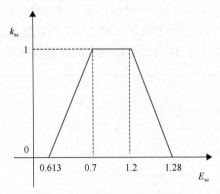

图 6-31　超级电容增益调节曲线

如图 6-31，超级电容电压基准选取额定工作电压 750V，工作范围为 460～960V，曲线保留±60V 的裕度，即电压工作在 520～900V(0.7～1.2p.u.)时，增益为 1，当不在工作范围内时，按给定曲线减小。

2) 仿真分析

本节通过时域仿真和频谱分析，验证提出的超级电容滤波控制和能量管理系统的有效性，并比较超级电容储能系统在不同滤波时间常数下的滤波效果，验证前节对滤波时间常数估算的正确性。

仿真一：滤波时间常数选取为 0.79s(对应 0.2Hz)，验证该滤波时间常数下，超级电容滤波控制和能量管理系统的有效性。风速输入采用 PSCAD 库模型，包含四个特征部分：平均风速、阵风、渐变风和湍流，机组工作于 70%额定状态，仿真时长 50s，如图 6-32 所示。

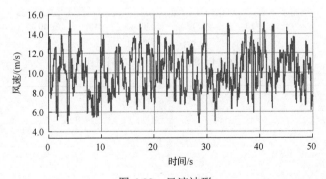

图 6-32　风速波形

从风功率频谱(图 6-33)可以看出，风功率中 10Hz 以上频率分量的波动可以忽略；从图 6-34 可以看出，经过超级电容滤波控制后，风电机组出力波动中较高频率分量幅值得到衰减，从频谱分析也可以看出(图 6-35)，滤波后频谱略低于滤

波前(虚线)，但效果不够明显，这主要是由于超级电容容量较小，只能对 0.2Hz
以上的风功率波动进行抑制，而该频段风功率波动与风电机组轴系滤波频段接近；
图 6-36 验证了超级电滤波控制和能量管理的有效性，超级电容电压不会出现欠压
或过压，平均增益约为 0.5，体现了超级电容对该频段风功率波动的滤波能力。

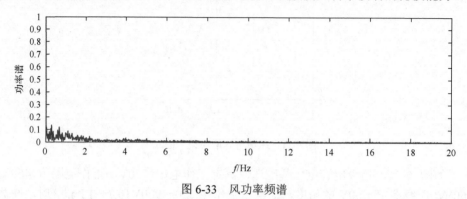

图 6-33　风功率频谱

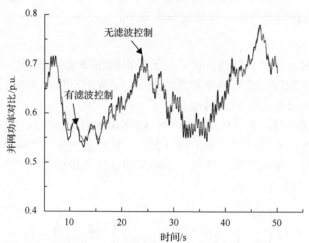

图 6-34　滤波前后输出功率对比

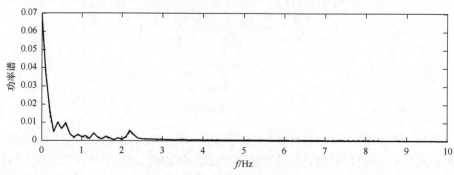

图 6-35　滤波控制前后频谱对比

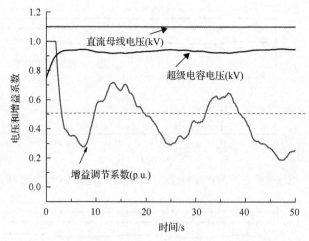

图 6-36　直流母线电压、超级电容电压和增益系数

若在上述工况下，增大滤波时间常数或减小滤波时间常数，结果见图 6-37 和图 6-38。可以看出，增大滤波时间常数后，超级电容增益系数减小，超级电容电压维持在最上限值，超出了该容值下超级电容的滤波能力范围；减小滤波时间常数，超级电容增益为 1，滤波能力强，但此时滤波器截止频率增加到 0.4Hz，滤波带宽减小。总体可见，在该容量配置下，超级电容滤波效果不够明显，但提出的超级电容滤波控制和能量管理策略是有效的，能够保证超级电容电压在运行的工作范围内。

仿真二：工况与仿真一一致，增大超级电容电压至 8.4F(两倍于 4.2F)，滤波时间常数选取 0.79s(0.2Hz 截止频率)进行仿真。

由图 6-39 可以看出，由于超级电容容量增大，滤波能力增强，其增益系数较图 6-34 大幅提升(此时增益系数为 1)。

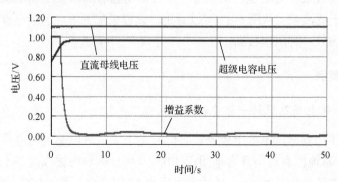

图 6-37　滤波时间常数为 1.6s 时直流母线电压、超级电容电压和增益系数

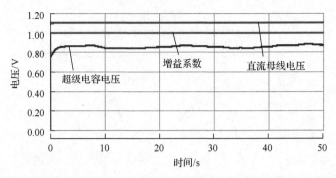

图 6-38　滤波时间常数为 0.4s 时直流母线电压、超级电容电压和增益系数

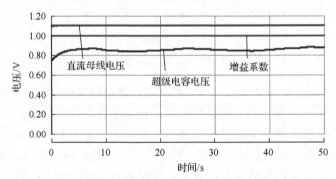

图 6-39　直流母线电压、超级电容电压和增益系数

　　仿真三：工况与仿真一一致，如果超级电容系统能够平抑 0.01Hz 以上的风功率波动（此时滤波时间常数为 16s），根据上文中计算的容值 112F，仿真时长 200s。

　　由风电机组出力时域仿真图 6-40 和频域分析图 6-41 可以看出，此时超级电容量滤波控制效果较为明显，从频谱图上可以明显看到滤波后风电机组出力波动分量幅值小于滤波前；从图 6-42 可以看出，该容量配置下，超级电容平均增益系数较大（约 0.65），利用率较高。

6.1.3　工程案例

6.1.3.1　风电场及风储一体化机组应用概况

　　风储一体化双馈风电机组控制策略已应用于大型风电基地的电网友好型风电场示范工程。基地原有风电场占地面积 40km²，场址区域海拔高度在 1190～1310m 之间，年平均风速为 7.26m/s，风功率密度为 465W/m²，属于 IEC 三类风电场。

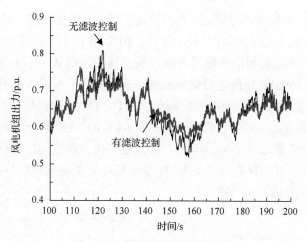

图 6-40　滤波前后输出功率对比

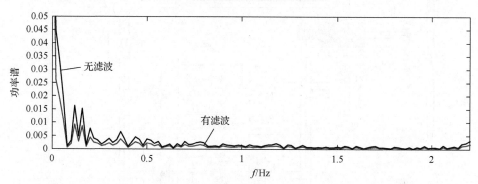

图 6-41　滤波前后输出功率对比

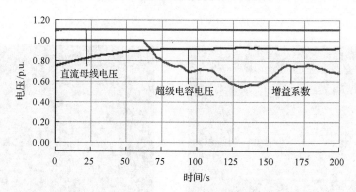

图 6-42　直流母线电压、超级电容电压和增益系数

风电场总装机容量 201MW，共安装 134 台华锐 SL 1500/82 型风机。紧邻的示范项目风电场风电场占地面积 18km²，风电场装机容量为 96MW，共安装 16 台单机容量 3MW 华锐风力发电机组。该风电场采用 2 回 35kV 架空线路送至 330kV 升压

站，总装机容量 48MW。与周边其他风电场工程共建一座监控中心和一座 330kV
升压站。应用工程于 2012 年 4 月开工建设，2012 年 12 月 6 日建成并网发电。

在 3 台双馈风电机组的变频器直流母线安装了 300kW 超级电容储能系统，每
套系统由 2 台 150kW 超级电容储能装置组成，安装于双馈风电机组机舱内部。
DC-DC 耦合器输入端与超级电容器模组并联；DC-DC 耦合器输出端与 3MW 双馈
风电机组变流器的直流母线电容并联，见图 6-43。DC-DC 耦合器将按照风电机组
主控系统的指令工作(图 6-44，6-45)，超级电容作为储能元件与机组直流母线进
行能量转换，用于维持直流母线电压的稳定，提高双馈风电机组的故障穿越能力，
平抑风电机组输出功率波动等。

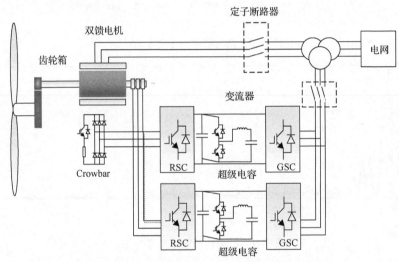

图 6-43　双馈机组风储一体化功率变换接线示意图

图 6-44　超级电容本地监控界面

图 6-45　双向 DC/DC 耦合器本地监控界面

图 6-46 为现场运行的 3MW 机组机舱内的发电机、超级电容及 DC/DC 变流
器柜，以及风场监控系统界面图。

图 6-46 机舱发电机及超级电容变流器柜

6.1.3.2 双馈机组风储一体化功率变换器系统测试

1) 测试内容

南瑞(武汉)电气设备与工程能效测评中心对该风电场 3MW/300kW 风储一体化变换器系统进行了测试。测试包括三大方面,一是对 300kW 储能设备的测试,二是设备接入风电变流器之后的整体联调测试,三是对储能系统主动响应直流母线电压波动、平抑风电功率波动等测试。储能设备测试包括待测设备的过压,过流,过热,短路保护等基本性能和保护功能。整体联调测试包括超级电容储能耦合器与双馈风电变流器联调运行,检验设备之间是否相互影响,能否正常工作,以及能否实现预定的功能。主动测试包括超级电容储能系统的充放电能力,以及是否可以对输入直流母线电压偏差做出正确的逻辑判断,并快速将直流母线电压控制在一定范围内。

设备本体测试包含以下主要内容:前级过压测试、后级过压测试、前级过流测试、后级过流测试、前级短路测试、后级短路测试、功率模块过热测试、辅助电源故障测试、前级直流中点不平衡测试、后级直流中点不平衡测试、功率模块老化测试、绝缘测试、低穿支持逻辑测试、高频震荡抑制测试、载荷保护测试。

双馈风电机组联调测试包含以下主要内容:0kW 测试、100kW 测试、200kW 测试、300kW 测试。

主动测试包含以下主要内容:包括超级电容储能系统的充电能力、放电能力、响应输入直流母线电压上升或下降跃变的能力,以及响应直流母线电压连续变化的能力。

2) 测试平台

为了全面测试 300kW 超级电容储能耦合器的性能,设计的测试平台如图 6-47 所示。

图 6-47 中电容柜代表超级电容储能柜,变流器代表待测设备,双馈变流器直流母线是指风力发电机组变流器的直流母线。待测设备的左边是负载,右边是主电路输入,交流 220V 是辅助电源输入。待测设备的主电路输入有两路,一路通

过调压器和不控整流器构成，用于待测设备的过压保护，过流保护，输入输出短路保护以及过热保护等基本保护功能验证，以及对超级电容的充放电控制功能验证；另一路接到真实的双馈变流器直流母线电压，用于待测设备的高频震荡抑制验证，动作逻辑验证以及双馈机组低穿支持功能验证。

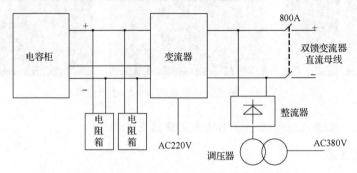

图 6-47　超级电容储能系统测试平台原理图

图 6-48 是双馈发电机对拖系统，电动机通过联轴器拖动双馈发电机组。图 6-49 是待测 DC/DC 变换器和超级电容柜。

图 6-48　双馈变流器对拖测试平台

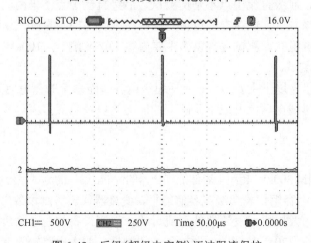

图 6-49　后级（超级电容侧）逐波限流保护

3) 测试结果

依据相关技术规范和规程进行测试。本体测试表明：测试验证设备能够准确快速地实现前级过压保护、后级过压保护、前级过流保护、后级过流保护功能、前级短路保护、后级短路保护、功率模块过热保护、辅助电源故障保护，并从人机界面显示这些故障。部分如图 6-50，6-51 所示。

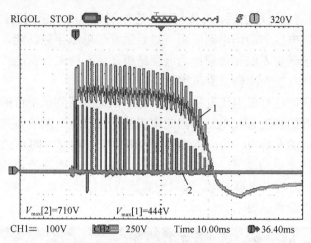

图 6-50　前级 1420V 电压时短路测试波形

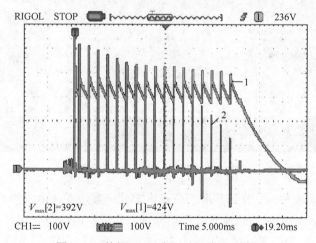

图 6-51　前级 800V 电压时短路测试波形

测试验证设备的直流中点不平衡电压在 20V 以内，极限测试表明当直流中点不平衡超过 60V 时，系统能够及时保护，并且在人机界面显示出相应的故障。设备连续满载工作 8 个小时，温升不超过 30℃，并通过交直流 3kV 绝缘测试。

低穿支持逻辑测试表明，待测系统能够按照设定的电压节点进行相应地超级电容充放电控制。

高频震荡抑制测试表明，待测系统与双馈变流器联调时，无论是双馈变流器还是待测系统，双方电压电流平稳，电磁元件没有啸叫声，未发生高频震荡现象。

载荷保护测试表明，系统 300A 电流 1min 内最多运行 5s，满足载荷保护设计规范。

4) 联调测试

以上 15 项测试通过之后，将待测设备连接到真实的双馈变流器机组上，设置好待测设备动作电压和动作电流限幅，然后触发低电压穿越功能，用示波器观察待测设备能否正确切入低穿过程；当低穿结束之后，待测设备能否将超级电容储存的能量释放回双馈变流器直流母线电压。

由于实验场地没有低电压发生装置，为了保证双馈测试平台的安全，不允许调节双馈变流器的直流母线电压。因此本实验通过改变待测设备的电压节点设置能触发待测设备的充放电行为。待测系统的电压节点设置如图 6-52 所示。在双馈发电机组的不同发电功率下，分别控制待测设备快速吸收直流母线能量，往超级电容充电；或者将超级电容放电，往风电直流母线释放能量。后续实验结果表明，待测系统满足联调测试要求。

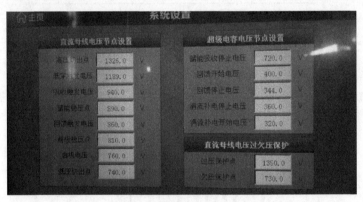

图 6-52　待测设备电压节点设置

利用上述实验平台，分别开展了超级电容储能系统在风电机组 0kW，100kW，200kW，300kW 出力时的暂态支撑作用测试。双馈发电机组分别以上述功率运行时，人为触发 DC/DC 变流器，以最大 300A@5s，然后 170A 的电流往超级电容充电。四种运行功率有相同的结论，以 300kW 为例，直流母线电压、网侧电流以及网侧有功功率如图 6-53 所示。可以看出，虽然网侧变换器有 500kW 的容量来稳定直流母线电压，但是当 DC/DC 变流器以 300A 的电流快速往超级电容器充电时，还是将直流母线电压向下拉动一定幅度，表明 DC/DC 变流器应该具备对直流母线电压过冲的抑制效果。

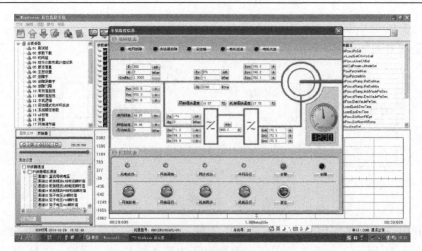

图 6-53 双馈机组 300kW 运行

充电过程结束之后，人为触发 DC/DC 变流器，以最大 50A 的电流从超级电容放电，此时的直流母线电压，网侧电流以及网侧有功功率如图 6-54，6-55 所示。可以看出，该过程对双馈变流器直流母线电压未造成明显的影响。

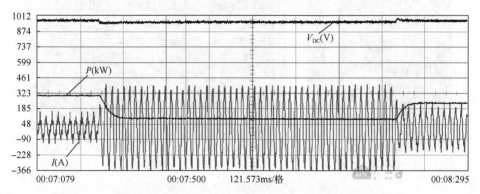

图 6-54 双馈变流器直流母线电压，网侧电流和网侧有功功率波形(充电)

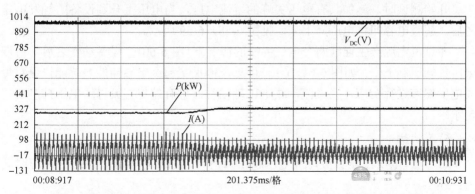

图 6-55 双馈变流器直流母线电压，网侧电流和网侧有功功率波形(放电)

5) 主动测试

测试方案如图 6-56 所示。

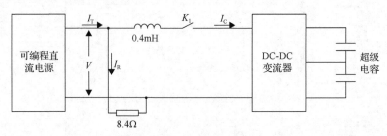

图 6-56　主动测试方案

利用可编程直流电源主动制造电压尖峰，测试设备的响应情况。测试系统接线如图 6-56 所示，由于实验采用可编程直流电源不支持功率回馈，并联有 8.4 欧姆电阻。测试用可编程直流电源和电阻如图 6-57 所示。

(a) 可编程直流电源　　　　　　　　(b) 电阻箱

图 6-57　可编程直流电源和电阻箱

开始测试时，施加具有电压尖峰的直流电压，当电压上升到设备的触发电压之后，超级电容即将电压降下来，见图 6-58，6-59 所示。

在直流电源产生连续两个电压尖峰的情况下(图 6-60)，设备动作之后，可双电压尖峰压制下来，如图 6-61 所示。可见，300kW 超级电容储能系统能快速对母线电压偏差进行响应，当直流母线电压越限时，可有效将直流母线电压抑制在一定水平。

6) 测试结论

(1) 当风电变流器直流母线电压超出阈值时，超级电容储能系统的响应时间为：2ms；

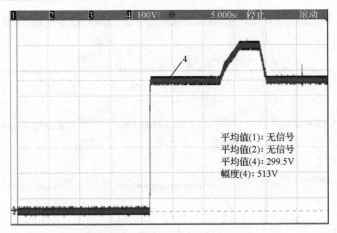

平均值(1): 无信号
平均值(2): 无信号
平均值(4): 299.5V
幅度(4): 513V

图 6-58 单个电压尖峰产生波形

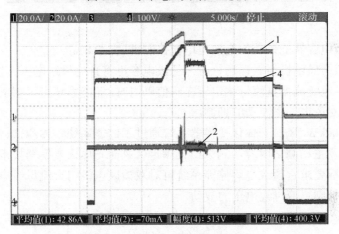

平均值(1): 42.86A　平均值(2): −70mA　幅度(4): 513V　平均值(4): 400.3V

图 6-59 单个电压尖峰压制波形

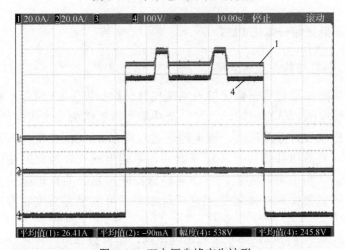

平均值(1): 26.41A　平均值(2): −90mA　幅度(4): 538V　平均值(4): 245.8V

图 6-60 双电压尖峰产生波形

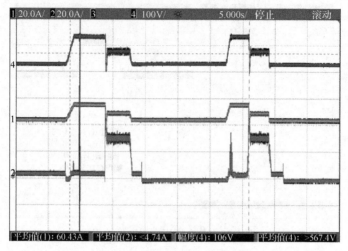

图 6-61　双电压尖峰压制波形

(2)超级电容储能系统的充放电电流控制精度：0.8%；

(3)与双馈风电机组联调运行时，超级电容可将直流母线电压下拉 150V；

(4)当风电变流器直流母线电压在阀值以内时，储能系统可以响应主控制器的指令，实现对风电功率波动的抑制。

3MW/300kW 风储一体化变换器系统通过了储能系统本体测试、一体化变换器联调测试及主动测试内容，测试结果满足《风储一体化变换器技术规范书》规定的性能指标要求，超级电容储能系统可对双馈风电机组直流母线电压做出快速响应，有效抑制直流母线电压的波动。

6.2　光储一体化 PCS

6.2.1　非隔离型光储一体化 PCS

6.2.1.1　拓扑结构与系统工况

典型的非隔离型光储一体化接入系统拓扑结构如图 6-62 所示：整个系统由光伏组件、锂电池、单相电网、负载以及功率变换器组成。光伏组件通过 Boost 升压变换器形成公共直流母线，锂电池通过双向 Buck-Boost 变换器挂接到公共直流母线上，直流母线通过全桥逆变器并入单相电网或者独立逆变成交流电压给负载供电。从图中可以看出，三个变换器都联结到公共直流母线上，从而组成一个典型的直流微网。通过控制直流母线电压可以很容易控制直流微网内的功率流动。

首先，根据光伏发电系统是否与电网连接，可以将系统运行模式分为孤岛运

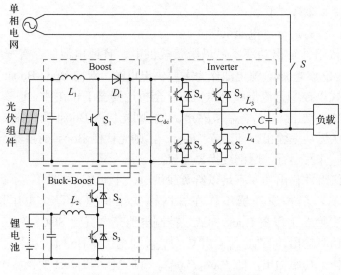

图 6-62　光储一体化接入系统拓扑

行模式和并网运行模式两大类。在孤岛运行模式下，根据光伏组件还是锂电池作为主要供电电源(控制直流母线电压的变换器对应的电源为主要供电电源，另外一个作为辅助供电电源)可以细分为光伏发电工况和电池供电工况。在并网模式下，根据网侧变换器工作在逆变状态还是整流状态，又可以将系统分为并网逆变工况和并网整理工况。综上，本文中系统工况可分为如下四种：

(1)孤岛运行，光伏发电；

(2)并网运行，网侧变换器逆变；

(3)孤岛运行，电池供电；

(4)并网运行，网侧变换器整流。

下面详细描述各个工况的运行条件：

工况 Ⅰ：孤岛运行，光伏发电。

此时光伏组件输出功率大于负载功率且锂电池未充满，即 $P_{PV} > P_{load}$ 且 SOC $<$ 95%。光伏作为主要供电电源，光伏侧 Boost 变换器工作在恒压模式，控制直流母线电压恒定。全桥逆变器工作在独立逆变模式。如果光伏输出功率大于负载功率和锂电池充电功率之和，即 $P_{PV} > P_{load} + P_{bat\_charge}$，则双向 Buck-Boost 变换器工作在 Buck 模式以控制电池充电；反之若 $P_{load} < P_{PV} < P_{load} + P_{bat\_charge}$，则双向 Buck-Boost 变换器不工作。

工况 Ⅱ：并网运行，网侧变换器逆变。

此时光伏组件输出功率大于负载功率，并且锂电池已处于满充状态，即 $P_{PV} > P_{load}$ 且 SOC $>$ 95%。全桥逆变器工作在并网模式以控制中间直流母线电压恒定，将盈余的电量回馈给公共电网。光伏侧 Boost 变换器工作在 MPPT 模式。

Buck-Boost 变换器不工作。

工况Ⅲ：孤岛运行，电池供电。

此时光伏组件输出功率不足以给负载供电，且锂电池储存有一定电量，即 $P_{PV}<P_{load}$ 且 SOC>5%。锂电池作为主要供电电源，双向 Buck-Boost 变换器工作在 Boost 模式以控制直流母线电压恒定。全桥逆变器工作在独立逆变模式。若光伏有微弱的功率输出，即 $P_{PV\_min}<P_{PV}<P_{load}$，则光伏侧 Boost 变换器工作在 MPPT 模式；若光伏无功率输出，即 $P_{PV}<P_{PV\_min}$，则光伏侧 Boost 变换器不工作。

工况Ⅳ：并网运行，网侧变换器整流。

此时光伏组件输出功率不足以给负载供电，且锂电池电量不足，即 $P_{PV}<P_{load}$ 且 SOC<5%。全桥逆变器工作在并网模式维持直流母线电压恒定。双向 Buck-Boost 变换器工作在 Buck 模式以控制电池充电直到 SOC>95%为止。若光伏有微弱的功率输出，即 $P_{PV\_min}<PPV<P_{load}$，则光伏侧 Boost 变换器工作在 MPPT 模式；若光伏无功率输出，即 $P_{PV}<P_{PV\_min}$，则光伏侧 Boost 变换器不工作。

表 6-2 给出了按照 $P_{PV}<P_{load}$，$P_{PV}>P_{load}$，SOC>5%，5%<SOC<95%，SOC>95%这五个条件划分的系统运行工况。从表中可以清楚地看出系统运行在某个特定工况下所需具备的条件。

表 6-2　系统工况划分

	SOC<5%	5%<SOC<95%	SOC>95%
$P_{PV}>P_{load}$	工况Ⅰ	工况Ⅰ	工况Ⅱ
$P_{PV}<P_{load}$	工况Ⅳ	工况Ⅲ	工况Ⅲ

图 6-63 给出了光储一体化接入系统的 4 种工况状态图，从图中可以清楚地看出每种工况下各个变换器的工作模式以及系统中的能量流动方向。

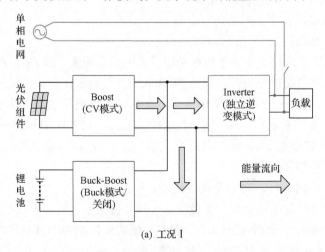

(a) 工况Ⅰ

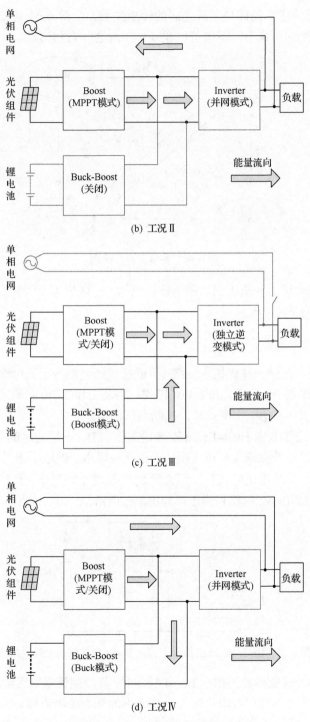

图 6-63　光储一体化接入系统工况

图 6-64 描述了系统四种工况之间的转换关系。由图 6-64 可知，依据系统功率关系以及电池荷电状态，系统可以在 4 种工况之间自然切换。

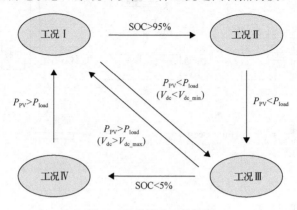

图 6-64　系统工况转换图

图 6-64 中给出了 4 条工况切换条件，分别为：①SOC＞95%；②SOC＜5%；③$P_{PV}<P_{load}$；④$P_{PV}>P_{load}$。

6.2.1.2　控制策略

图 6-62 所示光储一体化接入系统中，联接储能电池与直流母线的 Buck-Boost 变换器可以工作在 Buck 模式和 Boost 模式。当其工作在 Buck 模式时，控制低压侧电压；当其工作在 Boost 模式时，控制高压侧电压。

图 6-65 给出了双向 Buck-Boost 变换器工作在 Boost 模式时的等效电路图。此时锂电池放电以维持直流母线电压恒定，给负载供电。锂电池相当于电压源 U_{bat}。直流母线后面的部分用电阻代替。开关管 S_1 的脉冲始终封锁，只单独控制开关管 S_2。此时的 Buck-Boost 电路相当于单向 Boost 电路。

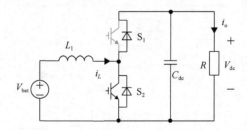

图 6-65　Buck-Boost 变换器工作在 Boost 模式时的等效电路图

当 Buck-Boost 变换器工作在 Boost 模式时，其控制策略采用图 6-66 所示的双闭环控制。外环为直流母线电压环，内环为电池侧电感电流环。

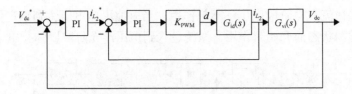

图 6-66　Buck-Boost 电路工作在 Boost 模式下的控制框图

图 6-67 中 $G_{id}(s)$ 和 $G_{vi}(s)$ 是 Buck-Boost 变换器工作在 Boost 模式时的小信号交流模型下的传递函数，具体表达式如下：

$$\begin{cases} G_{id}(s) = \dfrac{\hat{i}_L(s)}{\hat{d}(s)} = \dfrac{V_{bat}(RCS + 2)}{\left(LCS^2 + \dfrac{L}{R}S + D'^2\right)D'R} \\ G_{vi}(s) = \dfrac{\hat{v}_o(s)}{\hat{i}_L(s)} = \dfrac{D'^2 R - SL}{(RCS + 2)D'} \end{cases} \tag{6-18}$$

式中，C 为直流母线电容；R 为 Buck-Boost 电路工作在 Boost 模式下的等效负载；D 为开关管 S_2 占空比，$D'=1-D$。

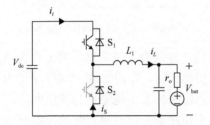

图 6-67　Buck-Boost 变换器工作在 Buck 模式时的等效电路图

图 6-67 给出了双向 Buck-Boost 变换器工作在 Buck 模式时的等效电路图。此时功率从直流母线流向锂电池，给锂电池充电。中间直流母线相当于电压源，用 U_{dc} 表示；锂电池相当于负载，用理想电压源和电阻串联表示，其中串联电阻 r_o 为锂电池的内阻。开关管 S_2 的脉冲始终封锁，只单独控制开关管 S_1。此时的 Buck-Boost 电路相当于单向 Buck 电路。

一般来说，锂电池充电过程可以分为恒流充电和恒压浮充两个阶段。在恒流充电阶段，锂电池按照一定充电电流持续充电，直到锂电池端电压达到额定电压后充电电流急剧下降，从而切换到恒压浮充阶段，弥补锂电池的自放电。

双向 Buck-Boost 变换器工作在 Buck 模式时的控制框图如图 6-68 所示，采用双闭环控制。外环为电池电压环，内环为 Buck-Boost 电路电感电流环。锂电池充电过程一般可以分为两个阶段，即恒流充电阶段和恒压浮充阶段。在恒流阶段，电池充电电流恒定，此时电压外环饱和，电池充电电流由电压外环输出限幅值决定，所以在恒流充电阶段电压环不起作用。当电池出口电压达到给定值后，电压外环退出饱和状态而开始起作用，系统进入到恒压浮充阶段以弥补电池自放电。

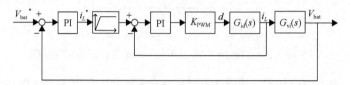

图 6-68　Buck-Boost 电路工作在 Buck 模式下的控制框图

图 6-62 所示光储一体化接入系统中的全桥逆变器的等效电路图如图 6-69 所示。直流母线连接到一个由 4 个开关管组成的全桥逆变器上，逆变产生的脉冲电压经过 LC 滤波器接入负载。

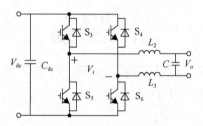

图 6-69　全桥逆变器拓扑结构图

负载侧全桥逆变器是一种双模式逆变器，可工作在独立逆变模式或者并网模式。当其工作在独立逆变模式时，输出 220V/50Hz 交流电压给负载供电；当其工作在并网模式时，可以将富余的太阳能馈入公共电网。

负载侧全桥逆变器工作在独立逆变模式时的控制框图如图 6-70 所示。和 Boost 变换器以及 Buck-Boost 变换器不同，单相全桥逆变器由于不存在静态直流工作点，所以其分析过程不采用小信号交流模型，而是大信号模型。图中采用三个环路的

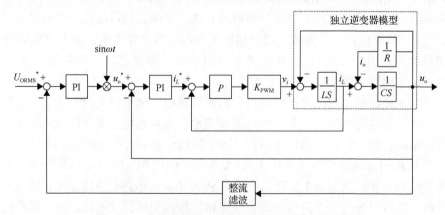

图 6-70　全桥逆变器工作在独立模式下的控制框图

闭环控制策略：内环为逆变器滤波电感电流环，提高系统的动态性能；中间环为逆变器输出瞬时电压环，改善输出电压波形，提高稳态精度；外环为逆变器输出电压有效值环，提高输出电压有效值的精度。

负载侧全桥逆变器工作在并网模式时的控制框图如图 6-71 所示。采用双闭环控制策略。内环为逆变器滤波电感电流环，提高系统的动态性能；外环为直流母线电压环，通过控制直流母线电压恒定，从而控制光伏组件输出功率或者锂电池充电功率和网侧功率相同。

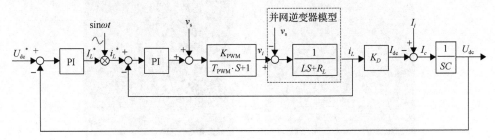

图 6-71　全桥逆变器工作在并网模式下的控制框图

图 6-71 中逆变器的电流控制环采用 PI 调节器以提高电感电流的跟随性能，采用电网电压前馈控制，一方面可以抵抗电网电压的扰动，另一方面减轻 PI 调节器的负担。由于控制器的采样计算与 PWM 执行时间相差一个开关周期，所以通常在并网逆变器的传递函数中加入一个一阶惯性环节。

当全桥逆变器工作在并网模式时，由全桥逆变器控制直流母线电压恒定。当直流母线电容输入功率大于输出功率时，多余的能量给直流母线充电，直流母线电压升高；当直流母线电容输入功率小于输出功率时，不足的能量由直流母线电容放电补充，直流母线电压下降。

6.2.1.3　实验结果

根据前文的理论分析，设计了光储一体化接入实验样机(图 6-72)，其主要技术指标如下：

(1)光伏组件最大输出功率：5kW；

(2)光伏组件最大出口电压：520V；

(3)光伏组件 MPPT 电压范围：175～450V；

(4)锂电池最大放电功率：5kW；

(5)锂电池最大充电功率：5kW；

(6)锂电池电压范围 192～208V；

(7)直流母线额定电压：480V；

(8)并网运行时标准电网电压：220VAC；

(9)孤岛运行时标准输出电压：220VAC；

(10)负载最大功率：5kW。

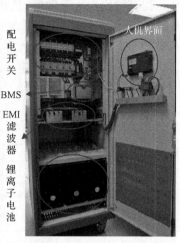

图 6-72　实验样机

　　整个系统主要包括光伏组件、锂离子电池、功率变换部分、配电开关器件、电池 BMS、EMI 滤波器、人机界面等等。光伏组件安装在屋顶，通过电缆接入实验样机。在实验样机平台上，可以通过各种测试实验，验证前文理论分析部分的正确性。

　　在分析实验波形之前，首先规定相关参数定义以及正方向如表 6-3 所示。

表 6-3　参数定义

参数变量	参数含义
V_{dc}	直流母线电压
i_{PV}	Boost 变换器电感电流(流出光伏组件为正)
i_{bat_charge}	Buck-Boost 变换器电感电流(流入电池为正，电池充电电流)
$i_{bat\_discharge}$	Buck-Boost 变换器电感电流(电池放电电流)
v_o	逆变器输出电压
i_L	逆变器电感电流(流入负载为正)
v_s	电网电压
i_{load}	负载电流

　　工况 I 为孤岛运行、光伏发电工况。图 6-73 给出了该工况下的稳态实验波形。图中光伏组件给负载(纯阻性负载，下同)供电，同时给锂电池充电。直流母线电压 V_{dc} 稳定在 480V，逆变器输出电压 v_o 为 220V/50Hz，负载功率 3kW，锂电池充电功率为 2kW。

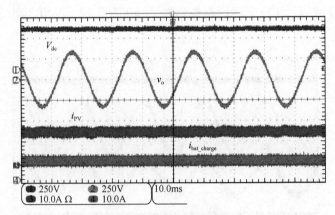

图 6-73　工况 I 实验波形

工况 II 为并网运行、网侧变换器逆变工况。图 6-74 给出了该工况下的稳态实验波形。图中直流母线电压 V_{dc} 稳定在 480V，电网电压 220V/50Hz，并网功率 3kW，并网功率因数为 1。

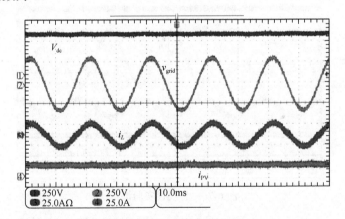

图 6-74　工况 II 实验波形

工况III为孤岛运行、电池供电工况。图 6-75 给出了该工况下的稳态实验波形。图中电池独立给负载供电，直流母线电压 V_{dc} 稳定在 480V，逆变器输出电压 v_o 为 220V/50Hz，负载功率约为 5kW。

工况Ⅳ为并网运行、网侧变换器整流工况。图 6-76 给出了该工况下的稳态实验波形。图中电网给锂电池充电，直流母线电压 V_{dc} 稳定在 480V，锂电池充电电流 10A，充电功率 2kW。

根据图 6-64 中所示的工况切换关系可知，本文中的工况切换主要分为两类。一是光伏发电和电池供电之间的切换，即工况 I 和工况III之间的切换。二是孤岛运行工况和并网运行工况之间的切换，包括除工况Ⅰ和工况Ⅲ之间的其余所有工况间的切换。

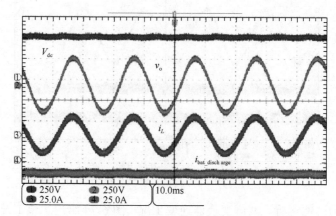

图 6-75　工况Ⅲ实验波形

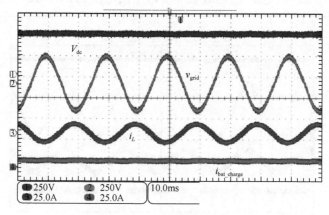

图 6-76　工况Ⅳ实验波形

图 6-77(a)、图 6-77(b)为工况Ⅰ和工况Ⅲ之间的切换过程图。图 6-77(a)中，切换前系统工作在工况Ⅰ，此时负载功率为 1.5kW，锂电池充电功率 1kW。从图 6-77(a)中可知，在负载从 1kW 突变到 3kW 瞬间，通过检测到直流母线电压跌落即 $V_{dc} < V_{dc\_min}$，判断 $P_{PV} < P_{load}$ 条件成立，随即根据图 6-64 系统切换到工况Ⅲ。此时锂电池从充电状态自然过渡到放电状态，与光伏联合维持负载不间断供电。从图 6-77(b)中可以看出，当负载从 3kW 重新变为 1.5kW 时，通过检测到直流母线电压抬高即 $V_{dc} > V_{dc\_max}$，判断 $P_{PV} > P_{load}$ 条件成立，系统从工况Ⅲ切换回到工况Ⅰ。在状态切换过程中，直流母线电压存在短暂的跌落和抬升，但逆变器输出电压始终维持在 220V。

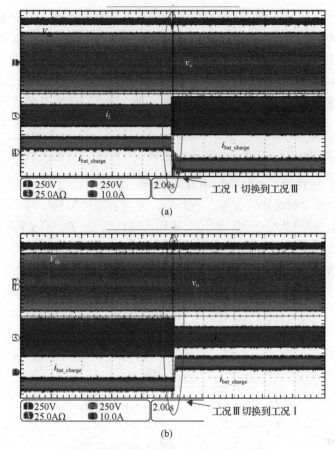

图 6-77　工况 I 与 III 工况切换实验波形

6.2.2　高频隔离型储能 PCS

图 6-62 所示光储一体化接入系统中，电池电压为 200V 左右，直流母线电压为 480V，两端电压差异不大，采用双向 BUCK/BOOST 非隔离型直流变换器作为接口时，变换器占空比约为 0.42，占空比设计较为合理。由于非隔离型电路没有高频变压器，其升压比有限，如果电池电压与直流母线电压差异较大，需要因为隔离型双向 DC/DC 变换器[14,15]。相比于非隔离型双向 DC/DC 变换器，隔离型双向 DC/DC 变换器引入了高频变压器，从而实现了原副边之间的高传输比的功率变换以及电气隔离，更适用于两端电压传输比较大和绝缘等级要求较高的场合。

6.2.2.1　隔离型双向 LLC 变换器拓扑结构

在目前常见的隔离型双向 DCDC 变换器拓扑中，LLC 谐振变换器拓扑由于原副边开关均能实现软开关，比较适合高频化应用。LLC 谐振变换器在串联谐振变换器的基础上引入变压器励磁电感作为第三个并联谐振元件。由于励磁电感的引入，感性电流增大，LLC电路的软开关范围比SRC变换器大，可以在全负载范围内实现原边开关管的零电压开通(zero voltage switch，ZVS)和副边二极管的零电流关断(zero current switch，ZCS)，有助于运行效率的提升。同时，该变换器具有三个串并联谐振元件，组成了一个带通滤波器，因此电压增益调节范围可以超过1，即电路可以工作在降压和升压模式，其应用领域较广泛。

6.2.2.2　双向LLC变换器拓扑运行原理

双向LLC变换器拓扑结构如图6-78所示，其功率正向流动时为LLC工况运行，功率反向流动时为串联谐振工况运行。变换器原边为高压侧，原边全桥输出端口为A，B，副边为低压侧，副边全桥输出端口为C，D，且原副边的功率器件都组成全桥结构。同时，开关管 $M_1 \sim M_8$ 皆为金氧半场效晶体管(Metal-Oxide-Semiconductor Field-Effect Transistor)，每一个MOSFET对应的寄生电容为 $C_{oss1} \sim C_{oss8}$。高压侧电源电压为 V_i，低压侧输出电压为 V_o。

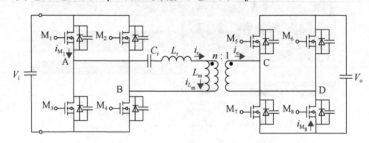

图6-78　LLC谐振变换器的拓扑结构

L_r 与 C_r 为LLC变换器的谐振电感与谐振电容，设谐振电流为 i_r，变压器的原副边匝比为 $n{:}1$，励磁电感为 L_m，设励磁电流为 i_{L_m}。谐振频率 f_r 表达式为

$$f_r = \frac{1}{2\pi\sqrt{L_r C_r}} \tag{6-19}$$

按照电路的具体工作状态，LLC谐振变换器的工作状态可以分为两种：开关频率 f_s 小于谐振频率 f_r 与开关频率 f_s 大于谐振频率 f_r。

由于一个周期内前半周期和后半周期各电压电流波形对称，因此只需要分析前半个周期的电压电流波形就可以得出对应后半个周期的电压电流波形，从而得到一个开关周期内各电压电流的波形。当开关频率 f_s 小于谐振频率 f_r 时，如图6-79(a)所示，半个周期的工作运行状态可以大致分为五个阶段：

1）STATE 1

在STATE 1之前，谐振电流 i_r 小于零，原边开关管 M_1，M_4 的体二极管导通，

因此开关管 M_1，M_4 开通时结电容的电压基本为零(忽略体二极管导通压降)，可以实现零电压开通(ZVS-on)；同时，由于谐振电流 i_r 大于励磁电流 i_{L_m}，变压器副边电流 i_e 大于零，副边开关管 M_5，M_8 的体二极管导通，开关管 M_5，M_8 也可以实现零电压开通(ZVS-on)。

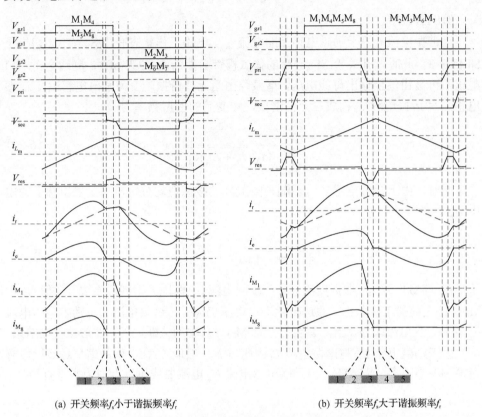

(a) 开关频率f_s小于谐振频率f_r　　　　　　(b) 开关频率f_s大于谐振频率f_r

图 6-79　LLC 谐振变换器的工作时序图

在 STATE 1 时，开关管 M_1，M_4，M_5，M_8 导通，原边全桥端口电压为 V_i，副边全桥端口电压为 V_o，励磁电感上的电流 i_{L_m} 上升。由于谐振腔两端电压恒定，谐振电容和谐振电感进行两元件谐振，谐振电流 i_r 先上升，随着谐振电容电压的不断上升，谐振电流 i_r 的电流上升逐渐减缓，谐振电容电压超过谐振腔两端电压后，谐振电流 i_r 开始下降。直至开关管 M_5，M_8 驱动关断，此阶段结束。

2) STATE 2

由于开关频率 f_s 小于谐振频率 f_r，谐振电容和谐振电感的两元件谐振的周期小于开关周期，即当谐振电流 i_r 与励磁电感 i_{L_m} 达到相同时，开关周期未结束。因此，此工况下副边开关管需提前关断，以保证不引入循环功率，提升系统效率。

随着开关管 M_5，M_8 驱动关断，电路工作状态由 STATE 1 切换至 STATE 2。此时谐振电流 i_r 仍大于励磁电流 i_{L_m}，变压器副边电流 i_e 仍大于零，副边开关管 M_5，M_8 的电流从沟道切换至体二极管，体二极管导通，电路的工作状态未发生变化。直至谐振电流 i_r 与励磁电感 i_{L_m} 达到相同，此阶段结束。

3) STATE 3

当谐振电流 i_r 等于励磁电感上的电流 i_{L_m}，电路工作状态有由 STATE 2 切换至 STATE 3。此时，开关管 M_5，M_8 的体二极管自然断流（ZCS-off），副边全桥端口电压不再被钳位至输出母线电压，谐振腔由两元件谐振转变为励磁电感 L_m、谐振电感 L_r 和谐振电容 C_r 构成三元件谐振，转变后的谐振频率为

$$f_r' = \frac{1}{2\pi\sqrt{(L_r + L_m)C_r}} \tag{6-20}$$

同时，由于励磁电感 L_m 与谐振电感 L_r 的按感值均分电压，励磁电感上的电压 v_{L_m} 满足：

$$-nV_o < v_{L_m} = \frac{k}{1+k}(V_i - v_{C_r}) < nV_o \tag{6-21}$$

在 STATE 3 时，谐振电流 i_r 等于励磁电流 i_{L_m} 保持大于零，原边开关管 M_1，M_4 保持之前的工作状态，原边全桥端口电压仍为 V_i，谐振电流 i_r 与励磁电感电流 i_{L_m} 相等，且电流缓慢上升。直至开关管 M_1，M_4 驱动关断，三元件谐振阶段结束。

由于励磁电感 L_m 与谐振电感 L_r 的比值 k 一般取 5~10，新的谐振频率比原有谐振频率小很多，STATE 3 内励磁电感电流 i_{L_m} 电流曲线可以近似为水平直线。

4) STATE 4

随着原边开关管 M_1，M_4 驱动关断，且此时谐振电流 i_r 仍然大于零，开关管 M_1，M_4 的沟道关断，谐振电流给寄生电容 C_{oss1}，C_{oss4} 充电，C_{oss2}，C_{oss3} 放电，原边全桥端口电压迅速下降，直至钳位至负输入母线电压。此刻，开关管 M_2，M_3 的寄生电容 C_{oss2}，C_{oss3} 放电完毕，电压为零。

由于 MOS 管寄生电容的容值较小，故 STATE 4 相比于其他阶段较短，励磁电感电流 i_{L_m}、谐振电流 i_r、谐振电容电压 v_{C_r} 的变化可以忽略不计。

随着原边全桥端口电压的下降，且谐振电容电压 v_{C_r} 基本不变，励磁电感上的电压 v_{L_m} 也迅速下降，直至满足式 (6-37)，副边全桥端口电压钳位至负输出母线电压，副边开关管 M_6，M_7 的寄生电容 C_{oss6}，C_{oss7} 放电完毕，电压为零。

$$v_{L_m} = -\frac{k}{1+k}(V_i + v_{C_r}) < -nV_o \tag{6-22}$$

5）STATE 5

原边端口电压被箝位至母线后，原边 MOS 管寄生电容充放电完毕，且此时谐振电流 i_r 仍然大于零，开关管 M_2，M_3 的体二极管自然导通。在谐振电流 i_r 过零前，开通对应开关管，进入下一阶段，就可以实现零电压开通。

副边端口电压均被箝位至母线后，副边 MOS 管寄生电容充放电完毕，且此时变压器副边电压 i_e 开始小于零，开关管 M_6，M_7 的体二极管自然导通。开关管 M_6，M_7 也可以实现零电压开通。

随着原副边端口电压均被箝位，LLC 的正负半周切换已经完成，励磁电流 i_{L_m} 开始下降。谐振电容和谐振电感进行两元件谐振，谐振电流 i_r 先下降，随着谐振电容电压的不断下降，谐振电流 i_r 的电流下降逐渐减缓，谐振电容电压超过谐振腔两端电压后，谐振电流 i_r 开始上升。

下一阶段，开通开关管 M_2，M_3，M_6，M_7 后，可以实现 MOS 的零电压开通，与 STATE 1 类似。由于 LLC 谐振变换器拓扑为对称结构，后半个周期各电压电流分量波形与前半个周期对称，可以采用相同的方法进行分析，不再赘述。

当双向 LLC 电路功率反向流动时，其工作于串联谐振工况，SRC 谐振变换器拓扑结构如图 6-80 所示，变换器原边为低压侧，原边全桥输出端口为 A，B，副边为高压侧，副边全桥输出端口为 C，D，且原副边的功率器件都组成全桥结构。同时，低压侧电源电压为 V_i，高压侧输出电压为 V_o。

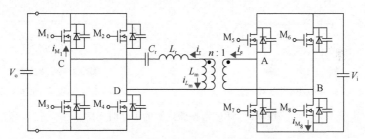

图 6-80　SRC 谐振变换器的拓扑结构

SRC 谐振变换器的工作状态可以分为两种：开关频率 f_s 小于谐振频率 f_r 与开关频率 f_s 大于谐振频率 f_r。

由于一个周期内前半周期和后半周期各电压电流波形对称，因此只需要分析前半个周期的电压电流波形就可以得出对应后半个周期的电压电流波形，从而得到一个开关周期内各电压电流的波形。当开关频率 f_s 小于谐振频率 f_r 时，如图 6-81（a）所示，半个周期的工作运行状态可以大致分为五个阶段。

1）STATE 1

在 STATE 1 之前，谐振电流 i_r 已经大于零，副边开关管 M_5，M_8 的体二极管导通，因此开关管 M_5，M_8 开通时 Drain-Source 电压基本为零，可以实现零电压开通（ZVS-on）；同时，由于谐振电流 i_r 小于励磁电流 i_{L_m}，两者之和为负，变压器原边电流 i_e 大于零，原边开关管 M_1，M_4 的体二极管导通，开关管 M_1，M_4 同样可实现零电压开通。

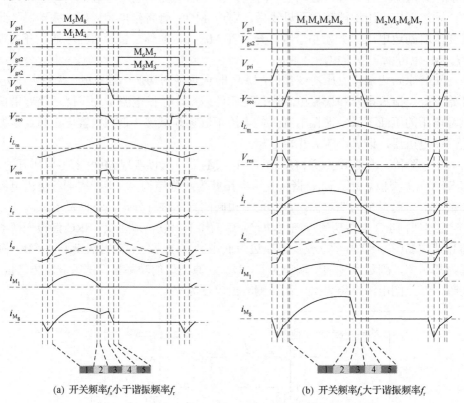

(a) 开关频率 f_s 小于谐振频率 f_r　　　　　　　(b) 开关频率 f_s 大于谐振频率 f_r

图 6-81　SRC 谐振变换器的工作时序图

在 STATE 1 时，开关管 M_1，M_4，M_5，M_8 均导通，低压侧全桥端口电压为 V_i，高压侧全桥端口电压为 V_o。由于谐振腔两端电压恒定，谐振电容和谐振电感进行两元件谐振，谐振电流 i_r 先上升，随着谐振电容电压的不断上升，谐振电流 i_r 的电流上升逐渐减缓，谐振电容电压超过谐振腔两端电压后，谐振电流 i_r 开始下降。直至高压侧开关管 M_1，M_4 驱动关断，此阶段结束。

2）STATE 2

由于开关频率 f_s 小于谐振频率 f_r，谐振电容和谐振电感的两元件谐振的周期小于开关周期，即当谐振电流 i_r 过零时，开关周期还未结束。因此，此工况下高压侧开关管需提前关断，从而避免循环功率的引入，可以提升转换效率。

随着高压侧开关管 M1，M4 驱动的关断，电路工作状态由 STATE 1 切换至

STATE 2。此时，谐振电流 i_r 仍大于零，高压侧开关管 M_1，M_4 的电流从沟道切换至体二极管，体二极管导通，电路的工作状态未发生变化。直至谐振电流 i_r 过零，此阶段结束。

3）STATE 3

当谐振电流 i_r 等于零，电路工作状态有由 STATE 2 切换至 STATE 3。此时，高压侧开关管 M1，M4 的体二极管自然断流 (ZCS-off)，副边全桥端口电压不再被钳位至输出母线电压。由于副边整流桥的断流，谐振腔由两元件谐振转变为断路状态，即励磁电感电流 i_{L_m}、谐振电流 i_r、谐振电容电压 v_{C_r} 基本不发生变化。

在 STATE 3 时，谐振电流 i_r 等于零，励磁电流 i_{L_m} 仍大于零，变压器原边电流 i_e 也大于零，原边开关管 M_5，M_8 保持之前的工作状态，原边全桥端口电压仍为 V_i，变压器原边电流 i_e 与励磁电感电流 i_{L_m} 相等，且电流缓慢上升。直至原边开关管 M_5，M_8 保驱动关断，STATE 3 结束。

4）STATE 4

随着原边开关管 M_5，M_8 驱动关断，且此时变压器原边电流 i_e 仍然大于零，开关管 M_5，M_8 的沟道关断，变压器原边电流给寄生电容 C_{oss5}，C_{oss8} 充电，C_{oss6}，C_{oss7} 放电，低压侧全桥端口电压迅速下降，直至钳位至负输入母线电压。此刻，开关管 M_6，M_7 的寄生电容 C_{oss6}，C_{oss7} 放电完毕，电压降为零。

由于 MOS 管寄生电容的容值较小，故 STATE 4 相比于其他阶段较短，励磁电感电流 i_{L_m}、谐振电流 i_r 和谐振电容电压 v_{C_r} 的变化可以不计。

随着原边全桥端口电压的下降，且谐振电容电压 v_{C_r} 基本不变，全桥端口电压也迅速下降，直至钳位至负输出母线电压，副边开关管 M_2，M_3 的寄生电容 C_{oss2}，C_{oss3} 放电完毕，电压为零。

5）STATE 5

原边端口电压被箝位至母线后，原边 MOS 管寄生电容充放电完毕，且此时变压器原边电流 i_e 仍大于零，开关管 M_6，M_7 的体二极管自然导通。在变压器原边电流 i_e 过零前，开通对应开关管，便可以实现零电压开通。

副边端口电压均被箝位至母线后，副边 MOS 管寄生电容充放电完毕，且此时谐振电流 i_r 开始小于零，开关管 M_2，M_3 的体二极管自然导通。开关管 M_2，M_3 也可以实现零电压开通。

随着原副边端口电压均被箝位，LLC 的正负半周切换已经完成，励磁电流 i_{L_m} 开始下降。谐振电容和谐振电感进行两元件谐振，谐振电流 i_r 首先下降，随着谐振电容电压的下降，谐振电流 i_r 的电流下降逐渐减缓。当谐振电容电压超过谐振腔两端电压后，谐振电流 i_r 开始上升。

下一阶段，开通其余开关管后，与 STATE 1 类似，不再赘述。

6.2.2.3　实验结果

带 LLC 变换器的光储一体化 PCS 如图 6-82 所示，其中双向 DC/DC 电路由 Buck-Boost 电路和双向 LLC 电路级联组成。两级式电路的优势在于可以降低隔离型电路的电压增益范围，以提高电路整体的效率。

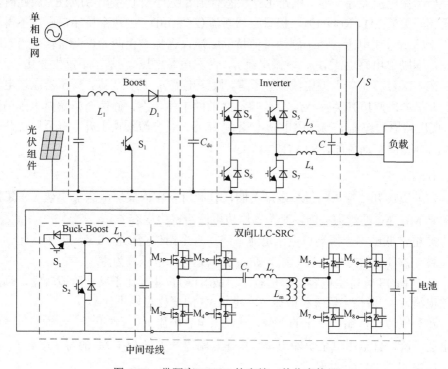

图 6-82　带隔离 DCDC 的光储一体化变换器

针对单相并离网储能实验系统的情况进行电路参数设计，确定电路增益情况。根据实际电路指标，推导双向 LLC 电路的电路参数，如变压器的原副边匝比、谐振电感与励磁电感感值、谐振电容容值。双向 LLC 变换器的电路参数如下：

(1) 输入母线电压：260～380VDC；

(2) 额定输入母线电压：320VDC；

(3) 电池电压：40～60VDC；

(4) 电池额定电压：48VDC；

(5) 满载功率：5kW；

(6) 变压器的原副边匝比 n：20:3；

(7) 谐振电感 L_r：20μH；

(8) 励磁电感 L_m：200μH；

（9）谐振电容 C_r：198nF。

单相并离网储能实验系统对电池充放电工况进行切换测试。此时电池电压 50V，高压母线侧接直流源及电子负载。首先利用高压母线侧直流源电压给电池 4.1kW 充电时，高压母线侧电子负载也带载 4.1kW，然后突然关掉直流源，测试其充电转放电过程中，各电压、电流及转换时间；随后由锂电池对高压母线侧负载进行 4.1kW 放电，突然通过直流源给定高于高压母线电压约 10V 的电压，测试其放电转充电过程中，各电压、电流及转换时间是否符合要求。

充电转放电时，如图 6-83（a）所示，高压母线电流和电池充放电切换时间约 8ms，满足切换时间小于 10ms 的要求。同时，充电转放电过程中，高压母线电压最低为 337V，仍可维持逆变器的正常带负载输出，不影响系统正常运行，故充电转放电过程满足实际电路需求。

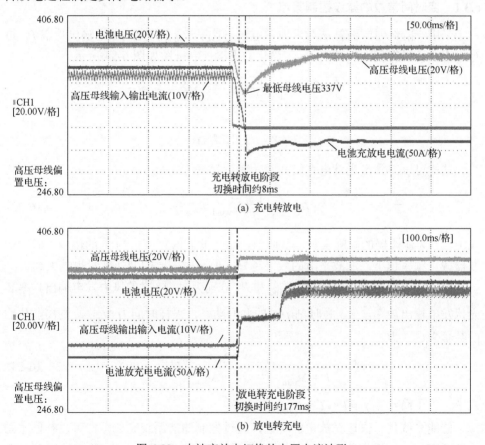

(a) 充电转放电

(b) 放电转充电

图 6-83　电池充放电切换的电压电流波形

放电转充电时，如图 6-83（b）所示，高压母线电流和电池充放电切换时间约 177ms，满足切换时间小于 500ms 的要求，各电压波形均无异常，系统正常运行，故放电转充电过程满足实际要求。

6.3　大规模风光储多控制环节综合集成应用平台技术

利用储能系统改善风电及光伏并网特性有多种控制策略，如：平抑风电功率波动、跟踪上级调度指令、参与系统调频调峰及无功电压控制等。实现上述控制目标均存在如何在保证控制性能的同时，减少必需的储能容量、减少对电池使用寿命损伤以及多种控制功能的综合应用问题。解决这类问题可以从控制策略和不同特性电池的合理应用两方面着手，结合风光电能的特性分解构成综合集成应用平台[16-20]。

6.3.1　变时间常数的滤波控制策略

采用一阶低通滤波算法对风力发电输出功率 P_{wind} 和光伏发电输出功率 P_{pv} 进行平滑，可以得到并网功率 P_{ref}。简化的平滑控制框图如图 6-84 所示。

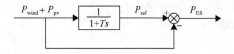

图 6-84　平滑控制框图

这样可以得到风光发电系统并网功率数学表达式为

$$P_{\text{ref}} = \frac{1}{1 + Ts}(P_{\text{wind}} + P_{\text{pv}}) \tag{6-23}$$

式中，T 为滤波器的时间常数。其取值决定了滤波的程度，当 T 的值越大时，滤波器截止频率越小，滤波平滑的效果越好，但是所需要的储能容量也越大。

对上式进行离散化处理，设 P_{wind}^t 和 P_{pv}^t 分别为时刻 t 时的风力发电输出功率和光伏发电输出功率，P_{ref}^t 为时刻 t 时的并网功率，采样时间为 Δt_{min}，则离散化后的数学表达式为

$$P_{\text{ref}}^t = \frac{T}{T + \Delta t_{\text{min}}}P_{\text{ref}}^{t-1} + \frac{\Delta t_{\text{min}}}{T + \Delta t_{\text{min}}}(P_{\text{wind}}^t + P_{\text{pv}}^t) \tag{6-24}$$

式中，为了简化令 $\gamma_t = T / (T + \Delta t_{\text{min}})$。

储能系统具有快速充放电的特性，通过控制储能系统充放电，可以补偿原始波动功率与滤波后的功率之差，故用于平抑波动的混合储能目标输出功率 P_{ES}^t（充电为正方向）为

$$P_{\text{ES}}^t = P_{\text{wind}}^t + P_{\text{pv}}^t - P_{\text{ref}}^t \tag{6-25}$$

通过低通滤波算法，可以有效降低风电输出功率中的高频分量，但由于此时滤波时间常数是固定的，很难满足风速随机波动场合下的风电场输出功率平滑度要求。在风电友好型并网指标中要求[16]，风电场输出有功功率最大变化率应满足给定的限制要求，包括 10min 有功功率变换率和 30min 有功功率变换率，以保障电力系统的稳定运行。因此可以利用波动率限制指标来实时的调节低通滤波算法的时间常数，以满足在线实时控制。当 $\Delta t_{\min}$ 取 1min 时，10min 和 30min 最大有功功率变化率 $\lambda_{10\min}^t$ 和 $\lambda_{30\min}^t$ 计算公式如下：

$$\lambda_{10\min}^t = \frac{\max\{P_{\text{out},t}, P_{\text{out},t-1}, \cdots, P_{\text{out},t-9}\} - \min\{P_{\text{out},t}, P_{\text{out},t-1}, \cdots, P_{\text{out},t-9}\}}{P_{\text{N\_W}} + p_{\text{N\_PV}}} \times 100\%$$

$$\lambda_{30\min}^t = \frac{\max\{P_{\text{out},t}, P_{\text{out},t-1}, \cdots, P_{\text{out},t-29}\} - \min\{P_{\text{out},t}, P_{\text{out},t-1}, \cdots, P_{\text{out},t-29}\}}{P_{\text{N\_W}} + p_{\text{N\_PV}}} \times 100\%$$

为了满足新能源并网的功率波动率指标，尽可能降低储能的容量，提出了基于两级波动限值的变时间常数低通滤波算法，其算法流程图如图 6-85 所示。首先

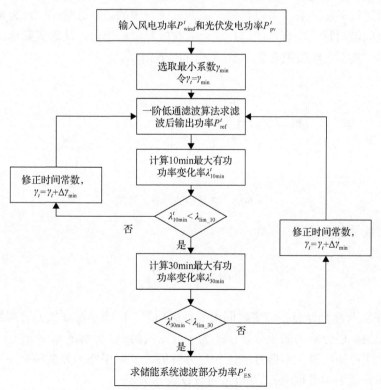

图 6-85　变时间常数低通滤波算法流程图

根据给定的滤波时间常数按照公式得到风电和光伏并网的目标功率，计算其10min最大功率波动率，如果不满足给定指标要求，则增大时间常数；如果满足给定指标要求且相差很大，则降低时间常数直到波动率小于且最接近给定指标。接下来计算其30min最大功率波动率，实现过程和上述相同，以此最后输出满足波动率指标要求且能使储能容量最小的风电并网目标功率。

6.3.2 混合储能的协调控制技术

不同类型的储能装置在循环寿命、充放电效率、充放电倍率和安装维护成本等方面具有不同的特点，由多种类型储能单元组成的复合储能系统能够结合各种储能技术的优点，实现各类型储能的优势互补，故对混合储能系统合理分配内部功率可以提高系统经济效益。

6.3.2.1 不同类型电池储能充放电功率控制策略

小波变化(wavelet transform，WT)是一种能够在时间和频率进行局部化分析的变换方法，非常适用于对非平稳突变信号进行处理。将混合储能目标功率通过小波变换进行多层分解，可以得到一系列频带范围的功率分量，以此为依据根据不同类型储能的特点，自适应选择适合吸收或释放的频带，从而提高储能设备的利用效率。典型小波变换分解示意图如图6-86所示。

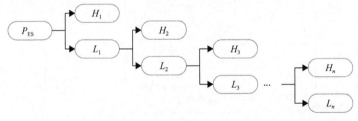

图6-86　典型小波分解示意图

其用数学表达式可表示为：

$$P_{ES} = L_n + \sum_{i=1}^{n} H_i \tag{6-26}$$

式中，PES为混合储能在一定时间内的目标功率；n为小波变换的分解层数；L_n为小波变换n层分解的低频分量；H_i为小波变换第i层分解的高频分量。

由上图可知，对功率信号进行n层分解后，第n层低频分量和第1层到第n层的高频分量的频带范围f_{n_L}和f_{i_H}可分别表示为

$$0 \leqslant f_{n\_L} \leqslant \frac{f_s}{2^{n+1}}$$

$$\frac{f_s}{2^{n+1}} \leqslant f_{i\_H} \leqslant \frac{f_s}{2^n}$$

(6-27)

式中，f_s 为原始信号采样频率。

利用混合储能平抑风电功率波动中，超级电容属于功率型储能，其具有充放电循环次数多和响应速度快的特点，因此，多利用超级电容来补偿功率波动中的高频分量；电池则属于能量型储能，其具有充放电次数少和响应速度慢的特点，多用来补偿功率波动中的高频分量。但是不同类型的电池在充放电次数和响应时间上也有很大的区别，因此本文利用不同储能设备的特性作为依据，提出利用铅酸电池、磷酸铁锂电池和超级电容来分别平抑功率波动中的低、中和高频率区间。以上三种储能设备的特性如表 6-4 所示。

表 6-4　储能设备的基本参数

种类	能量单价/(kWh/年)	功率单价/(kW/年)	循环次数	响应频段
铅酸电池	69	91	200～1800	低频
磷酸铁锂电池	351	65	1000～8000	中频
超级电容	711	6	>100000	高频

为了尽可能延长铅酸电池的使用寿命，应根据表中铅酸电池充放电次数来选择其适合的频率范围，可以得到如下表达式：

$$\frac{f_s}{2^{n+1}} \leqslant \frac{1}{500}$$

(6-28)

将满足上式的最大整数 n 记为 n_{qs}，称其为低频临界频率。

同理可根据磷酸铁锂电池的充放电次数得到超级电容储能设备的最大的频率适应范围，得到如下表达式：

$$\frac{f_s}{2^n} \leqslant \frac{1}{2500}$$

(6-29)

将满足上式的最大整数 n 记为 n_{ls}，称其为高频临界频率。

因此结合以上两式，根据三类储能设备的特点，可以分别得到其相应承担的功率，可表示为

$$\begin{cases} P_{qs} = -L_{n_{qs}} \\ P_{ls} = -(H_{n_{ls}+1} + H_{n_{ls}+2} + \cdots + H_{n_{qs}}) \\ P_{sc} = -(H_1 + H_2 + \cdots + H_{n_{ls}}) \end{cases}$$

(6-30)

式中，P_{qs} 为铅酸电池吸收的功率；P_{ls} 为磷酸铁锂电池吸收的功率；P_{sc} 为超级电容储能设备吸收的功率。

6.3.2.2　不同类型储能设备的容量配置

储能设备容量配置主要包括功率额定值 P 和容量大小 E 两部分，两者之间的关系可表示为

$$E = \int_0^T P(t)\mathrm{d}t \tag{6-31}$$

式中，T 为储能设备投入时间。

为了保证储能设备能够有效地吸收或释放所需的目标功率，各储能设备的最小输入和输出功率大小应取决于小波分解后的相对应的功率曲线的正、负峰值的绝对值，并保留一定的裕量，即储能所需充电或放电的功率可表示为

$$\begin{cases} P_{\mathrm{ES\_c}} = \eta_{\mathrm{c}} \cdot \max(P_{\mathrm{pos}}) \\ P_{\mathrm{ES\_d}} = \eta_{\mathrm{d}} \cdot \max(|P_{\mathrm{neg}}|) \end{cases} \tag{6-32}$$

式中，$P_{\mathrm{ES\_c}}$ 和 $P_{\mathrm{ES\_d}}$ 分别代表储能设备的充放电功率大小；η_{c} 和 η_{d} 分别代表储能设备充放电功率的修正系数，对于不同类型的储能其值应有所不同；P_{pos} 和 P_{neg} 分别代表小波分解后功率曲线的一系列正峰值和负峰值。

在储能设备投入时间内对功率额定值进行积分可得到储能设备所需要的容量，为了应对实际环境，同样也应保留一定的裕量。为了增强所设计的储能设备容量和功率在多种环境下的适应性，本文采用多个样本数据加权求平均来得到最终的容量和功率配置，可表示为

$$\begin{cases} E = \dfrac{1}{m}\sum_{k=1}^{m} \omega E_k \\[2mm] P_{\mathrm{ES\_c}} = \dfrac{1}{m}\sum_{k=1}^{m} P_{\mathrm{ES\_c}}^k \\[2mm] P_{\mathrm{ES\_d}} = \dfrac{1}{m}\sum_{k=1}^{m} P_{\mathrm{ES\_d}}^k \end{cases} \tag{6-33}$$

式中，m 为样本数据个数；ω 为容量修正系数，对于不同类型的储能其值应有所不同。

6.3.2.3　风光储多控制环节综合集成控制平台

将平抑风、光功率波动的变时间常数储能控制环节、不同类型储能出力优化

分配环节联合应用，可以应对大规模风光并网引发的问题，因而需要建立多环节储能控制及其综合集成应用平台。然而，多种混合储能在联合运行过程中往往会由于并网点功率波动而引起储能装置直流母线电压波动，这种现象在并入弱电网情况下将更为严重，将影响混合储能系统的使用寿命甚至带来稳定性方面的问题。因此，稳定系统直流母线电压是构造集成系统的首要任务。

为了保障铅酸电池的使用寿命同时最大限度的利用超级电容储能设备吸收高频分量，提出了利用磷酸铁锂电池储能设备来抑制直流母线电压的波动，而储能变流器采用功率-电压控制模式来保证混合储能的出力能够满足给定目标功率要求，其在一定意义上提高了混合储能系统并弱网的运行稳定性[21,22]。

集成平抑风、光功率波动的变时间常数储能控制环节、不同类型储能出力优化分配环节、提升储能变换器弱电网稳定性的功率-电压型控制环节后的多控制环节综合集成平台框图见图 6-87。可在同等储能容量配置下提升功率波动平抑效果，减少电池充放电次数和深度，延长电池使用寿命，能够充分发挥能量型和功率型储能设备的优势互补特性，并能使储能系统在弱电网下稳定运行。

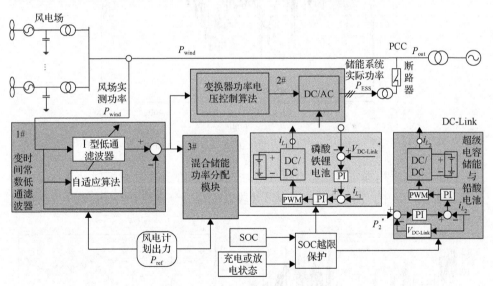

图 6-87　混合储能协调控制策略

6.3.3　仿真分析

基于上述理论，在 MATLAB/Simulink 中对所提的风光储联合发电系统控制策略进行仿真验证。仿真算例中，风力发电装置和光伏发电装置的装机容量分别为 2MW 和 1MW，超级电容额定容量为 1MWh，混合电池总容量为 1MWh。

采用本文所提基于两级波动限值的变时间常数滤波算法对风机和光伏系统的功率波动进行平抑，波动限值 $\lambda_{\mathrm{lim\_10}}$ 和 $\lambda_{\mathrm{lim\_30}}$ 分别取 10% 和 20%，最小系数取 $\gamma_{\min}$

取 0.4，步长 $\Delta\gamma_{min}$ 取 0.001，图 6-88 为该日某段时间内风机和光伏系统的原始输出功率与优化后短时功率波动平抑效果的对比，横坐标表示该日的时间，两点之间的时间间隔为 1min，纵坐标为输出功率，黑色曲线为风机和光伏系统的原始输出功率之和，红色曲线为采用本文所提优化算法进行控制之后的风机和光伏系统的输出功率之和，可以看出，优化后输出功率的波动得到了明显的抑制，仿真结果显示，优化后该日 10min 最大有功功率变化率的平均值 $\lambda_{10,avg}$ 由 8.30% 降至 4.14%，30min 最大有功功率变化率的平均值 $\lambda_{30,avg}$ 由 10.47% 降至 6.44%，且 10min 和 30min 最大有功功率变化率 $\lambda_{10min,t}$ 和 $\lambda_{30min,t}$ 均没有超出波动限制值，表明短时功率波动的抑制效果良好，达到了控制要求。

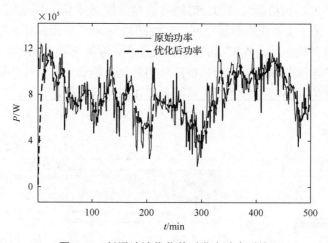

图 6-88　低通滤波优化前后发电功率对比

图 6-89 为采用固定时间常数滤波算法选取不同的系数 γ_t 时短时功率波动的平抑效果对比，其中，图 6-89(a) 为该日某段时间内 γ_t 分别取 0.2，0.4 和 0.6 时的风

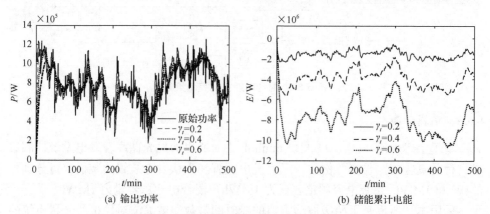

(a) 输出功率　　　　　　　　　　　(b) 储能累计电能

图 6-89　不同系数 γ_t 下功率波动平抑效果对比

机和光伏系统输出功率,可以看出,γ_t 越大,输出功率曲线越平滑,即短时功率波动的平抑效果越好;图 6-89(b) 为相应时间段内 γ_t 分别取 0.2,0.4 和 0.6 时储能系统平抑波动所需充放电的累积电能 E_{NT},可以看出,γ_t 越大,E 的波动幅值也越大,即平抑波动所需的储能容量越大。综上,系数 γ_t 的取值偏大会增加所需储能容量,而 γ_t 的取值偏小则会影响对功率波动的平抑,因此提出变时间常数滤波算法,综合 γ_t 较大时平抑效果好和 γ_t 较小时所需储能电量小的优点,在满足功率波动平抑要求的基础上兼顾储能容量。

根据第 1.3.2.2 节所提功率分配策略计算混合储能系统中各类型储能单元的充放电功率。选择 sym4 进行小波变换分解,储能设备的功率配置系数取 1.1,容量配置系数取 1.2。通过小波变换对混合储能目标功率进行分解,考虑到铅酸电池和磷酸铁锂电池的充放电倍率,确定 $n_{\mathrm{qs}}=5$,$n_{\mathrm{ls}}=3$。(是否需要进行混合储能容量配置具体数值)三类储能设备的功率输出情况如下图所示。图 6-90 中,可以看到基于小波变换,根据各储能设备的充放电次数进行了合理的功率分配,有效提高了各储能设备的利用效率及使用寿命。同时,磷酸铁锂电池功率曲线与零轴交叉次数小于 2500 次,铅酸电池功率曲线与零轴交叉次数小于 500 次。

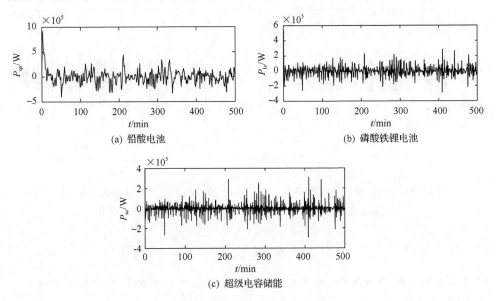

(a) 铅酸电池　　　　　　　　　　(b) 磷酸铁锂电池

(c) 超级电容储能

图 6-90　各储能设备平抑功率频段

混合储能协调控制策略的效果如图所示,其中图 6-91 为经过混合储能补偿后的并网功率与实际并网目标功率的对比图,可以看到混合储能输出功率可以很好地跟踪目标功率,使得最终输出功率曲线达到给定并网功率目标要求。图 6-92 为储能变流器直流母线电压值,可以看到经过磷酸铁锂电池的控制作用,其值基本保持稳定,证明了所提控制策略的正确性和有效性。图 6-93 和图 6-94 分别为铅酸电池和超级电容储能设备的充放电曲线图,其中黑色曲线为两类储能设备的目标功率曲线,红色曲线为实际储能设备的功率曲线,为了对比明显,特将红色曲线进行取反,可以看到,储能设备在给定控制策略下可以很好地跟踪目标功率曲线。

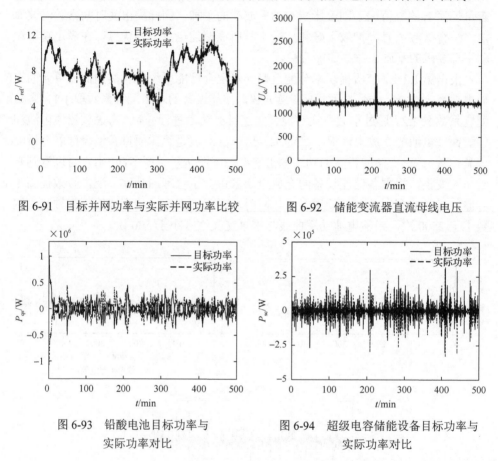

图 6-91　目标并网功率与实际并网功率比较　　图 6-92　储能变流器直流母线电压

图 6-93　铅酸电池目标功率与　　　　　图 6-94　超级电容储能设备目标功率与
实际功率对比　　　　　　　　　　实际功率对比

参 考 文 献

[1] 于芃, 周玮, 孙辉, 等. 用于风电功率平抑的混合储能系统及其控制系统设计[J]. 中国电机工程学报, 2011, 31(17): 127-133.

[2] Abbey C, Joos G. Supercapacitor energy storage for wind energy applications[J]. IEEE Transactions on Industry Applications, 2007, 43(3): 769-776.

[3] 张坤, 黎春渥, 毛承雄, 等. 基于超级电容器-蓄电池复合储能的直驱风力发电系统的功率控制策略[J]. 中国电机工程学报, 2012, 32(25): 99-108.

[4] 赵海翔, 陈默子, 戴慧珠. 风电引起的电压波动和闪变研究[D]. 北京: 中国电力科学研究院, 2004.

[5] 张琛, 李征, 高强, 等. 双馈风电机组的不同控制策略对轴系振荡的阻尼作用[J]. 中国电机工程学报, 2013, 33(27): 135-144.

[6] 许海平. 大功率双向 DC/DC 变换器拓扑结构及其分析理论研究[D]. 北京: 中国科学院电工研究所, 2005.

[7] 张国驹, 唐西胜, 周龙, 等. 基于互补 PWM 控制的 Buck/Boost 双向变换器在超级电容器储能中的应用[J]. 中国电机工程学报, 2011, 31(6): 15-21.

[8] 廖毅. 风光储联合发电系统输出功率特性和控制策略[D]. 北京: 华北电力大学, 2012.

[9] 单茂华, 李陈龙, 梁廷婷, 等. 用于平滑可再生能源出力波动的电池储能系统优化控制策略[J]. 电网技术, 2014, 38(02): 469-477.

[10] 于玮, 徐德鸿. 基于虚拟阻抗的不间断电源并联系统均流控制[J]. 中国电机工程学报, 2009, 29(24): 32-39.

[11] 朱明正, 高宁, 陈道, 等. 基于锂电池的储能功率转换系统[J]. 电力电子技术, 2013, 47(9): 75-76.

[12] 吕敬, 高宁, 蔡旭. 基于复合控制的并联有源滤波器的仿真研究[J]. 高压电器, 2012, 48(3): 81-85.

[13] 叶辰之, 章建峰, 高宁, 等. 一种新型的电池储能能量转换系统[J]. 电力电子技术, 2014, 48(1): 77-78.

[14] 梁星. 光储互补并离网一体逆变器的研究[D]. 上海: 上海交通大学, 2014.

[15] 杨佳涛. 光储互补系统的拓扑优化研究[D]. 上海: 上海交通大学, 2019.

[16] Chen G D, Zhu M, Cai X. Parameter optimization of the LC filters based on multiple impact factors for cascaded H-bridge dynamic voltage restorers[J]. Journal of Power Electronics, 2014, 14(1): 165-174.

[17] 彭思敏, 施刚, 蔡旭, 等. 基于等效电路法的大容量蓄电池系统建模与仿真[J]. 中国电机工程学报, 2013, 33(7): 11-18.

[18] 彭思敏, 王晗, 蔡旭, 等. 含双馈感应发电机及并联型储能系统的孤网运行控制策略[J]. 电力系统自动化, 2012, 36(23): 23-28.

[19] 彭思敏, 窦真兰, 凌志斌, 等. 并联型储能系统孤网运行协调控制策略[J]. 电工技术学报, 2013, 28(5): 128-134.

[20] 彭思敏, 曹云峰, 蔡旭. 大型蓄电池储能系统接入微电网方式及控制策略[J]. 电力系统自动化, 2011, 35(16): 38-43.

[21] 桑顺, 高宁, 蔡旭, 等. 电池储能变换器弱电网运行控制与稳定性研究[J]. 中国电机工程学报, 2017, 37(1): 54-63.

[22] 桑顺, 高宁, 蔡旭, 等. 功率-电压控制型并网逆变器及其弱电网适应性研究[J]. 中国电机工程学报, 2017, 37(8): 2339-2350.